ESCOLHER BEM, ESCOLHER MAL

ALEXANDRA STROMMER GODOI

ESCOLHER BEM, ESCOLHER MAL

ARMADILHAS DA TOMADA DE DECISÃO

1ª edição

Rio de Janeiro | 2020

CIP-BRASIL. CATALOGAÇÃO NA PUBLICAÇÃO
SINDICATO NACIONAL DOS EDITORES DE LIVROS, RJ

G531e Godoi, Alexandra Strommer
Escolher bem, escolher mal : armadilhas da tomada de decisão / Alexandra Strommer Godoi – 1ª ed. – Rio de Janeiro : Best Seller, 2020.

ISBN 978-65-5712-116-0

1. Escolha (Psicologia). 2. Processo decisório. 3. Pensamento crítico. I. Título.

CDD: 153.83
20-66366 CDU: 159.947.2

Camila Donis Hartmann - Bibliotecária CRB-7/6472

Texto revisado segundo o novo Acordo Ortográfico da Língua Portuguesa.

Impresso no Brasil

ISBN 978-65-5712-116-0

Aos meus primeiros e mais dedicados leitores:
meu pai, Arthur, meu irmão (também Arthur)
e meu marido Renato, fontes de inúmeras e valiosas
sugestões, estímulo incessante e apoio incondicional.

SUMÁRIO

Prólogo

Todos os dias você faz centenas de escolhas. Da maioria delas você nem se dá conta: as palavras que usa, os movimentos do corpo, as tarefas que executa por hábito. Seu cérebro, operando em uma espécie de "piloto automático", resolve tudo tão bem que você não precisa se preocupar com esses assuntos. Em outras situações você precisa pôr a mão no manche, assumir o controle da aeronave e conscientemente resolver o problema. Alguns deles são triviais: escolher o caminho até o trabalho, a roupa que você vai usar ou o almoço. Você pode até sentir algum desconforto e indecisão momentâneos, mas no fundo sabe que essas decisões dificilmente terão consequências mais graves. Você pode tomá-las displicentemente.

Às vezes, porém, nos encontramos diante de uma escolha complexa e relevante, cujas implicações podem modificar o curso de nossas vidas. No trabalho ou na vida pessoal, ocasionalmente chegamos a encruzilhadas, e escolher o melhor caminho pode trazer grande angústia. Não temos todas as informações de que precisamos para escolher bem ou, ao contrário, nos sentimos sufocados pelo excesso de dados e opiniões contraditórias, sem saber o que considerar e o que descartar. Com frequência tentamos alcançar vários objetivos ao mesmo tempo (qualidade de vida, conforto material, realização pessoal, reconhecimento social...), e nenhuma opção nos permite conciliar todos. Como o futuro é incerto, não há como saber qual será o desfecho de cada percurso que escolhermos iniciar; parece que estamos tateando no escuro.

Mesmo sem a pressão que antecede uma escolha importante, a simples tentativa de decifrar o mundo ao redor, compreender os problemas do nosso tempo e formar opiniões sensatas sobre os mais diversos temas pode ser profundamente angustiante. A realidade nos escapa: parece que nossa mente não é capaz de compreender a complexidade do mundo e processar todos os dados que recebemos.

Quando algo muda tudo

Escrevo este livro em meio ao turbilhão da pandemia do novo coronavírus, um exemplo amplificado, exagerado em todos os sentidos, de tudo o que há de mais difícil no processo de decisão. Um vírus, desconhecido até poucos meses, pôs de cabeça para baixo toda a nossa segurança. Governos, empresas e indivíduos são obrigados, de súbito, a tomar decisões extremamente sérias em um cenário de incerteza sufocante. Medidas sem precedentes em tempos de paz — confinar cidadãos em suas casas, determinar o fechamento do comércio e bloquear estradas — passam a fazer parte do repertório de opções dos governantes. Empresas precisam decidir sobre o futuro de seus funcionários e procuram alternativas para sobreviver em um cenário econômico inimaginável há poucas semanas. Pessoas comuns angustiam-se sobre a conveniência de ações antes realizadas de forma automática e impensada: é seguro ir ao supermercado? É perigoso andar na rua?

A informação vem de todos os lados, desordenada. Dos noticiários na TV aos grupos de WhatsApp, tentamos juntar os pedaços de um quebra-cabeça para julgar quão reais são os riscos, decidir quando a cautela se transforma em exagero e determinar nossa linha de ação.

O coronavírus nos mostra, de forma exacerbada, todos os principais desafios que nos assombram na tomada de decisão. Questionamentos parecidos, porém, estão presentes, em menor grau, em tantas outras decisões que tomamos no cotidiano.

O mais óbvio deles tem a ver com lidar com a incerteza, com a impossibilidade de prever o desfecho de uma situação. Uma enfermidade nova, para cujo enfrentamento nossa experiência passada não oferece um bom alicerce, provoca uma sensação de falta de controle. Mesmo assim, certas decisões precisam ser tomadas ("saio de casa ou não?"), mesmo que nos sintamos despreparados para fazê-lo. Somos obrigados a avaliar, ainda que de forma imprecisa, os riscos que corremos, bem como os custos e benefícios de cada ação que executamos.

Tentamos preencher essas lacunas buscando saber mais — na mídia, nas redes sociais, nos pronunciamentos das autoridades e nas conversas com amigos. A procura por informação, porém, nos coloca diante de um paradoxo: de um lado ela é abundante (somos soterrados por notícias, reportagens, entrevistas, memes, estatísticas, propagandas...), mas, de outro, extremamente deficiente. O que realmente queremos e precisamos saber — os reais riscos da doença, com que amplitude se disseminará, a taxa efetiva de mortalidade, o que fazer para preveni-la etc. — a ciência, objetivamente, não consegue fornecer de maneira satisfatória, pois o cenário ainda está se desenrolando.

Nossa tentativa de ler o mundo e formar uma opinião subjetiva sobre o assunto é prejudicada pelo imenso volume de ruído que captamos, não apenas desinformação e *fake news*, mas também erros honestos, dados que nos chegam distorcidos — mesmo que de forma não intencional — e a própria variabilidade das estatísticas que obtemos de forma preliminar. Em meio a tudo isso, tentamos detectar o "sinal", dados que efetivamente nos permitam compreender a verdade — a realidade que se esconde detrás da neblina.

Andando em um campo minado

Em cenários como este, algumas predisposições psicológicas oferecem armadilhas para nossa capacidade de tomar decisões racionais. As notícias dramáticas e os relatos pessoais carregados de emoção despertam nosso medo e instinto de sobrevivência, e se propagam com velocidade infinitamente maior do que estatísticas e matérias mais objetivas, com conteúdo informacional muito maior. O caso dramático de um único paciente que acompanhamos pela TV pesa muito mais em nossa avaliação de riscos do que qualquer estudo científico controlado que tenha analisado milhares de doentes. Descartamos facilmente a racionalidade da estatística e deixamos o emocional assumir o controle, prejudicando nossa capacidade de julgamento.

O "efeito manada" entra em ação. Como animais que se juntam para fugir de um predador, abrimos mão da reflexão individual para seguir o pensamento do grupo. Esse comportamento, bem documentado na psicologia, está associado à necessidade de pertencer e ser aceito no grupo, e pode ser benéfico em situações de perigo.

A manada, porém, pode estar errada, e segui-la cegamente oferece o risco não só de levar a más decisões individuais, como também de alimentar uma linha de ação coletiva equivocada — caso das bolhas financeiras. Medidas governamentais restritivas à movimentação de pessoas, por exemplo, podem amplificar o temor dos cidadãos pelo risco de serem infectados pelo novo vírus; as pessoas, por sua vez, acabam demandando dos governos medidas ainda mais restritivas, criando um círculo vicioso.

Ao mesmo tempo que somos afetados pelo "efeito manada", fica patente um conflito inerente às relações humanas. Como disse Jean-Paul Sartre, "o inferno são os outros". Nossas ações afetam as pessoas ao nosso redor, e somos, também, afetados por suas escolhas. O sucesso das medidas de prevenção depende do cumprimento das determinações por todos. Os incentivos, as percepções de risco, as necessidades, porém, são individuais — "cada cabeça uma sentença", diz o ditado. Situações estratégicas, de interdependência entre todos, exigem que antecipemos o que os outros farão, nos coloquemos em seus sapatos, o que traz uma nova dimensão ao processo de tomada de decisão.

Não há escolha sem perda

Por fim, a pandemia nos coloca frente a frente com a principal dificuldade da tomada de decisão em qualquer contexto: reconhecer que não há escolha sem perda. Os economistas gostam da expressão "não existe almoço grátis" quando querem ressaltar que todas as decisões têm custos. Alguns são óbvios e explícitos (quando compramos uma roupa nova nos sobra menos dinheiro para ir ao restaurante), e outros são mais sutis. Não envolvem necessariamente o desembolso de dinheiro, mas as oportunidades das quais temos que abrir mão quando fazemos uma escolha. O tempo perdido ou desperdiçado é um custo de oportunidade desse tipo. O conflito entre duas características desejáveis, mas incompatíveis, é chamado de *trade-off*.

A pandemia — como outras decisões com impactos amplos na sociedade — nos obriga a enfrentar um *trade-off* dificílimo, explicitando escolhas entre aspectos e objetivos completamente distintos, que não conseguimos comparar ou reconciliar. Quanto mais severo o confinamento e a limitação às atividades e à circulação de pessoas, maior sucesso teremos em controlar a disseminação do coronavírus e mais vidas salvaremos. Porém, maior também será o impacto econômico das medidas: mais empresas irão à falência, mais pessoas ficarão desempregadas etc., o que poderia levar a um grau de sofrimento alto no futuro. Mesmo que não entremos na seara econômica, os *trade-offs* continuam a nos incomodar: pacientes com câncer interromperam seus tratamentos em função do risco de contágio; pessoas que suspeitam estar infartando hesitam em chamar o pronto atendimento. Como equilibrar os dois tipos de risco? A partir de que grau as medidas de cautela fazem mais mal do que bem? A questão é tão desconfortável que muitas vezes evitamos explicitá-la. Moralmente, são quase tabus sobre os quais não nos permitimos pensar. Porém, queiramos ou não, nossas decisões e as dos nossos governantes geram efeitos práticos de uma forma ou outra.

Uma viagem pelo mundo da decisão

A pandemia do coronavírus é um ponto de partida interessante para o estudo da decisão pelo fato de combinar e amplificar diversos aspectos, dificuldades e armadilhas envolvidos em grande parte de outras escolhas que fazemos. A importância, urgência, incerteza e complexidade do problema tornam o caso quase que uma caricatura de todos os elementos relevantes em qualquer processo de tomada de decisão, um "estudo de caso" rico em lições que podem ser aplicadas a muitas outras situações cotidianas.

O tema deste livro, porém, não é o coronavírus.

Há anos tenho acompanhado a literatura científica que estuda as formas como as pessoas, na prática, tomam decisões em diversas áreas da vida, e sobre maneiras de melhorar esse processo. Muitos desses achados são interessantíssimos, e sua utilidade vai muito além dos campos da psicologia, administração e economia. Eles podem nos ajudar a compreender melhor o que fazemos, nossa visão de mundo e as limitações que, como seres humanos, precisamos enfrentar. E, certamente, nos auxiliam a organizar nosso pensamento sobre questões complexas e urgentes, como a pandemia do coronavírus. Este livro é uma tentativa de sistematizar algumas dessas ideias, insights que podem ser úteis para quem deseja pensar e opinar com inteligência neste admirável mundo novo que habitamos.

Introdução:

Bem-vindo ao futuro, homem das cavernas!

Não é surpreendente que, apesar de vivermos em um mundo absurdamente complexo, as pessoas pareçam dotadas de tantas certezas? Basta olhar seu Facebook ou Twitter: de política a filosofia, de como criar filhos à melhor dieta para perder peso — temos convicções sobre absolutamente tudo! Qual foi a última vez que você viu um post: "Eu sinceramente *não* tenho uma opinião sobre este assunto"?

Os problemas da sociedade moderna são complexos: como resolver a crise dos refugiados? Como desenhar um sistema previdenciário justo e sustentável ao longo do tempo? Como viver de forma saudável e prolongar a expectativa de vida? Somos bombardeados diariamente por uma imensa quantidade de informações, dados e análises. De alguns temas podemos nos desviar: poucos criticarão você por não ter uma opinião clara sobre como resolver a questão da paz no Oriente Médio. De outros não. Mal ou bem, você tem que decidir a todo momento se vai deixar seu filho comer glúten e lactose, se vai permitir que ele lute boxe na escola e se vai matriculá-lo na aula de programação (já que, caso você não tenha lido, essa será a única forma de livrá-lo de um trágico futuro em que todos os empregos ficarão a cargo de robôs!).

Para operar em meio a essa cacofonia, nosso cérebro veio programado de fábrica para ter "certezas" e eliminar a ambiguidade e a dúvida. Ele aposta em um caminho que parece fazer sentido naquele momento e... *voilà*! Toda a complexidade desaparece como mágica. Quando percebemos, já estamos — com a maior convicção possível — no supermercado comprando quinoa.

Essa nossa capacidade prodigiosa de tomar decisões é muito útil; ela nos permite funcionar no ambiente semicaótico em que vivemos. Sem ela, estaríamos a todo momento atolados em um pânico paralisador, tentando ponderar os custos e benefícios de cada passo que tomamos, estimando as consequências de cada possível linha de ação e escolhendo entre opções que simplesmente não são comparáveis.

Seríamos como um paciente do neurologista português Antonio Damasio que, após uma cirurgia para remover um tumor benigno no lobo pré-frontal do cérebro, sofreu uma mudança radical de personalidade. Apesar de continuar tão inteligente quanto antes — seu QI, que era alto, permaneceu inalterado e ele continuava mostrando um desempenho muito bom em testes de matemática, linguagem, memória e percepção —, Elliot (nome fictício) tornou-se incapaz de tomar qualquer decisão. Quando questionado sobre o restaurante onde gostaria de almoçar, Elliot discorria detalhadamente sobre as vantagens e desvantagens de cada uma das opções:

> *O restaurante A tem estado mais vazio, o que é bom, assim temos maior chance de encontrar uma mesa. Por outro lado, a falta de movimento pode indicar que a comida não anda tão boa, o que é ruim...*

E a discussão se prolongava por insuportáveis 40 minutos! O raciocínio lógico de Elliot, sua capacidade de ponderar custos e benefícios, era impecável; entretanto, parecia levá-lo a um labirinto sem saída de prós e contras, até que alguém batesse na mesa e encerrasse a discussão.*

A incapacidade de decidir, que permeava todos os campos de seu dia a dia, destruiu a vida de Elliot. Depois de perder o emprego e ver seu casamento acabar em divórcio, ele, antes um executivo bem-sucedido, voltou a morar na casa da mãe. Apesar de toda a desgraça de sua situação, Elliot contava sua história com absoluta frieza, sem nenhum sinal do desespero que se poderia esperar em um caso como esse. Na verdade, Elliot teve danificada a comunicação entre o lobo frontal e a amígdala, área do cérebro responsável pela emoção. Razão e emoção foram apartadas, o que comprometeu sua capacidade de escolher.

Curiosamente, o caso parece sugerir, contrariando o senso comum, que a emoção é condição necessária para a decisão. Razão e emoção não são características antagônicas, uma favorecendo e outra prejudicando a boa tomada de decisão. Elas agem de forma complementar: a razão levanta as alternativas e estima suas consequências; a emoção as classifica segundo um critério de valor, da melhor à pior. A imaginação completa o quadro com as informações de que não dispomos. E, por fim, a emoção bate na mesa e força a decisão a acontecer dentro de um período de tempo razoável.

---

* ESLINGER, Paul J.; DAMASIO, Antonio R. "Severe Disturbance of Higher Cognition After Bilateral Frontal Lobe Ablation: Patient EVR". *Neurology*, 35.12: 1731-1731, 1985.

Uma máquina de tomar decisões

Nossa mente é cheia de atalhos, "truques" que nos permitem fazer literalmente centenas de escolhas por dia: *que marca de cereal comprar? A qual canal de TV assistir? Qual plano de saúde escolher?* Se fôssemos ponderar de forma racional os custos e benefícios de cada uma dessas opções, acabaríamos como Elliot, totalmente paralisados. Nosso cérebro sabe que "o ótimo é inimigo do bom". Melhor uma decisão imperfeita do que decisão nenhuma. Mais ainda, grande parte de nossas decisões ocorre de forma intuitiva, não consciente, sem nos darmos conta de que estamos decidindo. Enquanto você dirige de casa para o trabalho, toma uma infinidade de decisões: qual caminho seguir, quando dar passagem a um carro ou frear para um pedestre — e você faz tudo isso de maneira tão automática que consegue até, paralelamente, acompanhar uma entrevista no rádio ou perguntar ao seu filho como foi o dia.

Poder contar com a intuição é ótimo se você tem que tomar decisões rápidas, de pouca consequência, em um ambiente previsível. Quando o ambiente muda inesperadamente, porém — uma moto faz uma manobra arriscada na frente do seu carro —, seu cérebro precisa concentrar toda a atenção no problema em questão, e todas as suas escolhas se tornam muito mais conscientes. O som do rádio desaparece, a conversa com seu filho para, e todos os seus sentidos se voltam para a moto.

Nos últimos anos, a ciência fez muitos avanços buscando entender como tomamos nossas decisões. Experimentos em psicologia cognitiva, novos equipamentos, como a ressonância magnética, que permitem observar o cérebro em pleno funcionamento e o próprio desafio de criar programas de inteligência artificial que jogam xadrez, recomendam produtos na Amazon e filmes na Netflix e diagnosticam o câncer de mama ampliaram demais o nosso entendimento sobre a mente. Acompanhar essas novas descobertas nos oferece excelentes oportunidades de autoconhecimento, de pensar sobre como pensamos — a chamada metacognição.

Mentes da idade da pedra em crânios modernos

O impressionante avanço da ciência e da tecnologia, inclusive no sentido de compreender nosso próprio cérebro, deixa ainda mais claro o paradoxo de nossa racionalidade: somos ao mesmo tempo brilhantes e tolos. Desenvolvemos tecnologias incríveis que nos permitem controlar o mundo como nenhum outro animal e, ao mesmo tempo, tomamos péssimas decisões diariamente. Inventamos esteiras, academias de ginástica e fazemos inúmeros estudos científicos sobre os benefícios do exercício diário, e vivemos uma epidemia de sedentarismo e obesidade. Temos computadores, planilhas e múltiplos aplicativos financeiros, mas sofremos para controlar nossas finanças e poupar para a aposentadoria.

Por que escolhemos mal? Que tipo de armadilha atrapalha nossa tomada de decisão?

Uma pista para responder a essa pergunta está no passado. O cérebro humano foi moldado pelos caprichos da evolução, ao longo de centenas de milhares de anos, para funcionar na época das cavernas, resolvendo os problemas de nossos ancestrais, caçadores-coletores na savana africana: o que caçar, que fruto colher, onde se abrigar. Talvez não funcione tão bem no mundo digital, em que somos bombardeados todos os dias por notícias de todo tipo, vindas dos quatro cantos do mundo, de realidades muito diferentes da nossa. O mundo muda com uma velocidade estonteante, e não apenas tecnologias novas abrem possibilidades de interação impensadas como convenções sociais são questionadas e alteradas com uma celeridade nunca vista. Temos mentes da idade da pedra camufladas em crânios modernos.

Pense em sua mente como um turista visitando um país estrangeiro, com uma cultura diferente da sua e, por isso, sujeito a cometer muitas gafes. É como chegar a uma grande metrópole, tendo nascido e vivido em um pequeno vilarejo do interior. Nosso cérebro foi moldado pela evolução para funcionar muito bem em um determinado ambiente — com seus perigos, suas verdades, suas regras — que simplesmente não existe mais. Nossa biologia não acompanhou nossa tecnologia. E, assim, erramos.

Para poder operar melhor neste novo mundo de informação abundante e instantânea, temos que nos educar. A escola, na forma como a temos hoje, foi criada no século XVIII para transmitir conteúdos e informações que não eram fáceis de obter, mas poderiam ser úteis de alguma forma. Agora o jogo mudou totalmente. Os conteúdos e informações são abundantes, demais até. O difícil é filtrá-los, compreendê-los, interpretá-los. Dar sentido à cacofonia de vozes que fala diariamente na nossa cabeça através da TV, do Facebook, do WhatsApp... Precisamos aprender a lidar com isto.

Os próximos capítulos

Nos capítulos seguintes vamos abordar alguns dos principais conceitos na área da tomada de decisão, e conhecer avanços no entendimento de como nossa mente funciona, observados nos últimos trinta anos em campos tão distintos como a psicologia cognitiva, a economia comportamental e a ciência da computação. Sem a intenção de varrer de forma exaustiva nenhuma dessas áreas (o que seria impossível, considerando a amplitude de possibilidades) ou de prover explicações técnicas rigorosas sobre assuntos tão complexos, este livro espera atingir o objetivo modesto de apresentar a você algumas das interessantíssimas ideias, ferramentas e conhecimentos que vêm sendo estudados por especialistas em diferentes áreas, e discutir de que forma podem nos ajudar a pensar de forma mais produtiva a respeito de nossas decisões.

No Capítulo 1 ("Como sabemos o que sabemos?"), trataremos de uma das mais antigas questões da filosofia: o que é realmente possível "saber"? Como podemos ter certeza se realmente existimos? Estaríamos vivendo um sonho, seríamos vítimas de uma peça que nos pregam nossos sentidos ou de uma máquina que nos liga à "matrix", como no filme? Como diferenciar conhecimento real de ilusões, falsas crenças, erros de julgamento? Falaremos sobre a "ilusão de conhecimento" (i.e., sabemos menos do que acreditamos) e sobre o fato de nossas informações serem quase sempre de segunda mão. Por fim, trataremos do conhecimento científico, da forma como ele evolui e como pode nos balizar no entendimento da realidade.

No Capítulo 2 ("Cérebro: manual de instruções") discutiremos como a mente funciona. De que maneira percebemos o mundo, processamos informações e tomamos decisões? Novas descobertas da psicologia cognitiva sugerem que nossa mente funciona segundo um modelo dual em que dois sistemas (um "intuitivo" e outro "racional") coexistem. Vamos descobrir em quais situações a intuição é benéfica para a tomada de decisão e quando ela atrapalha, discutir como muitos erros de julgamento ocorrem quando os dois sistemas entram em conflito e aprender a mitigar essas situações.

Nos capítulos 3 a 5, discutiremos alguns dos nossos erros de julgamento mais comuns. Em que situações estamos mais propensos a escolher mal? O que podemos fazer para evitar as más escolhas? A economia comportamental documentou diversas "heurísticas" (ou atalhos para tomada de decisão) que nos permitem funcionar em um mundo complexo, mas que podem gerar, em várias situações, erros e vieses. Conhecê-las nos ajuda a evitar armadilhas.

Enquanto os primeiros capítulos tratam de como as pessoas, na prática, fazem suas escolhas e dos erros que frequentemente cometem, a segunda parte do livro irá sugerir algumas ferramentas, teorias e modelos que permitem melhorar nossas decisões. O Capítulo 6 ("Elementar, meu caro Watson!") lidará com a disciplina da lógica, mostrando como é possível tirar conclusões válidas a partir das informações de que dispomos. Discutiremos a diferença entre dedução e indução, e aprenderemos a separar argumentos válidos de falácias.

No Capítulo 7 ("Ensinando um robô a subir a escada"), veremos como identificar as reais causas de eventos ou prever suas consequências. Frequentemente confundimos correlação com causalidade, simplificamos demasiadamente o mundo e tiramos conclusões precipitadas, o que leva a teorias da conspiração, superstições e falsas crenças. Compreender melhor as relações de causa e efeito pode melhorar muito nossa capacidade de raciocinar produtivamente sobre o mundo.

Nos capítulos 8 ("Diga-me com quem andas... Quando nossas decisões dependem dos outros") e 9 ("Promessa não é dívida") trataremos das decisões que envolvem um elemento *estratégico*, em que os agentes são interdependentes e os resultados para cada um dependem das escolhas dos demais. Nessas situações, precisamos antecipar como os outros reagirão e as escolhas que farão. Para tanto, veremos alguns dos principais conceitos da "Teoria dos jogos", ramo da economia que estuda esse tipo de situação. Falaremos sobre coordenação e cooperação, ameaças e promessas e outras noções importantes para tornar mais efetivas nossas interações com os outros.

No Capítulo 10 ("Olhando para o futuro: como lidar com a incerteza") falaremos sobre como lidar com situações em que o futuro é desconhecido. Existem muitas ferramentas em economia, estratégia e estatística que nos permitem pensar de forma mais estruturada e produtiva sobre a incerteza, e fazer boas escolhas. Mesmo evitando termos técnicos ou matemáticos, é possível compreender os princípios por trás desses conceitos e aplicá-los a situações do dia a dia.

No Capítulo 11 ("Quando mudar de ideia") discutiremos quando — e como — devemos atualizar nossas crenças ao nos depararmos com fatos novos. Aquela última notícia ou evento realmente muda tudo? Ou estamos exagerando seu efeito? No que devemos acreditar, e do que devemos duvidar? Falaremos sobre o "raciocínio bayesiano", uma das principais ferramentas para pensar e agir racionalmente, e de como ele pode ajudar a melhor compreender o mundo incerto em que vivemos e processar as muitas informações que recebemos todos os dias.

Por fim, o que fazemos quando nossas opiniões e previsões se provam erradas? Por que é tão difícil mudar de ideia? Por que as pessoas cultivam pontos de vista tão diferentes, apesar de confrontadas com os mesmos fatos? No Capítulo 12 ("Espelho, espelho meu... A sutil arte do autoengano") falaremos sobre nossa tendência a "racionalizar" escolhas que fazemos sem bons motivos, justificando-as *a posteriori*, sobre o papel das crenças e ideologias na tomada de decisão e sobre o "raciocínio motivado", o processo psicológico que usamos para lidar com informações que contradizem aquilo no que acreditamos e que, muitas vezes, nos impede de reconhecer que estávamos errados. Discutiremos a tendência atual à polarização e à divergência (não só na política, mas em outros aspectos da vida) e levantaremos algumas hipóteses recentes que tentam explicar o fenômeno, no contexto das novas tecnologias de comunicação.

Não há receita pronta que garanta uma boa decisão. Mas pensar sobre o mundo e fazer escolhas mais efetivas e racionais é uma habilidade que pode, e deve, ser aprendida. Nas próximas páginas, vamos tentar absorver um pouco do que grandes especialistas em diversas áreas têm a nos ensinar sobre o assunto.

capítulo 1

COMO SABEMOS O QUE SABEMOS?

Em uma cena icônica do filme *Matrix*, de 1999, Morpheus, o misterioso personagem interpretado por Laurence Fishburne, oferece ao hacker Neo (Keanu Reeves) a escolha entre continuar na ignorância de sua vida cotidiana (tomando uma pílula azul) e arriscar-se a conhecer a verdade por detrás de seus olhos (tomando uma pílula vermelha). A verdade (alerta de *spoiler*!) é que a realidade percebida por Neo nada mais era que uma simulação sofisticada chamada "matrix", uma realidade virtual muito bem elaborada, criada por máquinas para subjugar a população humana enquanto usava o calor de seus corpos como fonte de energia.

O filme traz, em uma versão "distopia futurista", com efeitos especiais e todos os elementos de uma boa ficção científica, um dos temas mais antigos da filosofia: como diferenciar realidade e ilusão?

Platão já tratava dessa questão em sua Alegoria da Caverna, em que nos compara a prisioneiros acorrentados desde sempre em uma caverna, de forma que vemos apenas a parede vazia ao fundo. Atrás de nós existe uma fogueira que projeta na parede a sombra distorcida de pessoas movimentando objetos às nossas costas. Ouvimos ruídos e vemos as sombras, e os confundimos com a realidade. Se saíssemos da caverna, porém, veríamos que a verdade é muito diferente do que imaginávamos.*

A versão mais intrigante da trama, porém, foi proposta por René Descartes, no século XVII, em um "pensamento-*blockbuster*" que mudou o mundo para sempre. Descartes levou a dúvida de Platão ao extremo: como posso ter certeza de que existo? Afinal, temos sonhos tão realistas que, naquele momento, não podemos saber se estamos sonhando ou acordados ("e se estivermos sonhando agora?!?").**

Descartes conclui que, afinal, não é possível livrar-se da dúvida. Tudo o que vejo, sinto, ouço, toco pode ser uma ilusão, uma peça pregada pelos meus sentidos, pelo meu cérebro (ou por uma inteligência artificial sinistra que dominou o mundo). Não há como ter certeza de que as imagens, sensações e sons que percebo refletem o mundo externo como ele realmente é. Nada garante que não estou dormindo em uma célula conectada à "matrix".

A interrogação de Descartes ficou conhecida como uma das mais famosas da história do pensamento pela forma como ele a resolveu. Rejeitando tudo aquilo que seus sentidos lhe diziam e considerando falsas todas as suas antigas opiniões, Descartes percebeu que, ao duvidar de tudo, havia uma coisa que não podia ser negada: a própria dúvida. Se ele era capaz de raciocinar sobre si próprio e sobre o mundo, de se questionar sobre sua própria existência, então ele podia estar certo, ao menos, dessa própria existência. "Penso, logo existo."

Ao questionar toda a crença recebida, Descartes fundou o método científico, cuja pedra fundamental é justamente a dúvida.

---

* PLATÃO. *A República*. Trad. Enrico Corvisieri. São Paulo: Nova Cultural, 1999 (Col. Os Pensadores).

** DESCARTES, René. *Meditações metafísicas*. São Paulo: Edipro, 2018.

A ciência, como a conhecemos hoje, recebeu seu pontapé inicial. A dúvida de Descartes possibilitou avanços antes impensáveis que fizeram com que, nos últimos 200 anos, a vida do homem se transformasse completamente. Durante milhares de anos, gerações de seres humanos viveram de forma muito semelhante a seus antepassados, trabalhando a terra e sujeitos às intempéries da natureza que, periodicamente, destruíam colheitas e causavam fome e morte. No curto período de dois séculos desde a Revolução Científica, porém, inventamos tecnologias, descobrimos remédios, pisamos na Lua e aumentamos a expectativa de vida de 28 anos na Grécia de Platão e 35 anos na França de Descartes para mais de 70 anos hoje.

E por que tudo isso importa?

Todo esse debate filosófico meio abstrato traz uma questão real muito prática, com implicações importantes para a forma como tomamos nossas decisões diárias: como diferenciar conhecimento real de ilusões, falsas crenças, erros de julgamento? O que realmente podemos saber? Podemos confiar em nossos sentidos? Ou estamos fadados a sermos sempre ludibriados? Afinal, é tudo realmente relativo? Ou existe uma verdade no fim do túnel? Podemos espiar fora da caverna?

A primeira lição de Descartes para quem quer realmente aumentar seu entendimento sobre o mundo é que não há conhecimento real sem dúvida. O questionamento de tudo o que recebemos como certo é o ponto de partida para avançar no caminho da verdade.

Se você parar para pensar, a ciência de Descartes é profundamente contraintuitiva — se não fosse, a humanidade não teria demorado centenas de milhares de anos para chegar a ela. A ciência nos leva a acreditar que várias coisas que nos parecem perfeitamente razoáveis (como o fato de a Terra parecer plana quando olhamos o horizonte) estão erradas e que coisas aparentemente "mágicas" e completamente extravagantes (como vírus invisíveis que nos deixam doentes e planetas girando pelo espaço a velocidades impensáveis) são verdadeiras.

O próprio método de "duvidar de tudo" vai contra nossa forma convencional de funcionar. Em geral, o cérebro humano não lida bem com a dúvida; ele busca a certeza, elimina a ambiguidade e tem um "viés de confirmação", ou seja, anda pelo mundo procurando indícios de que suas crenças estão corretas e ignora inconscientemente sinais que contradigam suas opiniões. Estar errado é psicologicamente custoso, e, como a mãe de uma criança mimada, seu cérebro elogia seus erros assim como seus acertos, e protege você da angústia da dúvida lhe dando a ilusão da certeza.

Já a ciência inverte esse raciocínio e duvida de tudo. Não existem verdades incontestáveis, tudo pode ser falseável. A física newtoniana parecia a mais bem-sucedida explicação para o mundo até que Einstein lhe desferiu um duro golpe com sua teoria da relatividade. E nem o simpático gênio descabelado está imune: a teoria quântica mostrou que mesmo Einstein podia errar, e mostrou-lhe a língua!

Se qualquer proposição científica pode ser questionada e, eventualmente, falseada, como a ciência chega ao conhecimento objetivo que nos permite construir celulares e produzir antibióticos? Como não nos entregarmos ao relativismo tão comum hoje em dia, que reza que certezas não existem, então qualquer opinião ou teoria é igualmente válida? Como não jogar tudo em um mesmo saco: a pesquisa criteriosa de Harvard feita com milhares de participantes e a superstição da sua vizinha quando o assunto é a última dieta? Por que devemos confiar nos cientistas e não na nossa intuição, nos políticos que nos mandam desconfiar da autoridade dos especialistas ou no último post do blog que lemos sobre os riscos da vacina, se mesmo Einstein podia estar errado?

O ponto é que, mesmo reconhecendo que certezas absolutas não existem, mas apenas teorias e hipóteses, algumas destas chegam bem mais perto do alvo do que outras. Existem teorias bem embasadas, e existem teorias simplesmente equivocadas, dissociadas completamente da realidade. Precisamos de um critério, uma régua para medir quão distantes da verdade estão as milhares de informações a que estamos expostos diariamente. O critério oferecido pela ciência é claro e muito pragmático: boas teorias são aquelas que funcionam, que nos permitem prever o que irá acontecer ("se eu jogar uma bola, a gravidade fará com que ela caia") e construir artefatos que cumprem seus objetivos ("se eu tomar a vacina, ficarei imunizado contra a doença"). Nosso conhecimento do mundo se dá por aproximação: mesmo que nunca sejamos capazes de entender por completo todos os aspectos da realidade, a verdade objetiva existe e podemos aprimorar imensamente as ferramentas que temos para entendê-la.

Como a ciência é feita?

Nossa crença na ciência anda abalada ultimamente. Apesar de sermos usuários entusiastas de novas tecnologias como smartphones e computadores, e de vivermos cada vez mais rodeados por aplicativos e programas que recorrem a algoritmos sofisticados de inteligência artificial para nos recomendar filmes na Netflix e decidir que caminho devemos tomar para o trabalho, paradoxalmente desconfiamos da ciência e de sua capacidade de nos dar respostas em temas como aquecimento global, saúde, alimentação. E não estou falando apenas de teorias da conspiração mais extremadas como o terraplanismo e os movimentos antivacinação, que vêm ganhando mais adeptos e repercussão ultimamente. Eu penso na pessoa comum, que, no supermercado, recusa-se a comprar alimentos geneticamente modificados apesar da ampla evidência de que eles não fazem mal à saúde; penso também nos inúmeros "tratamentos" alternativos para doenças como o câncer, sem qualquer evidência concreta que indique que seu uso é benéfico (ou, ao menos, não prejudicial).

É perfeitamente compreensível que você se sinta confuso com tantos estudos sendo publicados a cada dia, apresentando resultados muitas vezes contraditórios. Na área da nutrição e da saúde, especialmente, as notícias sobre os benefícios ou riscos trazidos por determinado alimento parecem às vezes uma piada de mau gosto: óleo de coco, afinal, é "milagroso" ou um "veneno"? E a carne, pode ou não pode? Óleo de soja, canola ou girassol? Manteiga ou margarina? Vinho: herói ou vilão? Para decifrar o que está na origem dessas polêmicas, precisamos entender melhor como a ciência, na prática, é feita.

A ferramenta mais poderosa da prática científica é o "estudo randomizado controlado". Esse é o método padrão usado para testar a eficácia de medicamentos, por exemplo, e consiste em separar os pacientes que participarão do estudo em dois grupos: um "grupo de teste" (aqueles que receberão o novo medicamento) e um "grupo de controle" (aqueles que receberão um comprimido de farinha, ou "placebo"). O truque é que essa separação é feita por sorteio (daí o nome "randomizado"), de forma que os dois grupos sejam parecidos em todos os aspectos, com exceção do fato de tomarem ou não o novo remédio. O placebo garante que o teste seja feito às cegas, ou seja, nem os pacientes nem os médicos sabem quem está sendo medicado e quem não, o que elimina qualquer efeito psicológico do tratamento. Ao final do estudo, se o "grupo de teste" apresentar uma melhora substancialmente maior do que o "grupo de controle", que dificilmente poderia ser atribuída apenas à sorte (ou, no jargão da área, uma diferença "estatisticamente significativa"), podemos concluir que o medicamento funciona.

Estudos nesses moldes, feitos com amostras grandes de centenas ou milhares de pacientes, são muito efetivos em fornecer conclusões científicas robustas, e é assim que novos remédios são testados. O problema é que, em muitas situações, experimentos desse tipo são impossíveis, ou mesmo antiéticos. Imagine que você queira testar se um determinado pesticida é cancerígeno. Você teria que, propositalmente, expor seu "grupo de teste" ao produto para ver quantos indivíduos desenvolvem câncer, o que obviamente não pode ser feito.

Mesmo no caso mais prosaico do óleo de coco, um problema de implementação aparece: como garantir que as pessoas do grupo de teste bebam sua dose diária disciplinadamente ou assegurar que os demais em nenhum momento cedam à tentação de tomar uma colherada? E como saber se uma eventual melhora não se deve a efeitos psicológicos de ter a sensação de estar sendo tratado (o "efeito placebo"), já que o estudo não pode ser feito às cegas?

Quando o "estudo randomizado controlado" não é possível, os cientistas apelam à sua segunda opção, os "estudos correlacionais". Estes consistem basicamente em levantar os comportamentos que as pessoas apresentam no mundo real, por exemplo, perguntando sobre (ou, em alguns casos, observando) seu consumo de óleo de coco ao longo de certo período de tempo. Os pesquisadores procuram então encontrar alguma correlação entre esse dado e outros indicadores de saúde (por exemplo, a pressão arterial, o colesterol, o peso corporal etc.).

O problema é que as pessoas têm comportamentos e características diferentes em vários aspectos, não apenas no consumo de óleo de coco. Os mais propensos a tentar os benefícios do óleo tendem a ser também aqueles mais preocupados com a saúde em geral (e que, portanto, se alimentam melhor e se exercitam mais). Pode ser que esses indivíduos apresentem melhores condições de saúde por motivos que nada têm a ver com o óleo de coco, e sim com a caminhada que fazem toda manhã. Para eliminar essa possibilidade, os cientistas precisam documentar todos os comportamentos que possam ter efeito sobre a saúde e "controlar" para eles (ou seja, subtrair esse efeito). Isso é factível com um pouco de estatística, mas complexo e necessariamente imperfeito. Estudos correlacionais, portanto, são menos confiáveis e frequentemente apresentam resultados contraditórios. Assim, não mude toda a sua dieta da próxima vez que ler sobre um polêmico estudo que diz que "tudo o que sabíamos sobre (alguma coisa) estava errado"!

Não jogue fora o bebê com a água do banho

Não devemos, entretanto, descartar completamente os estudos correlacionais; eles têm um papel muito importante no avanço do nosso conhecimento pois são a melhor ferramenta de que dispomos quando estudos randomizados são impossíveis. Um caso clássico foram os trabalhos na década de 1970 que mostraram que fumar é prejudicial à saúde. Durante anos houve debates ferrenhos entre médicos, pesquisadores e estatísticos que divergiam sobre se havia ou não indícios de que fumar realmente aumentava a incidência de câncer. Eventualmente, ficou claro que grande parte da evidência obtida em centenas de estudos sobre o assunto indicava que o cigarro era, sim, prejudicial à saúde.

Estudos correlacionais são como uma investigação criminal: pistas mais ou menos contundentes vão aparecendo (uma arma, um possível motivo para o assassinato, a ausência de um álibi...) e os cientistas, como detetives, tentam reconstruir a história do crime da melhor forma. Muitas vezes a prova definitiva (o exame de DNA irrefutável) não aparece e nós, o júri, temos que decidir se o réu é culpado "além de uma dúvida razoável".

Quando não podemos controlar nosso experimento, mas apenas observar o que as pessoas fazem (ou dizem que fazem) na prática, é preciso haver vários estudos indo na mesma direção, que analisem grandes amostras de pessoas ao longo do tempo, para que possamos afirmar com segurança algo útil sobre um determinado assunto. Certas verdades só podem ser tateadas, e o conhecimento vai se dando por aproximação, vagarosamente. Alguns temas (como o cigarro, os benefícios à saúde do exercício diário, a eficácia das vacinas ou a segurança das sementes transgênicas) já foram amplamente estudados, portanto se estabeleceu um relativo consenso entre os cientistas sobre o assunto. Outros ainda estão em estágios iniciais, e devemos suspender nosso julgamento até que a ciência nos dê mais pistas. Desconfie sempre de estudos que envolvam poucas pessoas e que cheguem a resultados completamente diferentes de todos os estudos anteriores (o famoso "tudo o que você sabia sobre isso estava errado" é uma boa chamada para posts do Facebook, mas acende a luz vermelha no quesito credibilidade).

Além disso, é sempre bom lembrar que os cientistas são seres humanos, sujeitos às mesmas paixões, egos e falhas que todos nós. Querem fazer descobertas memoráveis e ter seus artigos publicados em revistas conceituadas, e alguns usam atalhos desonestos para atingir seus objetivos. Recentemente uma grande crise se abriu em alguns ramos da ciência, como a psicologia, quando vários experimentos famosos, ao serem replicados, levaram a resultados completamente diferentes dos originais. Em alguns casos, os experimentos originais haviam sido mal desenhados (com amostras pequenas demais, por exemplo); em outros, os dados haviam sido "torturados" para obter a conclusão desejada. O fato de esses estudos estarem sendo agora desmascarados atesta, porém, o ponto mais forte da ciência: nenhum resultado, por mais aclamado que seja, está acima de qualquer suspeita. Não há dogmas; tudo está aberto para ser questionado. Até mesmo Einstein. A capacidade da ciência de autocorrigir seus próprios erros é sua maior força.

A dúvida constante é também, paradoxalmente, o calcanhar de Aquiles da ciência. Em uma discussão, o lado que admite, por princípio, que pode estar errado parecerá fraco diante de um adversário com uma postura mais dogmática que — corretamente ou não — entra no ringue cheio de certezas. Nossa mente tem uma queda por opiniões confiantes, bem como por boas histórias, cheias de vilões e conspirações. Os argumentos preferidos da ciência — números, estatísticas, testes repetitivos — nos parecerão sempre insípidos. Temos que redobrar o cuidado e estar alertas à nossa tendência a sermos levados na conversa da anticiência.

A vida é um grande telefone sem fio

Além de a ciência, com sua cautela, entrar em desvantagem no ringue da retórica, a forma como consumimos informações sobre o avanço da ciência não ajuda. A pessoa comum não faz, ela mesma, qualquer experimento científico ao longo da vida, além de uma ou outra eventual experiência de química no ensino médio. Mesmo os cientistas concentram-se em sua área de especialização, uma fatia finíssima da imensa gama de assuntos possíveis. Toda a informação que recebemos é de segunda mão: lemos na internet a chamada sobre certo artigo de jornal que, por sua vez, traduz de forma muitíssimo simplificada o que o jornalista supostamente leu em uma revista científica sobre um determinado estudo. Nesse telefone sem fio, o "cientifiquês" dos artigos acadêmicos por vezes se transforma em algo completamente diferente. Estudos científicos são muito cautelosos na linguagem que usam: você nunca verá um estudo sério alegando que "provou" definitivamente qualquer coisa que seja. A conclusão será algo muito mais insípido, como "é possível refutar a hipótese nula a um nível de significância de 5%", o que obviamente não dá uma boa manchete de jornal. Ao final do telefone sem fio, muitas vezes escutamos algo substancialmente diferente do que estava na cabeça do pesquisador que conduziu o experimento.

O fato de termos acesso à informação quase sempre em segunda mão é extremamente importante não apenas quando avaliamos estudos científicos, mas em todos os aspectos da vida. Pense em como você sabe que a Terra gira em torno do Sol. Você com certeza nunca foi ao espaço para observar o fenômeno de perto. A não ser que você seja um astrônomo amador, também não deve ter refeito os cálculos das trajetórias de Galileu para comprovar o heliocentrismo. Você simplesmente acredita no que lhe ensinaram.

Pense agora em algo mais prosaico: privadas. Você sabe como as privadas funcionam? Claro que sim! Você as usa desde os seus 2 anos de idade, não é mesmo? Basta apertar o botão de descarga e pronto, problema resolvido! Você está seguro sobre seu domínio do tema "privadas" até que seu filho de 6 anos pergunta: "Mas, papai, por que quando eu aperto o botão da descarga a água vai embora?" e, de repente, surge aquela sensação de "branco"! Algo acontece dentro daquela caixa, mas você não sabe o que é exatamente. Você sabe *usar* a descarga da privada, mas na verdade não conhece quase nada do mecanismo que a faz funcionar.*

---

* Exemplo baseado em SLOMAN, Steven e FERNBACH, Philip. *The Knowledge Illusion*: Why We Never Think Alone. New York: Riverhead Books, 2017.

Filhos na fase do "por quê?" são um grande antídoto para o que os cientistas cognitivos Steven Sloman e Philip Fernbach chamam de "ilusão do conhecimento", nossa tendência a achar que sabemos mais do que realmente sabemos: ao tentar explicar a eles coisas básicas como "por que puxar o zíper faz o casaco fechar" ou "por que a cola faz os papéis grudarem", percebemos quão pouco realmente compreendemos. Se fosse deixado sozinho em uma ilha deserta, você teria que se virar sem zíperes, colas ou privadas — e sem a grande maioria dos objetos cotidianos muito "simples" que usa sem pensar todos os dias. Mesmo que você tivesse os materiais para produzi-los, não saberia como fazê-lo. Não estou falando de itens complexos como celulares e computadores, e sim da descarga, um invento de 1778!

A "ilusão do conhecimento" é um efeito colateral do fato de sermos organismos programados para funcionar em grupos colaborativos. Um dos importantes fatores de sucesso de nossas sociedades é a capacidade que temos de dividir entre nós o trabalho de conhecer o mundo. Os médicos podem se especializar em estudar o corpo humano porque sabem que poderão obter suas verduras de agricultores, que se especializaram em descobrir a melhor forma de cultivá-las. Como sociedade, podemos acumular um corpo de conhecimento conjunto muito maior do que qualquer mente individual poderia apreender. O outro lado da moeda é que cada um de nós sabe apenas uma fração de tudo o que necessitamos, mas podemos obter esse conhecimento (ou os frutos dele) tão facilmente que não nos damos conta disso.

Nossa mente tem uma capacidade limitada de armazenar dados; para funcionar bem, dependemos de informações gravadas em "HDs externos": em outras pessoas, na internet, em livros e nos próprios objetos que usamos. O conhecimento de que precisamos para funcionar está disponível em todo lugar ao nosso redor: podemos chamar um especialista para consertar a privada, pesquisar no Google quem inventou a descarga e, se não tiver jeito, podemos abrir a caixa da descarga e tentar fazê-la voltar a funcionar simplesmente olhando para as peças e entendendo como se encaixam.

Ninguém é capaz de saber tudo. Mesmo a coisa mais simples carrega um enorme emaranhado de conhecimentos específicos necessários para que seja produzida. Nossa mente tem um design eficaz que guarda apenas o fundamental e delega todo o resto. Esse processo funciona tão automaticamente que falhamos em distinguir o que outras pessoas sabem daquilo que nós sabemos. Nunca pensamos sozinhos. Dependemos do conhecimento alheio.

A "ilusão do conhecimento" e a polarização política

O fato de acharmos que sabemos mais do que realmente sabemos vai muito além de nossa capacidade de produzir e consertar objetos. Ele pode explicar em parte como divergências sobre temas específicos vêm levando a uma crescente polarização política em vários países nos últimos tempos. Fernbach, professor da Universidade do Colorado, trouxe a seu laboratório americanos comuns com opiniões fortes sobre temas polêmicos como políticas para o controle do aquecimento global, o equacionamento do sistema de previdência ou a regulamentação de alimentos geneticamente modificados. Ele descobriu que, ao pedir que as pessoas explicassem como cada uma dessas políticas funcionaria, a confiança delas em suas crenças originais — e o grau de certeza com o qual defendiam suas posições — caía substancialmente. Ao tentar explicar o que achavam que sabiam, as pessoas percebiam quão raso seu conhecimento realmente era, assim como no exemplo da privada.

Perceber que sabemos menos do que acreditamos não é uma forma de minimizar nossa capacidade ou de nos deixar desanimados sobre nossa habilidade de tomar boas decisões ou entender o mundo. Pelo contrário: da mesma forma que a dúvida absoluta de Descartes abriu as portas para um entendimento sem precedentes das forças que movem o mundo através da ciência, a compreensão dos limites da nossa mente e da forma como ela funciona — em rede, conectada e dependente dos conhecimentos de outros — nos possibilita uma jornada muito mais produtiva pelos diversos assuntos que nos interessam e são importantes para nossas decisões. Mais ainda, nos permite evitar as armadilhas das falsas certezas e nos leva a uma postura mais conciliadora e aberta a ouvir opiniões distintas das nossas.

Você pensa por meio de modelos

Se não compreendemos realmente alguns assuntos como acreditávamos, conforme mostra o experimento de Fernbach, como, então, temos opiniões tão contundentes sobre eles? Polarização política, aquecimento global, desigualdade e imigração são temas realmente complexos. Como fazemos para pensar sobre eles?

À medida que o mundo se torna mais complexo e somos obrigados a entender questões que escapam à intuição adquirida em nossa experiência diária, dependemos de "modelos", ou simplificações da realidade. Os modelos são os óculos que colocamos quando queremos que a realidade fique mais clara.

Para entender como funciona um modelo, imagine que você queira saber como chegar de um ponto a outro de uma cidade qualquer, por exemplo, da Avenida Faria Lima, em São Paulo, à Avenida Paulista. Você abre o Google Maps, digita os dois endereços e ele responde com o esboço de um mapa.

Este esboço, tão útil no nosso dia a dia, nada mais é do que um "modelo", uma representação muito simplificada da realidade. No mapa que o Google Maps nos fornece consta apenas uma ínfima fração do que existe no mundo lá fora. Ele omite buracos, árvores, faróis; você não sabe qual caminho é mais bonito, em qual há mais pedestres atravessando a faixa, se é subida ou descida, se há o risco de encontrar assaltantes. Na verdade, para que um aplicativo de mapas seja eficaz, basta que ele ofereça duas informações: o traçado das ruas e a direção do tráfego (mão ou contramão). Todo o resto (o comércio e os pontos de interesse no caminho, os postos de gasolina, o tempo estimado) são serviços que podem ser úteis ou tornar sua experiência mais interessante, mas não são essenciais para que você chegue de um ponto a outro.

Suponha agora que você cliuqe na função "satélite" que o Google Maps oferece. Agora o aplicativo apresenta uma foto de satélite do mesmo trajeto, e mostra todos os detalhes do mundo real, vistos a distância: as casas e prédios, os monumentos, a largura precisa das ruas. É, sem dúvida, um modelo bem mais realista (na verdade, é a própria realidade fotografada). Mas qual deles é mais útil para nosso objetivo de ir da Avenida Faria Lima à Avenida Paulista? Certamente o primeiro mapa, não?

Modelos são úteis justamente *por* — e não apesar de — simplificarem a realidade! Um bom modelo elimina tudo o que não seja absolutamente essencial para que você cumpra seu objetivo. O critério correto para avaliar a qualidade de um modelo não é se ele parece ou não realista, mas se ele funciona, se permite fazer boas previsões sobre o que vai acontecer ("se eu pegar esta rua chegarei ao meu destino") e agir no mundo real ("chegar à Paulista").

Um modelo torna-se mais útil quanto mais complexa for a realidade. Pense na forma esquemática como as linhas do metrô são apresentadas nas estações. As linhas e pontos não são nada fiéis à geografia da cidade e as estações aparecem equidistantes entre si, não importando quão longe uma da outra realmente esteja no mundo real. Na verdade, os mapas do metrô não são mapas! Eles foram concebidos, na forma como os conhecemos, por um engenheiro, Henry Beck, inspirados em circuitos elétricos. Antes de Beck, as linhas do metrô eram sobrepostas ao mapa das ruas, e o excesso de informações tornava a coisa toda extremamente confusa. Beck percebeu que a localização geográfica era desnecessária para os usuários de metrô: eles precisavam saber apenas a ordem das estações para decidir onde descer. Ao propor um modelo *menos* realista, Beck encontrou uma forma mais eficaz para que seus usuários atingissem seus objetivos.

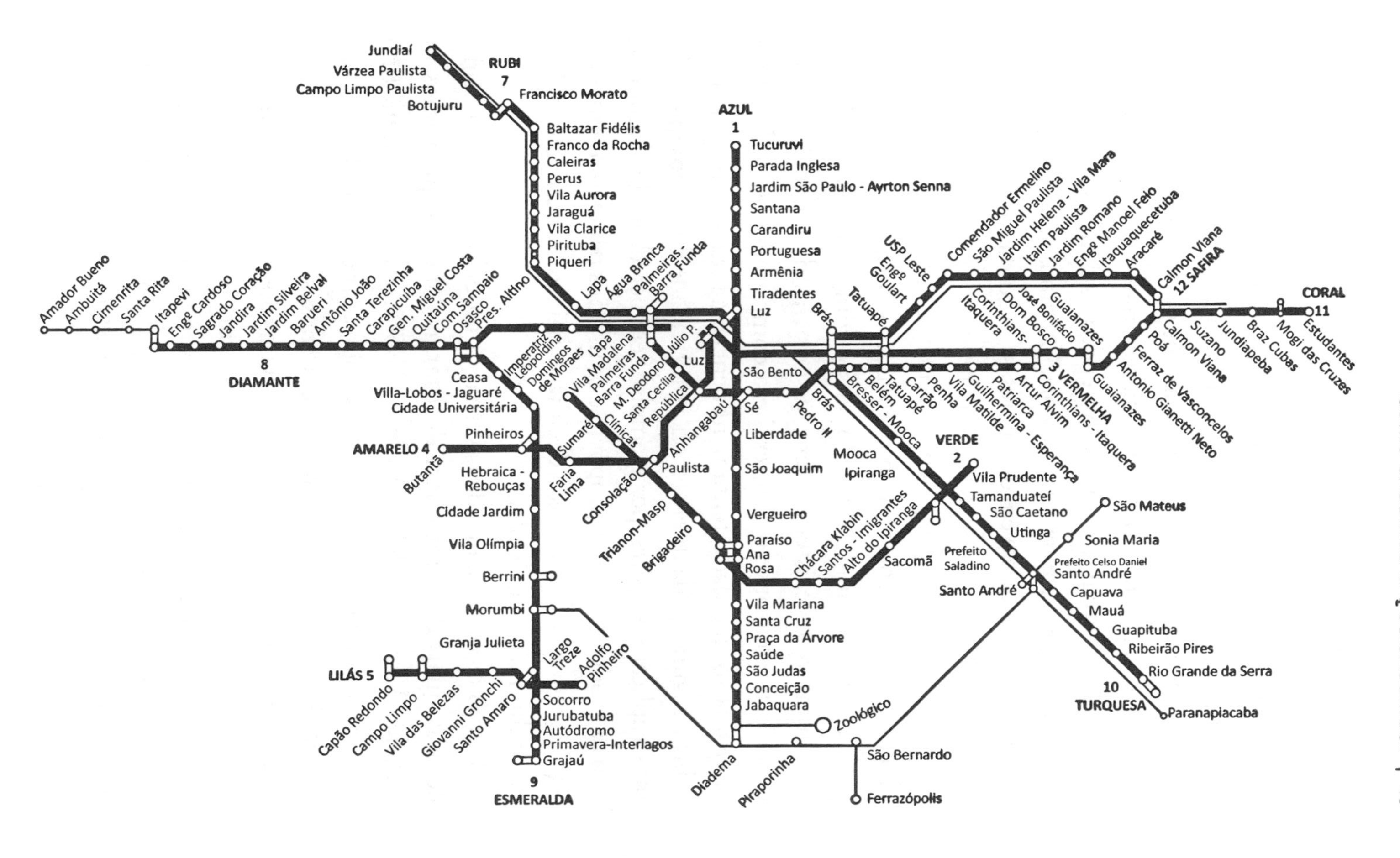
RUBI 7
Jundiaí
Várzea Paulista
Campo Limpo Paulista
Botujuru
Francisco Morato
Baltazar Fidélis
Franco da Rocha
Caieiras
Perus
Vila Aurora
Jaraguá
Vila Clarice
Pirituba
Piqueri
Lapa
Água Branca
Palmeiras - Barra Funda
AZUL 1
Tucuruvi
Parada Inglesa
Jardim São Paulo - Ayrton Senna
Santana
Carandiru
Portuguesa
Armênia
Tiradentes
Luz
São Bento
Sé
Liberdade
São Joaquim
Vergueiro
Paraíso
Ana Rosa
Vila Mariana
Santa Cruz
Praça da Árvore
Saúde
São Judas
Conceição
Jabaquara
Amador Bueno
Ambuitá
Cimenrita
Santa Rita
Itapevi
Engº Cardoso
Sagrado Coração
Jandira
Jardim Silveira
Jardim Belval
Barueri
Antônio João
Santa Terezinha
Carapicuíba
Gen. Miguel Costa
Quitaúna
Com. Sampaio
Osasco
Pres. Altino
8 DIAMANTE
Imperatriz Leopoldina
Domingos de Moraes
Lapa
Vila Madalena
Palmeiras Barra Funda
M. Deodoro
Santa Cecília
República
Júlio P.
Luz
Anhangabaú
Sumaré
Clínicas
Paulista
Consolação
Trianon-Masp
Brigadeiro
Ceasa
Villa-Lobos - Jaguaré
Cidade Universitária
Pinheiros
AMARELO 4
Butantã
Hebraica - Rebouças
Faria Lima
Cidade Jardim
Vila Olímpia
Berrini
Morumbi
Granja Julieta
Largo Treze
Adolfo Pinheiro
LILÁS 5
Capão Redondo
Campo Limpo
Vila das Belezas
Giovanni Gronchi
Santo Amaro
Socorro
Jurubatuba
Autódromo
Primavera-Interlagos
Grajaú
9 ESMERALDA
USP Leste
Engº Goulart
Comendador Ermelino
São Miguel Paulista
Jardim Helena - Vila Mara
Itaim Paulista
Jardim Romano
Engº Manoel Feio
Itaquaquecetuba
Aracaré
Calmon Viana
12 SAFIRA
CORAL 11
Estudantes
Mogi das Cruzes
Braz Cubas
Jundiapeba
Suzano
Calmon Viana
Poá
Ferraz de Vasconcelos
Antonio Gianetti Neto
Guaianazes
Brás
Tatuapé
Corinthians-Itaquera
Dom Bosco
José Bonifácio
Guaianazes
3 VERMELHA
Corinthians - Itaquera
Artur Alvim
Patriarca
Guilhermina - Esperança
Vila Matilde
Penha
Carrão
Tatuapé
Belém
Bresser - Mooca
Brás
Pedro II
Mooca
Ipiranga
VERDE 2
Vila Prudente
Tamanduateí
São Caetano
Utinga
Chácara Klabin
Santos - Imigrantes
Alto do Ipiranga
Sacomã
Prefeito Saladino
Santo André
São Mateus
Sonia Maria
Prefeito Celso Daniel Santo André
Capuava
Mauá
Guapituba
Ribeirão Pires
Rio Grande da Serra
Paranapiacaba
10 TURQUESA
Zoológico
Diadema
Piraporinha
São Bernardo
Ferrazópolis

O Waze e você

Pense que seu cérebro é um smartphone com aplicativos como o Google Maps ou o Waze — seus modelos — para cada um dos assuntos que lhe interessam ou temas que são importantes para suas decisões. Esses modelos não foram necessariamente criados por você; a maioria deles vem dos outros. Aprendemos parte deles com nossa família, amigos, na igreja ou na escola. Ouvimos na mídia, lemos em um livro. Alguns deles vêm de empresas ("o que faz um bom carro?"), do poder público ("como devo me comportar no trânsito?" ou "devo usar cinto de segurança?"). Muitos vêm da ciência, que nos diz como objetos se movimentam, como doenças são transmitidas e como podemos nos comunicar usando nossos computadores ou celulares.

Muitas vezes existem interesses por trás dos modelos. O Facebook, a Amazon e o Twitter, bem como políticos, *influencers* e ativistas pró-liberdade, tentam influenciar a forma como pensamos sobre a segurança da internet, ou a privacidade dos dados que cedemos a aplicativos e sites, por exemplo. Sem perceber, absorvemos ou não os modelos que nos propõem e os usamos para tentar entender os riscos que enfrentamos e decidir se baixamos ou não o último joguinho no nosso celular.

Como os prisioneiros da caverna, os modelos são as estratégias com as quais contamos para decifrar as sombras que vemos na parede. Alguns modelos são muito bons, e nos permitem tirar conclusões precisas sobre como as coisas funcionam. Outros são imperfeitos, viesados ou simplesmente falsos.

Nos próximos capítulos veremos alguns dos modelos que usamos na prática e discutiremos quando eles funcionam bem, e quando nos levam a desvios no caminho ou nos tiram da rota. Em seguida, apresentaremos alguns "aplicativos" que podemos adicionar aos nossos smartphones mentais para que possamos ter um desempenho melhor em uma série de situações.

Para lembrar na hora da decisão:

✓ Não há conhecimento real sem dúvida. Questionar tudo é o ponto de partida para realmente compreender algo.

✓ A boa ciência é cautelosa e chata, feita a partir de estatísticas insípidas e experimentos repetidos. Desconfie daqueles cheios de certezas e dogmas: nossa mente tem uma queda por opiniões confiantes e histórias cheias de vilões e conspirações.

✓ Nosso entendimento do mundo se dá por aproximação, aos poucos, conforme coletamos mais evidências. Afirmações do tipo "tudo o que você sabia sobre isso estava errado" devem ser lidas com cautela, e verdadeiras "balas de prata", que resolvem definitivamente uma questão, são raras.

✓ Sabemos menos do que achamos (lembre-se do caso das privadas). Compreendemos o mundo por meio de modelos, simplificações da realidade. Os modelos que usamos — bem como a maioria das informações e conhecimentos que temos — são de segunda mão: nós os pegamos emprestados de outros. Portanto, cuidado com as suas fontes.

capítulo 2

CÉREBRO: MANUAL DE INSTRUÇÕES

Imagine a seguinte situação: após um *happy hour* animado com amigos, você sai do bar e caminha pela rua escura, à espera do Uber. De repente você vê a figura de um homem, roupa escura e boné, se aproximando apressadamente. O que você faz? Aperta o passo e volta para o bar, abandonando a espera pelo carro? Ignora o homem e continua concentrado em seu celular, checando as placas dos carros que passam em busca de seu motorista? Ou cumprimenta o estranho com um civilizado "boa noite"? Em instantes, com um mínimo de informação, seu cérebro toma a decisão sobre como agir. Como ele faz isso?

Várias escolhas são feitas por você automaticamente, sem que você tenha consciência ou se esforce em fazê-las. Já dentro do Uber, você reconhece o caminho de casa, entende as placas de trânsito e lê facilmente os anúncios nos pontos de ônibus. Quando chega em casa e vê seu companheiro de cara fechada no sofá, no mesmo instante você entende que ele ou ela está bravo por você ter chegado tão tarde e antecipa a discussão que virá. Se lhe perguntarem quanto é 2 x 2, a resposta brotará em sua mente como por um passe de mágica.

Agora pense na tarefa de conferir e dividir a conta entre os amigos no bar. Seu cérebro não opera mais no piloto automático. Você precisa se concentrar, seguir um conjunto de passos para garantir que não cobraram por uma porção ou bebida que o grupo não pediu. E, se não tiver uma calculadora, talvez precise de papel e caneta para dividir R$386,70 por 5. O processo é consciente (você pode escolher se fará ou não a conta), bem mais demorado e cansativo.

Dupla personalidade

A teoria predominante na psicologia sobre como a mente funciona se baseia em um modelo dual, em que dois sistemas, um "intuitivo" e outro "racional", coexistem. Eles não são pessoas em miniatura na sua cabeça ou áreas específicas do seu cérebro, e sim metáforas úteis para entender os dois tipos de pensamento a que podemos recorrer. Pesquisadores têm preferências distintas sobre como chamar esses sistemas (Sistema 1 e Sistema 2, Processamento Tipo 1 e Tipo 2, Rápido e Lento, Intuitivo e Refletido etc.), mas concordam, em grande medida, quanto a suas características fundamentais.

O sistema intuitivo é seu piloto automático. Ele é rápido, emocional, inconsciente e é quem entra em ação para ajudá-lo a fugir do eventual ladrão. Ele é responsável pelas habilidades inatas que compartilhamos com os animais, como temer o perigo e reconhecer pessoas e objetos, bem como por atividades que automatizamos com a prática (decorar a tabuada, aprender a ler ou reconhecer os estados de ânimo de seu companheiro). Ele tem alta capacidade de processamento e consegue operar em "paralelo", fazendo várias coisas ao mesmo tempo: você observa o caminho enquanto entende o que o motorista do Uber diz e reconhece a música no rádio.

Já para dividir a conta, você precisa acionar seu sistema racional. Ele é consciente, lento e pode fazer tarefas complexas seguindo uma série de passos (por exemplo, as regras da divisão). Acioná-lo, porém, exige esforço: é preciso "pagar" para usá-lo com o recurso mais escasso de todos, a atenção (do inglês, literalmente *pay attention*, ou "pagar com atenção").

O sistema intuitivo tem a vantagem de ser automático, e de funcionar sem esforço. Ele, porém, é impulsivo: conclui primeiro, e depois explica. Ele gosta de histórias coerentes e rapidamente completa lacunas com um pouco de imaginação. É possível que, depois de fugir do homem de boné, você se "lembre" dele como sendo assustador ou tendo uma expressão perigosa, mesmo sem ter realmente visto seu rosto, ou até de carregar uma arma, ainda que não a tenha observado. Seu sistema intuitivo é uma máquina de tirar conclusões precipitadas. Como coloca o psicólogo Philip E. Tetlock, ele funciona segundo a pseudológica do "se parece verdade, é", pois não pode se dar ao luxo de ficar se perguntando se a evidência disponível é falha, ponderando prós e contras de cada linha de ação ou consultar estatísticas sobre a taxa de criminalidade na região*. Ele precisa tomar sua decisão em instantes, ou você será presa fácil para o ladrão. Porém, a rapidez tem também um custo: é perfeitamente possível que o homem esteja só de passagem, e que você, ao fugir, tenha perdido o Uber à toa.

Nosso sistema racional consegue desativar o piloto automático e assumir o controle da aeronave, corrigindo erros nos seus impulsos ou resolvendo problemas que sua intuição não é capaz de solucionar. Porém, o pensamento consciente é trabalhoso e "serial": faz uma coisa de cada vez. Se sua cabeça estiver ocupada decorando um

* TETLOCK, Philip H. *Superprevisões*: a arte e a ciência de antecipar o futuro. Rio de Janeiro: Objetiva, 2016.

número de telefone, fazendo um exercício físico intenso, tentando não ceder à tentação de furar o regime e comer aquele chocolate ou distraído pelo programa da televisão, seu desempenho cairá brutalmente. Você pode fazer várias coisas ao mesmo tempo apenas se forem fáceis e automáticas, tarefas desempenhadas pelo seu sistema intuitivo. Mesmo, porém, para tarefas simples que exigem que o sistema racional seja acionado, estudos vêm demonstrando que o número de erros aumenta substancialmente quando fazemos várias coisas ao mesmo tempo. Parece que nossa capacidade de sermos "multitarefa", tão propagada nestes tempos de celulares e redes sociais, tem sido fortemente superestimada. Na verdade, o raciocínio é "preguiçoso", precisa de um incentivo para levantar da cadeira e funcionar, e vai quase sempre chegar atrasado à festa, depois que seu sistema intuitivo já tiver dados seus palpites.

Rápido e devagar

Considere agora uma variação da tarefa proposta por Daniel Kahneman em seu best-seller *Rápido e devagar: duas formas de pensar** (tente fazê-la antes de continuar a leitura):

Diga em voz alta se cada palavra na sequência a seguir está impressa em letras minúsculas ou maiúsculas:

PALAVRA
palavra
palavra
PALAVRA

---

* KAHNEMAN, D. *Rápido e devagar*: duas formas de pensar. Rio de Janeiro: Objetiva, 2012.

PALAVRA
palavra
PALAVRA

Agora faça o mesmo para as palavras a seguir:
maiúscula
minúscula
MINÚSCULA
maiúscula
MAIÚSCULA
minúscula
MINÚSCULA

Por que a segunda lista de palavras é mais difícil? Porque há um conflito entre o que você lê ("maiúscula") e o que você deve responder (que a palavra está impressa em letras minúsculas). Apesar de a tarefa não lhe pedir para *ler* as palavras, você não consegue evitar fazê-lo. Há um conflito entre a reação automática do seu sistema intuitivo, que lê, e a intenção do seu sistema racional de controlá-la para cumprir a tarefa dada (que requer que você se concentre apenas no tipo da letra).

Essa tarefa simples revela uma característica importante do sistema intuitivo: ele não pode ser desligado. Nunca. Como um daqueles programas antivírus de seu computador, ele está sempre funcionando em segundo plano, formando opiniões, sugerindo ações. Em situações de conflito, em que os dois sistemas nos dão respostas diferentes sobre como agir, estamos mais sujeitos a erros, pois nosso sistema racional tem que gastar parte de sua limitada capacidade para reprimir os impulsos do seu sistema intuitivo.

Uma conclusão interessante é que nosso desempenho em situações desse tipo depende não apenas de nosso quociente de inteligência

(QI), mas de quão atentos estamos a esses possíveis conflitos. Como afirma o psicólogo Keith E. Stanovich, pessoas diferentes têm disposições diferentes: algumas são mais propensas a se fiar na intuição e outras fazem mais esforço para ativar o raciocínio. Inteligência não é apenas a capacidade de analisar: são mais racionais as pessoas mais céticas acerca das suas intuições, mais alertas.

Intuição ou razão?

Muito se discute sobre a melhor forma de fazer boas escolhas: confiando na intuição ou usando a razão? Alguns defendem que devemos dar crédito ao poder de nossos instintos. Malcolm Gladwell, no livro *Blink: a decisão num piscar de olhos,** traz vários exemplos de decisões tomadas sem reflexão que foram extremamente efetivas, como um especialista em arte que sabia que uma escultura caríssima comprada pelo Museu Getty era uma falsificação, mas não sabia explicar por quê, ou um psicólogo que, só de observar um casal conversar por alguns minutos, conseguia prever quanto tempo o relacionamento ia durar. Outros, porém, ressaltam os erros e vieses que podemos cometer se seguirmos o "canto da sereia" da intuição (afinal, exemplos de decisões impensadas que levaram a maus resultados são abundantes nos negócios e na vida pessoal), e recomendam que sejamos mais racionais em nossas escolhas.

A discussão, porém, é uma daquelas falsas polêmicas em que os envolvidos parecem dirigir seus binóculos a fatias diferentes da realidade: um só vê terra e o outro só vê mar, enquanto a realidade combina um pouco dos dois. A intuição pode ser tanto uma fonte

---

* GLADWELL, Malcolm. *Blink*: a decisão num piscar de olhos. Rio de Janeiro: Sextante, 2016.

de erro como um fator de sucesso. Tudo depende do contexto, do tipo de tarefa que se está desempenhando e da experiência envolvida.

Em um famoso estudo, o psicólogo Gary Klein descreve o caso de um comandante do corpo de bombeiros que tentava apagar um incêndio rotineiro na cozinha de uma casa. Após tentar debelar o fogo com a mangueira e ver o incêndio ceder, apenas para voltar a arder com força em seguida, o comandante ficou perplexo. Incomodado com o calor e o silêncio do local, que pareciam atípicos, ordenou que todos saíssem da casa imediatamente. Assim que os bombeiros chegaram à rua, o piso da casa desabou. O foco do incêndio estava, na verdade, no porão, não na cozinha. Ao ser perguntado sobre como tinha sido capaz de salvar seus homens, o comandante disse que contou com seu "sexto sentido"; ele simplesmente *sabia*, mas não podia explicar *como* sabia.

O caso do bombeiro é um exemplo clássico de situação em que a intuição funciona bem. A "sensação" que fez o comandante tomar a decisão acertada não tem nada de mística; ela decorre de anos de experiência em lidar com situações semelhantes que permitiram que o bombeiro registrasse em sua memória centenas de padrões sobre como incêndios costumam "funcionar". O sistema intuitivo é extremamente competente em recuperar esses muitos padrões e sinais, alguns tão sutis que não conseguimos explicar de forma consciente e combiná-los para nos impelir a agir. Foi assim que você decidiu se fugia ou não do ladrão, ou que o especialista em arte "sentiu" que a estátua era falsa.

A intuição funciona bem em situações repetitivas, com feedback claro, em que seu cérebro teve tempo de ser treinado e guardar na memória todos os pequenos indícios que compõem o imenso quebra-cabeça da realidade. O que sua intuição precisa é de um "simulador de voo" que lhe permita repetir a mesma tarefa exaustivamente, sendo informado a cada rodada se a estratégia que você usou funcionou ou não, e testar diferentes perspectivas, até "automatizar" a melhor forma de pousar o avião. É o que a criança faz quando aprende a pegar uma bola, depois de deixá-la cair incontáveis vezes, ou o que médicos, bombeiros e outros especialistas adquirem ao longo de anos de prática.

Aprendemos constantemente com nossas experiências, mesmo sem estarmos conscientes de fazê-lo. Esse aprendizado implícito de padrões e associações pode nos dar intuições efetivas que ajudam a tomar decisões, mesmo que não desenvolvamos regras claras e conscientes para que nosso raciocínio processe.

Quando a intuição falha

Em outras situações, porém, a intuição não é de grande ajuda, ou mesmo atrapalha nosso julgamento. Isso ocorre quando o ambiente não fornece "pistas" claras para seu cérebro inconscientemente registrar. Como observam Kahneman e Klein:

> *É muito provável que haja indicações precoces de que um edifício está prestes a entrar em colapso em um incêndio ou que uma criança vai logo mostrar sintomas óbvios de infecção. Por outro lado, é improvável que exista informação publicamente disponível que possa ser usada para prever quão bem uma determinada ação performará na bolsa de valores — se essas informações válidas existissem, o preço de mercado já as teria incorporado. Assim, temos razão para confiar mais na intuição de bombeiros sobre a estabilidade de um edifício ou de uma enfermeira sobre um bebê do que nas intuições de um corretor da bolsa sobre uma ação.**

---

* KAHNEMAN, Daniel e KLEIN, Gary. Conditions for Intuitive Expertise: A Failure to Disagree. *American Psychologist* 64, n. 6, p. 515-526, set. 2009 (tradução livre).

Em certas situações, não é possível "aprender com a prática" porque a decisão é única e não vai se repetir. É preciso pousar o avião sem passar pelo simulador. Escolher uma carreira ou trocar de emprego, abrir um negócio ou comprar uma casa nova: são situações esporádicas, para as quais você dificilmente terá conseguido acumular experiência suficiente para que sua intuição seja efetiva. Nesses casos, temos que usar a razão.

Em outras circunstâncias, a situação muda com tanta frequência que hábitos que funcionaram no passado podem, de repente, parar de fazer sentido. Comprar ações baseando-se na crença de que elas continuarão se valorizando no futuro apenas porque foi isso o que aconteceu nos últimos meses é um erro comum que, de tempos em tempos, alimenta comportamentos de manada e gera bolhas nos preços desses ativos. Em casos assim, a intuição falha miseravelmente. Agimos como o peru que, com base em toda a experiência adquirida, tem certeza de que o fazendeiro é seu melhor amigo. Afinal, o fazendeiro construiu um galinheiro para proteger a ave da chuva e do vento, e todas as manhãs, sem falta, lhe traz milho. Até que chega a véspera do Natal...

Por fim, as regularidades que observamos podem, muitas vezes, ser enganosas. Nossa mente tem certa obsessão por explicar todos os fenômenos que encontra, impondo coerência ao mundo. É natural que aja assim; a intuição só é útil no mundo real se existirem causas e efeitos, então ela foi programada pela seleção natural para incansavelmente procurar por relações desse tipo. Lidar com o imponderável, o incerto, o inexplicado é extremamente desconfortável para nós. Queremos viver em um mundo em que "entendemos" o motivo de as coisas acontecerem porque assim acreditamos ter mais controle sobre ele.

Contadora de "causos"

Como nossa intuição é uma "contadora de histórias" muito habilidosa, ela tende a "encontrar" padrões e ordem onde, na verdade, existe apenas aleatoriedade. Durante o bombardeio a Londres pela força aérea alemã na Segunda Guerra, os jornais publicavam mapas com os locais onde os foguetes haviam caído. As pessoas, observando que algumas ruas haviam sido poupadas, especulavam que aqueles eram os locais onde moravam espiões alemães, e seguiu-se então uma "caça às bruxas". Posteriormente descobriu-se que os foguetes alemães não tinham precisão para atingir alvos específicos como casas ou mesmo ruas individuais; os padrões observados eram completamente aleatórios. Mas os ingleses rapidamente construíram suas "teorias da conspiração".

É curioso notar que as histórias que nos atraem têm algumas características específicas: são simples, concretas, de preferência binárias (em que o "bem" e o "mal" estão claramente separados), pessoais (com um "vilão" ou "herói", um "culpado" e uma "vítima"), e os eventos são consequência direta de ações individuais (talento, burrice, ganância, maldade...) e não da sorte ou de dinâmicas complexas e abstratas que estejam fora do controle dos personagens.

Considere o caso de Ben Miller, lendário gestor do fundo de ações *Legg Mason Value Trust Fund*, que conseguiu a façanha de superar o índice S&P por 15 anos consecutivos, período em que administrou o fundo. O site *CNN Money* afirmou que a probabilidade de que alguém tivesse uma sequência de ganhos assim por mera sorte seria de irrisórios 1/372.529 (ou 0,000003%). Impressionante, não? O físico Leonard Mlodinov, porém, discorda. Para ele, a probabilidade correta seria de 75%. Se Mlodinov estiver correto, a proeza de Ben Miller parece bem menos espetacular, e nossa confiança em seu talento fica um tanto abalada. Quem está certo?*

A discrepância entre as estimativas decorre do fato de Mlodinov e o *CNN Money* terem calculado coisas diferentes. A probabilidade de uma pessoa em particular bater o mercado nos próximos 15 anos por pura sorte é realmente muito baixa. Escolher hoje um gestor que nos garantirá bons retornos no futuro é uma tarefa bastante complexa. O que fazemos ao olhar a performance passada de gestores, já conhecendo os resultados que tiveram, porém, é algo completamente diferente. Considere que existem cerca de seis mil administradores de fundos nos Estados Unidos. Qual a probabilidade de algum deles conseguir a proeza de superar o índice S&P por 15 anos seguidos, ao longo de um extenso período de tentativas de, digamos, 40 anos? Muito alta, de 75% segundo as contas de Mlodinov. Da mesma forma que, se tivermos seis mil pessoas jogando moedas repetidamente, eventualmente alguma delas conseguirá uma sequência de 15 "caras", é possível que Ben Miller seja apenas o sortudo da mesa.

Não atribuímos ao talento o fato de alguém haver ganhado na loteria, apesar de a pessoa ter certamente conseguido uma façanha muito improvável. Afinal, todas as semanas alguém ganha na loteria, e é óbvio que não há habilidade envolvida em escolher uma sequência de cinco ou seis números. A questão se complica, porém, quando julgamos atividades para as quais ambos — sorte e competência — desempenham papéis, como gerir fundos de investimento, administrar empresas ou acertar previsões sobre a economia ou o resultado das próximas eleições. É importante

---

* Adaptado de MLODINOV, Leonard. *O andar do bêbado*: como o acaso determina nossas vidas. Rio de Janeiro: Zahar, 2008.

ter em mente, porém, que nossa intuição tem uma "queda" por histórias de herói, e nossa primeira impressão é atribuir a façanha exclusivamente à aptidão.

Autoconfiantes

Se somos assim crédulos ao julgar o desempenho de outros, somos ainda mais tolerantes quando olhamos para nossos próprios feitos. Em situações em que não fica claro se estávamos certos ou errados — porque, por exemplo, o resultado não depende apenas de nossas decisões, mas de eventos incertos que fogem do nosso controle —, somos rápidos em construir histórias que nos isentam de responsabilidade nos erros e glorificam nossa habilidade nos acertos.

Estatísticas sugerem que 90% dos motoristas americanos acreditam se encontrarem entre os 50% melhores motoristas, uma impossibilidade estatística, e mais de 80% das pessoas que abrem pequenos negócios nos Estados Unidos acreditam que sua chance de fracasso é zero, apesar de as estatísticas mostrarem que dois terços dos pequenos negócios fecham as portas em menos de 5 anos. Somos seres bastante autoconfiantes.

Esse fenômeno afeta não apenas leigos, mas também profissionais. O psicólogo Philip E. Tetlock ficou famoso ao mostrar que, em um longo estudo de 20 anos (1984-2004), especialistas altamente experientes não foram superiores aos leitores não treinados de jornais em sua capacidade de fazer previsões precisas no longo prazo sobre eventos políticos.* A previsão do especialista médio foi tão boa quanto um chute aleatório. A complexidade do cenário político, com suas transformações e sutilezas, não se preza a uma

* TETLOCK, Philip E. *Expert Political Judgment*: How Good Is It? How Can We know? Princeton, NJ: Princeton University Press, 2005.

boa análise intuitiva. A evidência parece sugerir, entretanto, que, quanto maior nossa sensação de confiança na resposta intuitiva (porque, por exemplo, achamos que o problema nos é familiar), mais propensos estamos a cair na armadilha de não checar nossas respostas intuitivas com dados.

O fato é que muitos aspectos do mundo são mais incertos do que parecem. Parte do comportamento das ações, dos resultados nos negócios ou da pontuação em eventos esportivos segue um movimento aleatório, tal qual ocorre com dados ou cartas de baralho. Certamente existe também habilidade, porém nossa mente tende a subestimar o efeito da primeira e superestimar a importância da segunda.

Por fim, é preciso ter cuidado com as falsas explicações. Aquela ação vencedora que compramos com base em um "palpite" ou o jogo que nosso time ganhou enquanto usávamos nossa camisa da sorte convence nossa intuição de que "há alguma coisa aí". Nosso sistema intuitivo tem uma queda pelas superstições.

Usando a ferramenta certa para o trabalho

O psicólogo cognitivo Jonathan St. B. T. Evans prefere chamar os dois sistemas (o intuitivo e o racional), respectivamente, de "mente velha", o instinto que compartilhamos com os animais, aperfeiçoado pela evolução para performar muito bem atividades específicas, e "mente nova", racional e capaz de refletir, uma inovação exclusivamente humana. A "mente velha" atinge seus objetivos respondendo ao passado, repetindo o que já funcionou antes, como é típico da cognição dos animais. Já a "mente nova" olha para o futuro e tenta tomar decisões por meio de simulações mentais, imaginando e raciocinando sobre as futuras consequências de nossas ações. Esse processo é difícil e exige esforço, então, com frequência, nosso comportamento acaba refletindo indevidamente nossos hábitos e intuições, quando deveria saber melhor.*

Evitar as armadilhas da intuição é difícil, pois ela é a voz dentro de sua cabeça que não pode ser desligada e que, sem que você se dê conta, está sempre opinando e propondo linhas de ação. Em muitas ocasiões — problemas repetidos para os quais você foi treinado pela prática e tarefas que pode executar automaticamente — é eficiente deixar que essa voz assuma o comando. Em outras — situações novas, complexas ou muito relevantes — temos que fazer o esforço de calar a voz, nos precaver contra suas armadilhas e usar as regras da razão.

A reflexão consciente que seu sistema racional proporciona é essencial para decidir bem quando um problema combina complexidade com novidade, e não pode ser resolvido aplicando a experiência passada. Nessas situações, precisamos imaginar possíveis cenários que nunca ocorreram e comparar as futuras consequências de nossos atos; somente o sistema racional pode, com esforço, fazê-lo.

Para lembrar na hora da decisão:

✓ Seu cérebro tem dupla personalidade. Um sistema "intuitivo" (rápido, automático, mas impulsivo) e outro "racional" (consciente, cuidadoso, mas preguiçoso) convivem e, às vezes, dão respostas conflitantes para um mesmo problema.

✓ Sua intuição tende a funcionar bem em situações repetidas, com feedback claro, em que é possível "aprender com a prática". Em situações complexas, novas, em que não há "pistas" para seu cérebro inconscientemente registrar, é prudente calar a voz da intuição e "pensar duas vezes", acionando seu sistema racional.

* EVANS, Jonathan St. B. T. *Thinking and Reasoning*: A Very Short Introduction. Oxford: Oxford University Press, 2017.

- ✓ Cuidado com nossa tendência à autoconfiança excessiva, em especial nos assuntos que achamos que "dominamos". Ela nos torna propensos a confiar indevidamente na intuição e a não checar nossas impressões com dados.

- ✓ Temos uma queda por histórias cheias de heróis e vilões, e tendemos a superestimar o papel do talento e da habilidade. Lembre-se de que o mundo é mais incerto do que parece, e a sorte ou o azar contribuem mais para os resultados do que costumamos supor.

capítulo 3

ATALHOS E ARMADILHAS

No capítulo anterior vimos que nossa mente é pré-programada pelo instinto inato ou pela prática para dar respostas automáticas para grande parte das tarefas que executamos. "Pensamos", isto é, conscientemente buscamos a reposta para um problema, quando não há um programa neurológico simples ou uma resposta aprendida previamente à mão para lidar com determinada tarefa. Mas como resolvemos um problema, tomamos uma decisão ou chegamos a uma conclusão diante de uma situação que nunca vimos antes?

Imagine que você esteja considerando escolher uma nova carreira. Quais etapas deveria seguir para fazer isso de forma racional?

Primeiro, é preciso que você levante todas as possibilidades disponíveis, mapeie exaustivamente todos os caminhos a seguir, em todas as áreas nas quais acredite que tem condições para trabalhar. Quanto mais qualificado você for, mais opções estarão abertas a você. A lista é enorme. Porém, essa é apenas a primeira — e mais simples — etapa, que chamamos de processo de "busca".

Após levantar todas as alternativas possíveis, passamos à etapa da "análise", em que processamos as informações que temos, calculando as consequências prováveis de cada linha de ação. Para cada possível carreira, qual será o seu salário? Quão satisfatório será o trabalho? Existem benefícios não monetários (plano de saúde, seguro de vida)? O emprego lhe trará status? Qualidade de vida? É desafiador e estimulante, ou monótono e repetitivo? Qual a sua perspectiva de evoluir na carreira? Os possíveis desdobramentos são imensos.

Mesmo que você consiga estimar com precisão cada uma dessas consequências, considerando todas as possíveis fontes de incertezas ("Serei bem-sucedido nessa carreira?" "Essa linha de negócios será promissora no futuro?" "Haverá muita concorrência de outros profissionais interessados?"), resta ainda uma terceira etapa, a "escolha" propriamente dita, que envolve comparar as alternativas segundo um critério de valor e selecionar a melhor. Como em geral temos múltiplos objetivos que, frequentemente, estão em conflito ("quero ganhar dinheiro, mas também ter qualidade de vida"), atribuir pesos ou graus de importância a cada um dos atributos que buscamos é uma tarefa bastante complexa e fonte de muita angústia em escolhas desse tipo.

Além da imaginação

Mesmo problemas mais simples, "bem definidos" (ou seja, para os quais há regras ou procedimentos a serem seguidos que levam à resposta certa) e sem incerteza podem rapidamente tomar uma proporção que está além de nossa capacidade de processamento. Considere o jogo de xadrez. Aqui, as regras são claras, não há sorte ou azar. Os objetivos são conhecidos e estáveis; o histórico do jogo, as jogadas feitas e as possibilidades em aberto são transparentes a todos. Mesmo assim, o xadrez não é um jogo computável.

O número total de jogadas a ser processado é tão grande que é difícil até estimá-lo precisamente. Uma tentativa chegou a $10^{10^{50}}$ de lances possíveis, um número tão absurdamente grande que não conseguimos nem compreender. Há mais jogos de xadrez possíveis do que átomos no universo, e nem mesmo um supercomputador fazendo bilhões de cálculos por segundo pode "resolver" um jogo de xadrez por meio da força bruta. Como então é possível termos enxadristas brilhantes como Gary Kasparov, que, em 1996, bateu o computador Deep Blue, desenvolvido pela IBM especialmente para a tarefa*?

Em situações como essa, nosso cérebro usa certos atalhos mentais, que chamamos de "heurísticas", para reduzir o espaço de busca e gerar respostas satisfatórias rapidamente. A palavra vem do termo grego "eureca", ou "heureca", famosa exclamação atribuída a Arquimedes quando, ao tomar um banho de banheira, descobriu uma forma de verificar se a coroa do rei Hierão era mesmo feita de ouro puro. A solução, revelada a ele como um insight, foi mergulhar a coroa e calcular o volume de água deslocado.

Para entender como funciona uma heurística, imagine que uma bola tenha sido lançada em sua direção e você precisa se posicionar para pegá-la. A física lhe diz exatamente como calcular uma trajetória desse tipo, algo como:

$$z(x) = x\left(tan\alpha_0 + \frac{mg}{\beta v_0 cos\alpha_0}\right) + \frac{m^2 g}{\beta^2} ln\left(1 - \frac{\beta}{m}\frac{x}{cos\alpha_0}\right)$$

Certamente você não usará a fórmula, nem mesmo se for um físico profissional. Ela é trabalhosa, demorada e a bola estará no chão

* Em um segundo torneio, em 1997, Deep Blue venceu Kasparov. O computador não usa apenas força bruta computacional; ele foi alimentado com resultados e estratégias de milhares de jogos passados. A própria IBM admite em seu site: "Kasparov não está jogando contra o computador; ele está jogando contra fantasmas de mestres do passado."

muito antes que você consiga pegar papel e caneta para resolvê-la. Você recorrerá a uma heurística, um truque simples, que funciona bastante bem em grande parte das situações: você mantém o olhar na bola conforme ela sobe pelos ares, inclinando a cabeça para cima conforme ela chega até você. A direção do seu olhar especifica um ângulo em relação ao chão. Você então se mexe para a frente e para trás de forma que esse ângulo aumente a uma taxa constante, ou seja, que você continue a inclinar a cabeça para cima até a bola chegar a suas mãos. Uma criança de 5 anos que nunca ouviu falar em cosseno ou tangente é capaz de fazê-lo.

Heurísticas podem operar intuitivamente como no caso da bola, gerando insights sem raciocínio consciente que funcionam muito bem em situações para as quais você acumulou experiência relevante. Porém, com frequência elas geram soluções atraentes, mas erradas. Considere o problema a seguir:

Um taco de beisebol e uma bola custam, juntos, R$1,10. O taco custa R$1 mais do que a bola. Quanto custa a bola?

Se você for como grande parte das pessoas a quem a essa pergunta — "batida" entre psicólogos e economistas comportamentais — foi feita, deve ter, intuitivamente, respondido: 10 centavos. A reposta quase que instantaneamente vem à cabeça, mas está errada. Se o taco custa R$1 mais do que a bola, ele custaria então R$1,10, e ambos sairiam por R$1,20. A resposta certa é 5 centavos, e você consegue em segundos chegar a esse resultado refletindo um pouco. Como em muitas situações no mundo real, o que "parece" certo não é. Sua intuição foi apressada e o levou pelo caminho errado.

Heurísticas funcionam bem para problemas repetidos, para os quais o sistema intuitivo do cérebro foi bem treinado. Porém, frequentemente elas levam a equívocos. A economia comportamental é um ramo novo da economia que se desenvolveu a partir da década de 1970 e que documenta heurísticas e os eventuais "vieses"— ou erros sistemáticos — que causam. Constatar que o ser humano é falível e com frequência comete erros tolos é senso comum, e não justificaria a criação de um novo ramo da ciência social em sua homenagem. A inovação da economia comportamental foi constatar que existem regularidades nos erros, documentar em que tipo de situação estamos mais propensos a errar e qual falácia específica tendemos a cometer. Não apenas erramos, mas tendemos a cometer "sempre os mesmos erros". Como sugere o título do livro do economista comportamental Dan Ariely (*Previsivelmente irracional**), somos irracionais de uma forma previsível. Se esse é o caso, compreender as heurísticas por detrás desses comportamentos irracionais nos permite antecipá-los e, eventualmente, preveni-los.

A economia comportamental tem sido muito prolífica em documentar centenas de heurísticas diferentes, algumas mais robustas do que outras. Neste e nos próximos dois capítulos, analisaremos as três mais conhecidas (representatividade, disponibilidade e ancoragem), propostas por Amos Tversky e Daniel Kahneman, fundadores da disciplina, em um famoso artigo de 1974 que se tornou um dos mais lidos e citados nas ciências sociais.** Em 2002, Kahneman foi laureado com o Prêmio Nobel de Economia*** em função de suas contribuições nessa área.

---

* ARIELY, Dan. *Previsivelmente irracional.* Rio de Janeiro: Alta Books, 2008.

** TVERSKY, Amos; KAHNEMAN, Daniel. Judgment Under Uncertainty: Heuristics and Biases. *Science*, v. 185, n. 4157, p. 1124-1131, 1974.

*** Apesar de popularmente conhecido como Prêmio Nobel de Economia, a honraria é oficialmente denominada "Prêmio do Banco da Suécia para as Ciências Econômicas em Memória de Alfred Nobel". Instituído em 1968, o prêmio não é concedido pela Fundação Nobel, mas sim pago pelo Banco Central da Suécia.

Primeira heurística: a representatividade e os estereótipos

Em muitas ocasiões temos que julgar se um objeto ou uma pessoa que encontramos pertence a uma certa categoria: "o remédio genérico é de qualidade?", "a mulher bonita que vemos na rua é uma modelo?" ou "o réu é culpado ou inocente?". Ou então precisamos avaliar quão provável é que um evento tenha sido causado por um determinado processo: "o comportamento da criança melhorou porque a mãe lhe deu uma bronca?" ou "o aumento do número de casos de câncer em uma cidade decorreu da poluição ambiental?".

Para desempenhar tarefas complexas como essas, organizamos o mundo em classes de eventos ou pessoas, cada qual representada por um estereótipo, o exemplar típico desse grupo. A heurística da "representatividade" diz que as pessoas fazem seus julgamentos com base na similaridade do que observam com esse padrão.

A palavra "estereótipo" tem, em geral, uma conotação negativa, associada a preconceitos que nos fazem julgar, muitas vezes erroneamente, pessoas com base em sua aparência ou comportamento. É inegável que muitas injustiças e enganos são cometidos em função de nossa propensão a julgar com base nos rótulos que trazemos em nossas mentes, mas considere por um momento como seria uma mente que funcionasse sem qualquer forma de estereótipo. Ao invés de se concentrar em algumas poucas características-padrão de uma determinada classe de pessoas ou objetos, ela seria obrigada a guardar toda a infinidade de detalhes de cada indivíduo em especial.

Considere uma categoria que distinguimos facilmente, a dos cachorros. Alguns são grandes como labradores, outros pequenos como chihuahuas. Podem ter as mais variadas cores e formatos, orelhas longas ou curtas, pontudas ou caídas. Alguns são cobertos por pelo longo (liso ou cacheado), outros têm pelo curto. Rabos, patas e até suas personalidades podem ser bastante diferentes. Alguns dão bons cães de guarda, outros são dóceis para se ter em um apartamento. Com tantas diferenças gritantes, como você sabe que um shar-pei, um "salsicha", um dobermann e um cocker spaniel são todos cachorros?

Essa questão angustiava Ireneo Funes, personagem fictício criado por Jorge Luis Borges em um de seus contos:

> *Não apenas lhe custava compreender que o símbolo genérico cão abarcava tantos indivíduos díspares de diversos tamanhos e diversa forma; perturbava-lhe que o cão das três e catorze (visto de perfil) tivesse o mesmo nome que o cão das três e quatro (visto de frente).**

Funes não era capaz de formular ideias gerais (como entender a categoria abstrata "cachorro") justamente porque tinha uma memória sobre-humana: guardava todos os detalhes de cada nuvem que observava no céu a cada dia, as citações de cada livro que havia lido, os pormenores de cada árvore em cada monte. "Minha memória, senhor, é como depósito de lixo." Ao registrar cada detalhe, o significado do todo se perdia para Funes.

A "memória perfeita" (hipertimesia, ou "síndrome da supermemória") é uma condição extremamente rara, porém existente no mundo da não ficção. Mais de vinte pessoas no mundo já foram identificadas com a condição. A americana Jill Price, por exemplo,

---

* BORGES, Jorge Luis. "Funes, o Memorioso". *In*: *Ficções*. São Paulo: Companhia das Letras, 2007.

é capaz de recordar com detalhes os eventos de todos os dias de sua vida desde a adolescência, incluindo o que estava vestindo e o que fez em cada dia.* Apesar de, à primeira vista, o talento parecer uma bênção para nós, reles mortais, que constantemente temos dificuldade para lembrar onde deixamos a chave do carro, Jill considera sua condição um fardo. Ela procurou os neurologistas dizendo que se sentia exausta por repassar constantemente sua vida como "um filme que nunca para".

A "memória perfeita" é disfuncional porque prejudica o trabalho da mente de selecionar a informação útil para construir princípios gerais que nos permitam reconhecer como novas situações se assemelham a outras, e deixar o resto para trás. Como coloca Borges, "Pensar é esquecer diferenças, é generalizar, abstrair. No mundo abarrotado de Funes não havia senão detalhes [...]."

Poder trabalhar com o estereótipo abstrato "cachorro" é muito útil. Quando você vê um ser de quatro patas, coberto de pelos, correr em sua direção latindo e com a língua de fora, mesmo que não conheça aquele cão específico, pode prever que ele terá dentes afiados, excelente faro e boa audição, e que, se lhe jogar uma bola, ele provavelmente a trará de volta para você. Inferir conclusões e prever eventos com base em padrões e categorias abstratas é um dos mais efetivos talentos humanos, aquilo que nos permite agir. Tal qual Funes, o Memorioso, não poderíamos funcionar se não contássemos com "estereótipos"; eles são a ferramenta de que nossa mente dispõe para pôr ordem no mundo e suas infinitas particularidades, os armários e as gavetas do cérebro. Do contrário, nossa mente seria desorganizada como uma casa em dia de mudança.

---

* PARKER, Elizabeth S.; CAHILL, Larry; MCGAUGH, James L. A Case of Unusual Autobiographical Remembering. *Neurocase*, v. 12, n. 1, p. 35-49, 2006.

Quando os rótulos atrapalham

Da mesma forma, porém, que os estereótipos podem nos fornecer impressões equivocadas sobre pessoas que não conhecemos, eles podem prejudicar nossa tomada de decisão. A heurística da representatividade sugere que julgamos objetos, pessoas e eventos com base em quão similares estes são ao estereótipo, ou "elemento-tipo", daquela classe, ignorando outras informações objetivas que poderiam nos fornecer uma visão melhor.

Imagine que você vá a um bar e encontre uma mulher alta, magra e muito bonita. O que é mais provável: que ela seja modelo ou professora? Nossa resposta intuitiva é dizer "modelo", mas essa resposta muito provavelmente está errada. Modelo é uma profissão bastante rara: existem talvez alguns milhares de modelos no Brasil, enquanto, pelo último censo, o número de professoras superava dois milhões. A profissão de modelo é tão pouco representativa na população brasileira que é realmente improvável que você tenha encontrado uma — mesmo que a mulher em questão seja bonita, alta e magra. Na verdade, é mais provável que ela seja não só professora como quem sabe advogada, médica, funcionária pública, administradora de empresas... qualquer outra profissão mais usual.

Por que é tão intuitivo para nós acreditar que a mulher é modelo? Porque a descrição da mulher se encaixa perfeitamente no estereótipo de "modelo" que temos na cabeça (alta, magra, bonita). Confundimos a probabilidade de uma modelo ser bonita (quase 100%, já que esse é um pré-requisito para a profissão) com a probabilidade de uma mulher bonita ser modelo. Essa segunda depende também do que chamamos de "taxa-base", a proporção de modelos na população.

Ignorar a "taxa-base" é uma das principais armadilhas causadas pela heurística de representatividade. Nos concentramos no protótipo, em quão bem aquela pessoa se encaixa na descrição típica que temos na cabeça, e esquecemos quão comum ou raro é o evento que estamos observando.

O experimento mais icônico sobre a representatividade, feito por Kahneman e Tversky na década de 1980, ficou conhecido como o "problema da Linda":

Linda tem 31 anos, é solteira, sincera e muito inteligente. Ela se formou em filosofia. Como estudante, ela estava profundamente preocupada com questões de discriminação e justiça social e também participou de manifestações antinucleares.

Qual é mais provável?

A. Linda é bancária.
B. Linda é bancária e atuante no movimento feminista.

A maioria entre os pesquisados escolhe a alternativa B, já que tudo o que sabemos sobre Linda se encaixa perfeitamente na descrição típica de alguém atuante no movimento feminista. A representatividade entra em ação. Porém, para que a alternativa B seja verdadeira, A tem que, necessariamente, ser válida também: Linda só pode ser bancária e feminista se ela for, primeiro, bancária. O erro cometido chama-se "falácia da conjunção", quando julgamos que a conjunção de dois eventos é mais provável do que a ocorrência de cada um dos eventos que a constituem, individualmente.

A "falácia da conjunção" é bastante comum. Considere, por exemplo, o que acontece quando adicionamos detalhes e pormenores a uma história. Eles dão cor e vida à narrativa, tornam mais fácil que a identifiquemos com algum estereótipo que temos e parecem mais plausíveis para nosso sistema intuitivo, que adora uma boa história. Plausível e provável, porém, são coisas diferentes. Cada detalhe adicionado na realidade *diminui* a probabilidade de que uma afirmação seja verdadeira.

Por exemplo, qual manchete tem maior probabilidade de ser verdadeira?

A. O aeroporto de Guarulhos está fechado. Os voos foram cancelados.
B. O aeroporto de Guarulhos foi fechado por causa do mau tempo. Os voos foram cancelados.

Existem muitos motivos, além do mau tempo, para que o aeroporto esteja fechado (um acidente, uma greve, a quarentena...), portanto a resposta correta seria a primeira alternativa. A segunda manchete, porém, nos permite visualizar com mais facilidade uma situação concreta em que o aeroporto esteja fechado, e, portanto, nos parece mais convincente.

Ou então:

C. O consumo de petróleo cai 30%.
D. O dramático aumento do preço do petróleo leva a uma redução de 30% em seu consumo.

Manchetes mais detalhadas e histórias cheias de pormenores nos parecem mais verossímeis, ainda que sejam, por definição, menos prováveis do que afirmações mais genéricas.

A "Lei" dos pequenos números

Um problema adicional de nossa predisposição a "estereotipar" aparece quando tentamos fazer o exercício contrário: tirar conclusões mais amplas sobre um grupo de pessoas ou eventos com base em casos individuais que observamos. Estudos mostram que temos uma tendência de generalizar a partir de amostras pequenas demais. Considere o seguinte problema:

Você acompanha o nascimento de bebês ao longo do Brasil. Você recebe a informação de que em certa cidade nasceram hoje 60% de bebês do sexo masculino. Assinale a alternativa correta:

A. *É mais provável que essa cidade seja São Paulo.*
B. *É mais provável que essa cidade seja Borá.*
C. *Não é possível dizer, pois as duas são igualmente prováveis.*

Se você for como a maioria dos estudantes universitários que responderam a essa questão, provavelmente respondeu C. Essa resposta, porém, está errada. Borá é a menor cidade do estado de São Paulo, com apenas 837 habitantes. Nascem pouquíssimos bebês em Borá, o que faz dela uma amostra pequena. Amostras pequenas tendem a ser viesadas, pouco representativas do que acontece na população mais ampla. Se em Borá nascer apenas um bebê por dia, a probabilidade de que seja do sexo masculino será de 0% ou 100%, dependendo do dia. Se você usar essa evidência para tirar conclusões sobre o perfil dos bebês que nascem no mundo vai se sair espetacularmente mal. Já São Paulo é uma cidade grande (uma amostra confiável, portanto), onde nascem quase 500 bebês por dia. Com grande grau de confiança você pode afirmar que o percentual de bebês do sexo masculino nascidos a cada dia em São Paulo será muito semelhante à média da população: 50%, portanto. A chance de que 60% dos recém-nascidos sejam meninos em São Paulo é irrisória.

Considere agora um exemplo mais prático. Imagine que você esteja contratando um profissional. Você lê o currículo de um candidato, descrevendo suas qualificações e as funções que já desempenhou, e liga para os antigos empregadores do candidato para colher referências. Todas as informações que lhe passam parecem muito boas: o funcionário é dedicado, competente, não costuma faltar ao serviço, se relaciona bem com os colegas. Você decide chamá-lo para uma entrevista. Esta, porém, não vai bem. O candidato parece nervoso, e não responde como você esperava às perguntas. O que você faz? Contrata-o ou não?

A entrevista é uma amostra pequena e possivelmente viesada. Milhares de coisas podem ter dado errado naquele dia: o ambiente artificial, o nervosismo do candidato, seu humor no momento. Entretanto, tendemos a atribuir um peso muito superior à experiência pessoal da entrevista do que às informações mais objetivas coletadas anteriormente. Um grande número de estudos, porém, vem mostrando que entrevistas de emprego têm pouca efetividade e podem ser, em muitos casos, contraproducentes.

Uma lição importante da estatística que nossa intuição resiste a aceitar é que amostras pequenas são péssimas ferramentas para se tirar conclusões sobre o mundo. A experiência do seu vizinho com o novo remédio para o coronavírus, o relato que você viu no WhatsApp sobre um assalto recente ou a cena que aparece na TV sobre um caso raro e surpreendente são amostras de "um", têm pouco conteúdo informacional comparado com estatísticas amplas. Somos tentados a tirar conclusões com base nas anedotas e casos particulares que ouvimos porque eles se enquadram no tipo de história que atrai nosso sistema intuitivo (pessoais, emotivas, concretas). Porém, precisamos resistir à tentação de cair na falácia dos "pequenos números".

Tudo o que sobe desce

Por fim, uma terceira consequência da heurística da representatividade é nossa tendência a extrapolar, assumindo que o que observamos no passado recente continuará *ad aeternum*. Investidores acreditam que as ações continuarão se valorizando no futuro simplesmente porque viram seus preços subirem nos últimos meses. Fãs acreditam que astros do esporte continuarão a ter o desempenho (bom ou ruim) dos últimos jogos. O senso comum diz que o filho de pais altos será ainda mais alto. Em particular, ignoramos que grande parte dos fenômenos incertos está sujeita ao que os estatísticos chamam de "regressão à média".

Imagine que você tenha tido uma experiência excelente em um restaurante: a comida estava espetacular, o serviço foi impecável e o ambiente estava animado, mas não cheio demais. Ao contar para uma colega sobre o programa, ela — uma notória "estraga-prazeres" — retruca: "Eu, se fosse você, não voltaria mais lá, porque você vai se decepcionar! A segunda visita com certeza vai ser pior que a primeira. Eu tenho essa superstição que nunca falha: nunca repita uma experiência especial; é melhor ficar com a boa lembrança!" O comentário é certamente desagradável, mas será que há um fundo de razão na implicância de sua colega?

Considere agora um segundo caso, este real. Na juventude, Kahneman trabalhou junto à Força Aérea Israelense. Sua tarefa era convencer instrutores de voo de que é mais efetivo recompensar o bom desempenho do que punir o erro. Os instrutores, porém, não pareciam concordar. Como afirma um deles:

> *Em várias ocasiões elogiei os cadetes por alguma execução perfeita numa manobra acrobática. Quando eles voltam a executar essa mesma manobra, em geral se saem pior. Por outro lado, muitas vezes*

*berrei no fone de ouvido de um cadete por causa de uma manobra malfeita, e em geral eles a executam melhor da vez seguinte. Então por favor não venha nos dizer que recompensa funciona e punição não, porque o que acontece é o oposto.**

O instrutor está certo nas conclusões que tirou?

Há uma verdade matemática nos movimentos observados tanto pela colega quanto pelo instrutor de voo: eventos extremos tendem a ser seguidos de eventos não tão extremos. Se sua experiência no restaurante foi excepcional, é provável que tudo tenha dado certo naquele dia: os ingredientes estavam frescos, o chef estava "inspirado", o garçom estava de bom humor e você estava bem disposto. Dificilmente essa "conjunção astral" se repetirá, portanto sua colega antipática tem razão: a próxima visita provavelmente não será tão boa. É inegável que existem *bons* restaurantes — aqueles que servem regularmente ótimas refeições — e *maus* restaurantes — no quais é difícil pedir algo tragável. O desempenho deles em cada dia em particular, porém, oscila em torno dessa média ("boa" no caso do primeiro restaurante e "ruim" no caso do segundo). Uma refeição extraordinária lhe permite supor que você esteve provavelmente em um bom restaurante *e também* que, naquele dia, a sorte estava ao seu lado.

O mesmo vale para os pilotos de caça. Uma manobra malfeita não é o que se espera, em média, de pilotos profissionais; do contrário, já teriam há muito sido dispensados e mudado de profissão. Algo deu errado naquela manobra específica, algo que não deve se repetir na manobra seguinte. Independentemente de como o instrutor reagir, espera-se, por pura "regressão à média", que o piloto se saia melhor na próxima tentativa.

---

* KAHNEMAN, Daniel. *Rápido e devagar*: duas formas de pensar. Rio de Janeiro: Objetiva, 2011. p. 222.

"Regressão à média" é a consequência matemática inevitável do fato de que a sorte ou o azar desempenham algum papel em grande parte dos resultados bem ou malsucedidos. Quando parte do movimento que observamos é aleatório, as coisas simplesmente tendem a voltar ao padrão (à média, à tendência etc.), mesmo que não façamos nada. Para nossa mente "contadora de causos", porém, esse é um fenômeno estranho, algo que não tem explicação em uma causa externa (uma "besteira", uma "bronca", uma má intenção, uma força do além...). Então, inventamos histórias causais para explicá-los: a superstição da colega, os gritos do instrutor.

Muitas vezes o feedback da vida nos leva a tirar conclusões que são o oposto da verdade. Como punições são normalmente empregadas quando há um desempenho fraco, por exemplo, podemos concluir, erroneamente, que foi a punição que levou à melhora no desempenho. Na verdade, para que isso fosse verdade, a melhora teria que ser superior àquela que veríamos se não fizéssemos nada, ou se usássemos outras técnicas. A falha em compreender o fenômeno da "regressão à média" nos leva a conclusões equivocadas em uma série de situações bastante práticas, e alimenta explicações espúrias, teorias da conspiração e superstições nas mais diversas formas.

Imagine que você tenha um problema de saúde crônico, rinite alérgica, por exemplo. Alguns dias você se sente bem, em outros sua vida parece miserável. Em um dos piores dias você apela para algum tratamento alternativo sem qualquer respaldo científico e — advinha? — no dia seguinte se sente melhor! Sua conclusão: os médicos não sabem de nada, o tratamento obviamente funciona, não? Ou talvez você tivesse se sentido melhor no dia seguinte mesmo que não tivesse feito nada, afinal sentir-se miserável não é sua condição usual. A "regressão à média", por si só, prevê que você melhore. Para saber se o remédio é mesmo efetivo precisamos saber se ele é realmente "melhor que nada".

Você já ouviu falar da maldição da *Sports Illustrated*? A revista americana costuma trazer em sua capa atletas que se destacam em seus esportes. A "maldição popular" reza, porém, que um atleta que aparece na capa está fadado a ir muito mal na temporada seguinte. Os "especialistas" são rápidos em fornecer explicações coloridas: ele se tornou excessivamente confiante, a fama lhe subiu à cabeça, não soube lidar bem com a pressão, está mais preocupado com o dinheiro que ganha com campanhas promocionais do que com o jogo etc. A "regressão à média", porém, explicação mais simples e provável, nunca é citada. Afinal, atletas que jogaram excepcionalmente bem em uma temporada provavelmente contaram com um tanto de sorte, e a sorte é caprichosa.

Por fim, ao ler a constatação que "homens muito inteligentes tendem a se casar com mulheres menos inteligentes do que eles", o que lhe vem à cabeça? A imagem de um homem inteligente, porém inseguro, que não quer se sentir ameaçado por uma parceira à altura? O machismo da sociedade que leva os homens a não valorizarem a inteligência nas mulheres e buscarem outros atributos em suas parceiras, mais alinhados com obsoletos estereótipos sociais? Tudo isso pode até ser verdade, não é possível afirmar sem um estudo mais aprofundado. Porém, há uma explicação simples e que sabemos ser válida sem levantar dados ou fazer pesquisa alguma: o fato de homens e mulheres não escolherem seus parceiros com base em um ranking de QI!

Imagine que você seja *a* pessoa mais inteligente do mundo. Isso implica que você, homem ou mulher, *necessariamente* se casará com alguém menos inteligente do que você — não existe ninguém que não seja! Analogamente, se você — homem ou mulher — estiver entre os 5% ou 10% mais inteligentes da população, é *bastante provável* que se case com alguém menos inteligente do que você simplesmente porque existem muito mais parceiros em potencial nessa condição. Assim, afirmar que "homens muito inteligentes tendem a se casar com mulheres menos inteligentes do que eles" (ou que "mulheres muito inteligentes tendem a se casar com homens menos inteligentes do que elas") pode significar apenas que as pessoas valorizam outros atributos além da inteligência na hora de escolher seus parceiros e, portanto, não há correlação perfeita entre o QI de parceiros em uma relação.

Conclusão

A heurística da representatividade é uma fonte importante de equívocos, e pode distorcer substancialmente as histórias que criamos para explicar o mundo. Para evitar cair em suas armadilhas, é preciso manter-se atento à predisposição de nosso sistema intuitivo para organizar excessivamente o mundo, colocando tudo nos armários e gavetas apropriados com base nos estereótipos que cultivamos. Em particular, treinar o raciocínio para identificar "falácias da conjunção" (lembrando que mais detalhes não tornam algo mais provável), buscar situações em que a "regressão à média" é parte da explicação (ao invés de agarrar-se à teoria da conspiração mais próxima) e desconfiar de amostras pequenas (em especial aquelas obtidas por meio do relato informal de um ou outro conhecido) são bons pontos de partida para tomar decisões melhores.

Para lembrar na hora da decisão:

✓ Para funcionar em um mundo complexo, sua mente se vale de uma série de atalhos, "regras de bolso" que lhe permitem tomar decisões rapidamente. Fique atento, pois às vezes esses atalhos levam a erros de julgamento.

- ✓ Cuidado com os estereótipos que sua mente usa para organizar o mundo. Nem tudo o que parece é. Em especial, lembre-se de levar em conta a “taxa-base”, ou quão comum ou raro um evento realmente é, antes de confiar na “representatividade”.

- ✓ Amostras pequenas (anedotas, experiências individuais ou de pequenos grupos, entrevistas de emprego) são péssimas ferramentas para se tirar conclusões sobre o mundo, porque frequentemente são viesadas e não representam bem a realidade.

- ✓ Esteja atento à nossa tendência a extrapolar, assumindo que o futuro será simplesmente uma continuação do passado recente. Eventos extremos tendem a ser seguidos de eventos não tão extremos, e a simples “regressão à média” explica muitas das coisas para as quais procuramos explicações elaboradas ou superstições.

capítulo 4

CONHEÇA O YOUGLE, SEU BUSCADOR PARTICULAR

O segundo atalho identificado por Kahneman e Tversky tem a ver com a forma como estimamos probabilidades e riscos.

Imagine que você, encontrando-se em um estado de espírito mais sombrio em função da pandemia do coronavírus, decida ranquear as possíveis causas de morte no Brasil, da mais para a menos provável. O que apareceria no topo da sua lista? Doença respiratória? Acidente de automóvel? Violência? Câncer? Infarte? Terrorismo? Diabete? Tente responder por um instante, antes de continuar a leitura.

Doenças do aparelho circulatório são as que mais matam no Brasil, com mais de 350 mil vítimas por ano. Esse número é quase 60% maior que o número de vítimas de todos os tipos de tumores combinados. As pessoas, porém, julgam que o câncer é uma causa mortis mais comum. Doenças respiratórias matam quase 160 mil brasileiros por ano, mesmo pré-pandemia, porém recebiam pouca atenção antes da chegada do novo coronavírus. Certamente menos do que acidentes de automóvel, violência, lesões, envenenamento etc., ainda que todas as causas externas de mortalidade matem, em conjunto, um número menor de pessoas (150 mil). Doenças endócrinas, nutricionais e metabólicas, como a diabete, matam 80 mil pessoas por ano, mas raramente recebem alguma menção nos telejornais.*

Não são apenas brasileiros que têm uma impressão distorcida do que é efetivamente perigoso. O site de estatísticas *Our World in Data* comparou a frequência com que informações sobre ameaças são buscadas no Google e a exposição que recebem da mídia com o risco real que representam (ou seja, quantas mortes efetivamente causam por ano). A distorção ficou clara. Apesar de doenças cardíacas representarem 30% das mortes, aparecem em menos de 2% das buscas e 2,5% das notícias. Eventos dramáticos como terrorismo, homicídios e suicídio recebem uma atenção desproporcional (23% das pesquisas e 70% da cobertura da mídia), apesar de representarem menos de 2% do total de mortes, enquanto doenças respiratórias, Alzheimer e overdose de drogas são fortemente sub-representados.**

---

* Fonte: Secretaria de Vigilância em Saúde (SVS) — Ministério da Saúde.
** Dados extraído de https://ourworldindata.org/causes-of-death#note-11.

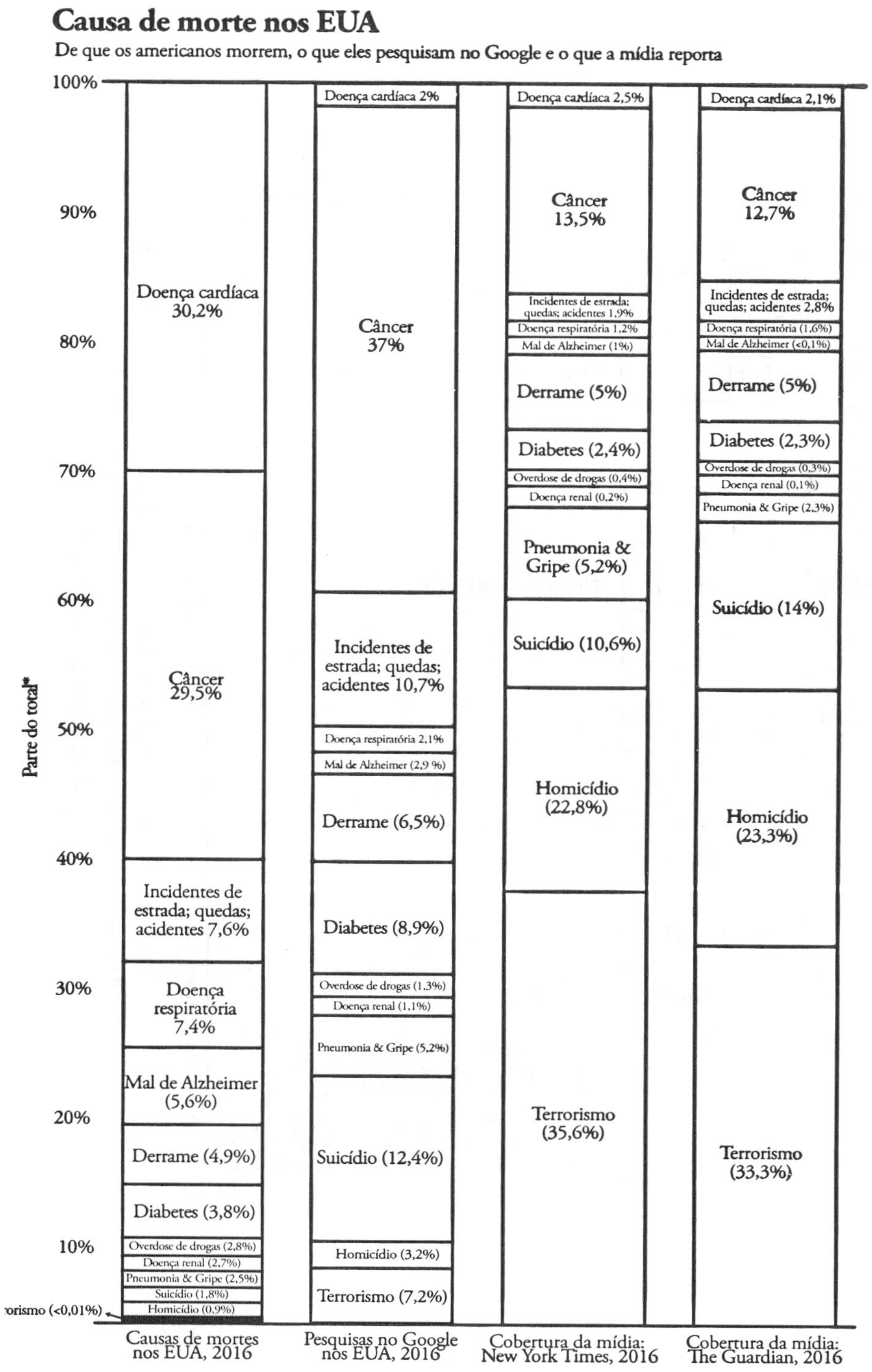

Causa de morte nos EUA

De que os americanos morrem, o que eles pesquisam no Google e o que a mídia reporta

Parte do total*

100%
90%
80%
70%
60%
50%
40%
30%
20%
10%

Causas de mortes nos EUA, 2016

Doença cardíaca 30,2%
Câncer 29,5%
Incidentes de estrada; quedas; acidentes 7,6%
Doença respiratória 7,4%
Mal de Alzheimer (5,6%)
Derrame (4,9%)
Diabetes (3,8%)
Overdose de drogas (2,8%)
Doença renal (2,7%)
Pneumonia & Gripe (2,5%)
Suicídio (1,8%)
Homicídio (0,9%)
orismo (<0,01%)

Pesquisas no Google nos EUA, 2016

Doença cardíaca 2%
Câncer 37%
Incidentes de estrada; quedas; acidentes 10,7%
Doença respiratória 2,1%
Mal de Alzheimer (2,9 %)
Derrame (6,5%)
Diabetes (8,9%)
Overdose de drogas (1,3%)
Doença renal (1,1%)
Pneumonia & Gripe (5,2%)
Suicídio (12,4%)
Homicídio (3,2%)
Terrorismo (7,2%)

Cobertura da mídia: New York Times, 2016

Doença cardíaca 2,5%
Câncer 13,5%
Incidentes de estrada; quedas; acidentes 1,9%
Doença respiratória 1,2%
Mal de Alzheimer (1%)
Derrame (5%)
Diabetes (2,4%)
Overdose de drogas (0,4%)
Doença renal (0,2%)
Pneumonia & Gripe (5,2%)
Suicídio (10,6%)
Homicídio (22,8%)
Terrorismo (35,6%)

Cobertura da mídia: The Guardian, 2016

Doença cardíaca 2,1%
Câncer 12,7%
Incidentes de estrada; quedas; acidentes 2,8%
Doença respiratória (1,6%)
Mal de Alzheimer (<0,1%)
Derrame (5%)
Diabetes (2,3%)
Overdose de drogas (0,3%)
Doença renal (0,1%)
Pneumonia & Gripe (2,3%)
Suicídio (14%)
Homicídio (23,3%)
Terrorismo (33,3%)

Imagem adaptada de OurWorldinData.org

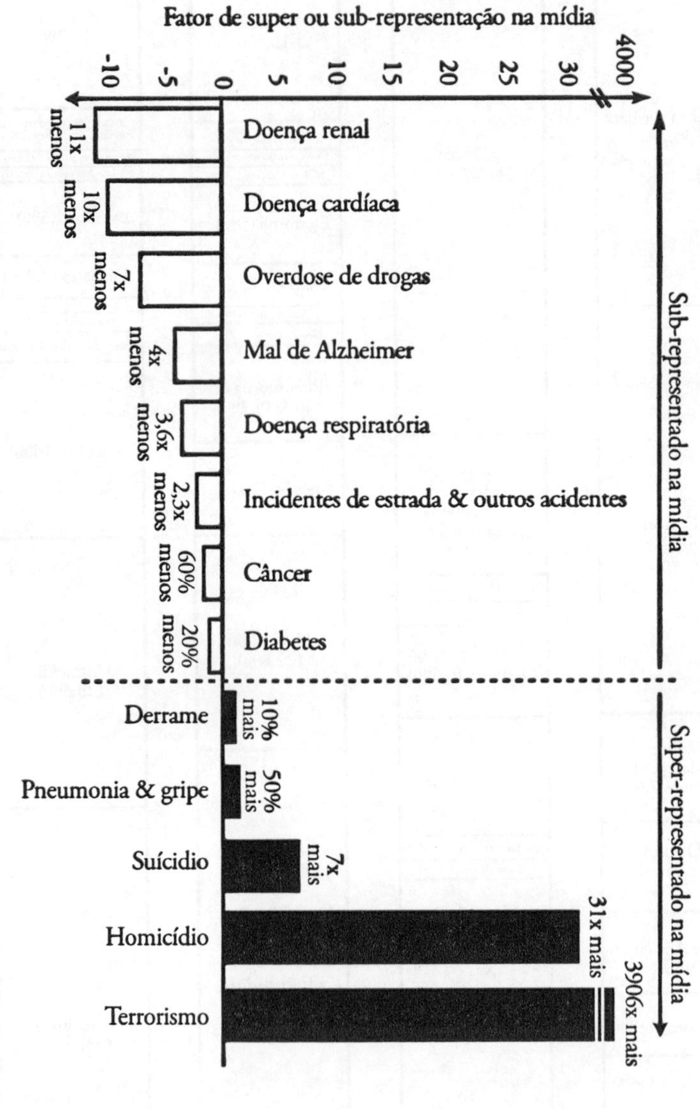
As notícias refletem do que morremos?
Comparação entre a parcela de mortes por 13 causas diferentes nos Estados Unidos e a parcela de cobertura da mídia que esses tópicos recebem nos jornais New York Times e The Guardian.
Fator de super ou sub-representação na mídia
4000
30
25
20
15
10
5
0
-5
-10
Sub-representado na mídia
Super-representado na mídia
Doença renal
11x menos
Doença cardíaca
10x menos
Overdose de drogas
7x menos
Mal de Alzheimer
4x menos
Doença respiratória
3,6x menos
Incidentes de estrada & outros acidentes
2,3x menos
Câncer
60% menos
Diabetes
20% menos
Derrame
10% mais
Pneumonia & gripe
50% mais
Suícidio
7x mais
Homicídio
31x mais
Terrorismo
3906x mais
Imagem adaptada de OurWorldinData.org

Por que erramos?

Por que temos uma visão tão distorcida da realidade, mesmo para um tema que nos é tão caro? A explicação está, em parte, na heurística da "disponibilidade", que sugere que estimamos a probabilidade de um evento com base na facilidade com que ocorrências ou exemplos desse evento nos vêm à mente. Se lembramos prontamente de um episódio, acreditamos que ele é muito frequente. Se a recuperação de memórias é difícil, assumimos que ele raramente ocorre. Os psicólogos chamam isso de "fluência da recuperação".

Imagine que seu cérebro tenha embutida uma ferramenta de busca, como o Google. Ao considerar um risco, essa ferramenta busca em sua memória por imagens, anedotas e exemplos ilustrativos que remetam ao perigo específico. Se a busca for frutífera e retornar um grande número de resultados, o risco parecerá muito alto. Usamos o número de resultados encontrados na web interna de nossa memória como estimativa aproximada para a chance de aquele risco ocorrer no mundo real. Porém, como no caso da internet, nossa memória por vezes está povoada de ruídos, como vídeos de gatos e crianças desembrulhando pacotes, e não reflete a vida como ela é.

Em particular, somos seletivos naquilo que guardamos. Lembramos facilmente de experiências pessoais recentes (a emoção de um encontro, a decepção com uma perda), eventos que envolvem personalidades (o divórcio de um artista famoso) ou pessoas conhecidas (a doença de um parente próximo), além de situações proeminentes, dramáticas e emotivas. Se seu colega relata uma experiência recente de assalto, nenhuma estatística conseguirá convencê-lo de que a cidade é um lugar seguro; em especial se o relato for detalhado, impressionante e assustador.

Uma estratégia própria para outra época

A disponibilidade não é um "erro de programa" do cérebro, mas um atalho mental eficiente que faz todo o sentido na savana africana em que nosso cérebro evoluiu. A memória é um mecanismo de acumulação que, em tese, deveria refletir aproximadamente a frequência com que observamos eventos no mundo. Se estamos acostumados a ver cobras todos os dias quando saímos para caçar, inferimos que cobras são um perigo provável e, justificadamente, temos medo delas e agimos com os cuidados necessários para evitar suas presas. Se nunca na vida vimos um tubarão, assumimos que é um risco inexistente e não gastaremos tempo nos preocupando com eles.

O problema é que agora nosso cérebro pré-histórico foi teletransportado para o futuro, e passa seus dias na frente da televisão, assistindo a documentários sobre tubarões no Discovery Channel ou ao clássico filme de Steven Spielberg. A heurística já não funciona tão bem. A imagem do assustador animal e suas camadas de dentes será muito vívida, e sua memória terá imensa facilidade em recuperá-la. Seu sistema intuitivo não diferencia bem entre uma experiência pessoal direta (*você* estar nadando no mar e encontrar um tubarão), uma experiência em segunda mão (a narrativa de um amigo ou de um apresentador de documentário que mergulhou com tubarões brancos na costa da África do Sul) e a ficção muito bem construída e cheia de efeitos especiais do último blockbuster de Hollywood. Suas memórias vão lhe pregar uma peça, e você — que mora em uma grande cidade e raramente nada em alto-mar — pode se ver apreensivo com o risco de ser atacado por um tubarão. (Se você está curioso se deveria se preocupar da próxima vez que for tomar um banho de mar, a resposta é não: o *Shark Attack File* registrou em 2016 apenas 4 mortes por ataques de tubarão por ano no mundo, contra 75 mil mortes causadas por picadas de cobras, 13 mil por mordidas de cachorro e 13.500 por ferroadas de escorpiões.*)

Considere outro medo muito comum, o de voar. Segundo o IBOPE, 42% da população adulta brasileira declara ter medo de viajar de avião. A ideia de estar confinado em um gigante de metal cruzando os céus a 800 quilômetros por hora, dez mil metros acima do solo, pode ser realmente assustadora. Se algo der errado, os passageiros são completamente impotentes, e um acidente é capaz de matar muitas pessoas de uma só vez. Desastres de avião são vívidos e dramáticos, recebem grande cobertura da mídia e acionam muito efetivamente nosso instinto de medo. Porém, em 2019 houve um acidente a cada 5,58 milhões de voos com aviões comerciais de grande porte, ou 0,000018% do total.** Oito desses acidentes foram fatais, resultando em 257 mortes dentre os mais de 40 milhões de voos realizados. Em comparação, a Organização Mundial de Saúde estima que mais de 1,35 milhão de pessoas tenham morrido no mesmo ano em acidentes de automóvel no mundo todo.*** É mais provável você morrer em um acidente de carro no caminho de casa até o aeroporto do que no voo propriamente dito. Mas poucas pessoas pensam duas vezes antes de entrar no táxi.

Esses exemplos ilustram um ponto importante: "assustador" não significa, necessariamente, "perigoso". O primeiro refere-se a uma sensação, não a um risco real. Nosso cérebro nos prega peças e, por vezes, nos faz temer em vão ou confiar inadvertidamente. Gastamos nossa energia com perigos imaginários, ou muito improváveis, ao invés de nos preocuparmos com perigos reais. O medo

---

* Disponível em: https://ourworldindata.org/causes-of-death#note-11.

** Fonte: consultoria de aviação holandesa To70.

*** Dados extraídos de https://www.who.int/publications-detail/global-status-report-on-road-safety-2018.

pode ser útil e nos ajudar a tomar precauções sensatas, mas apenas se direcionado às coisas certas.

Perigos reais e imaginários

A cobertura da mídia é um dos fatores que mais distorcem nossa percepção, já que os meios de comunicação tendem a exagerar riscos espetaculares — como acidentes de avião e ataques terroristas — e minimizar riscos comuns — como dirigir. Notícias que ocupam a primeira página dos jornais ou o horário nobre do noticiário combinam novidade com alto impacto emocional, e relatam eventos extraordinários e incomuns. Ninguém quer ligar a TV para ouvir sobre o que acontece todo o dia: centenas de pessoas que são rotineiramente internadas com diabete ou asma, aviões que pousaram em segurança ou dias ensolarados sem qualquer evento climático em especial. Reportar esses casos comuns, com a enorme frequência que acontecem, representaria a cobertura jornalística mais enfadonha da história. Um caso raro de ataque de tubarão nas praias de Pernambuco, porém, é excitante e atrai nossa atenção — e os jornais nos entregam o produto que demandamos.

Com certa ironia, o especialista em segurança e tecnologia, Bruce Schneider, afirma que uma notícia é, por definição, algo que *quase nunca acontece*. "Se está nos noticiários, não se preocupe!", diz ele. É justamente com os eventos cotidianos (como acidentes de carro e infartes), tão comuns, mas que *não* aparecem no jornal, que você deveria se preocupar.

Uma distorção semelhante — talvez até mais perversa — acontece nas redes sociais. Pesquisas demonstram que é 70% mais provável que uma *fake news* seja compartilhada do que uma notícia verdadeira. Faz sentido: as *fake news* são elaboradas especialmente para atrair nossa atenção e despertar medos e anseios ou reforçar percepções que cultivamos. O fato de narrativas falsas com alto apelo se disseminarem não é novidade, nem sua capacidade de gerar consequências desastrosas, como atestam os episódios de "caça às bruxas" na Idade Média, que levaram a mais de 60 mil execuções na fogueira. O elemento novo é a rapidez com que essas narrativas se espalham no ambiente virtual e a magnitude que tomam.

Neste universo em que somos expostos, através das mídias tradicionais ou digitais, a narrativas, notícias, histórias e opiniões em um volume muito superior ao que conseguimos filtrar e processar, com um recorte necessariamente viesado, temos que nos preocupar com o que entra no nosso radar. A heurística de disponibilidade nos faz exagerar eventos espetaculares, aos quais temos uma reação emocional intensa (atentados terroristas, digamos, e desastres naturais como terremotos e furacões). Tendemos também a perceber o desconhecido como mais arriscado do que o familiar. Por exemplo, temos medo de que nossas crianças sejam sequestradas por estranhos, quando as estatísticas mostram que a maioria dos sequestros é realizada por parentes. Minimizamos os riscos nas situações que controlamos (quando dirigimos, fumamos ou pulamos de paraquedas) e o superestimamos quando não o fazemos (como no caso de um ataque terrorista, ou do coronavírus). Por fim, temos mais medo de riscos personificados do que anônimos. Bin Laden e Jack, o Estripador parecem mais assustadores porque têm um nome.

A "cascata da disponibilidade"

Os juristas Carl Sustein e Timur Kuran estudaram como o viés da disponibilidade pode levar a um círculo vicioso que contamina a política pública, suscitando decisões equivocadas. Chamaram esse fenômeno de "cascata da disponibilidade".* Um evento muitas vezes menor ganha a atenção da mídia e leva ao pânico do público, que cobra uma ação do governo. A própria agitação e preocupação das pessoas tornam-se, elas mesmas, notícia, ganhando ainda mais cobertura na mídia, o que gera ainda mais preocupação. Conforme a mídia compete por manchetes cada vez mais sensacionalistas, cientistas e outros que tentam refrear o medo são vistos com desconfiança, como alguém que tenta "acobertar a verdade". A questão se torna politicamente importante e os agentes públicos se sentem obrigados a agir.

Um exemplo trazido por Kuran e Sustein foi o "pânico da maçã" nos Estados Unidos no final da década de 1980. A imprensa divulgou notícias segundo as quais o produto químico "alar", borrifado em maçãs para melhorar seu crescimento e aparência, se consumido em altas doses, causava tumores em ratos de laboratório. A "cascata da disponibilidade" foi acionada, com manchetes cada vez mais sensacionalistas, o envolvimento de celebridades e investigações pelo Congresso americano. Produtos com maçã passaram a ser vistos como tóxicos e a indústria foi fortemente abalada. O alar foi proibido, apesar de pesquisas posteriores indicarem que era extremamente pequeno o risco de o produto efetivamente causar câncer em humanos que o consumissem através das maçãs.

Nossa percepção sobre a toxicidade de alimentos e outros produtos é distorcida também pela ideia, às vezes enganosa, de que "se é natural, então é saudável". Tememos o efeito de resíduos de pesticidas em alimentos que aumentariam nosso risco de desenvolver

---

* KURAN, Timur; SUNSTEIN, Cass R. Availability Cascades and Risk Regulation. *Stan. L. Rev.*, v. 51, p. 683, 1998.

câncer em 0,0002%, como é o caso do alar. Não sentimos, porém, a mesma preocupação de estarmos sendo envenenados ao comer cogumelos, mesmo que alguns deles, se comidos crus, aumentem o mesmo risco em 0,1%. Muitos dos vegetais que consumimos contêm "pesticidas naturais" que fazem parte do sistema de defesa da planta contra fungos, bactérias, insetos. Vários desses pesticidas, quando testados em animais de laboratório, demonstraram aumentar a incidência de câncer. Sim, de certa forma seu brócolis está tentando matá-lo! Porém, o risco à saúde de consumir essas substâncias nas pequeníssimas doses que tipicamente encontramos é irrisório, vastamente compensado pelos seus vários benefícios nutritivos — o que é verdade também para muitos dos pesticidas artificiais que tememos. A disponibilidade distorce nossa percepção nessa situação, exagera perigos quase inexistentes e pode nos levar a tomar decisões prejudiciais.

1, 2, 3... muitos

A forma como construímos percepções distorcidas da realidade é amplificada quando lidamos com eventos muito raros e riscos infinitesimais. Nossa mente não é muito boa em trabalhar com números e frações pequenas: ou os ignoramos completamente ou lhes damos peso excessivo. Como coloca Berry Schwarz, nossa forma intuitiva de contar é algo como "1, 2, 3... muitos". Diferenciamos facilmente entre uma, duas ou três bananas, mas não entre dez mil e um milhão de bananas — em ambos os casos são apenas mais bananas do que podemos comer antes que apodreçam. Da mesma forma, percebemos claramente a diferença entre meia melancia e um terço de uma melancia. Já uma chance de um em mil ou de um em um milhão são ambas "quase nunca".

Considere o problema do terrorismo. Mesmo nos piores anos e em países visados por grupos extremistas como Israel, o número de baixas por terrorismo nunca chegou perto do número de mortes no trânsito. 26,445 pessoas morreram em consequência de ataques terroristas no mundo em 2017, sendo que 70% das mortes ocorreram em apenas 5 países (Afeganistão, Iraque, Síria, Somália e Nigéria). Em toda a Europa Ocidental o número de mortes foi de 82 pessoas, na América do Norte, 124; No Brasil, uma única pessoa foi vítima de um atentado desse tipo. Em todos esses casos, elas representam menos de 0,01% do total de mortes. Entretanto, 53% dos americanos, 35% dos alemães e 65% dos brasileiros se dizem preocupados com o terrorismo.*

Ataques terroristas são desenhados de forma a amplificar o medo explorando nossa heurística da disponibilidade. Eles combinam uma série de elementos que despertam nosso instinto de medo: são eventos espetaculares, fora de nosso controle, muito difíceis de evitar, potencialmente catastróficos e atingem cidadãos de uma forma aleatória que nos parece muito injusta. O terrorismo atinge seu objetivo de propagar o pavor mesmo matando um número relativamente pequeno de pessoas. Uma cortesia da heurística da disponibilidade.

O mundo não é tão assustador quanto parece

Como imagens assustadoras vêm mais facilmente à mente e pensamentos de perigo são muito vívidos, tendemos a perceber o mundo como mais ameaçador do que realmente é. Hans Rosling, médico, estatístico e famoso palestrante sueco falecido em 2017, dedicou a

* Dados extraídos de https://ourworldindata.org/terrorism.

vida a convencer as pessoas de que as coisas não vão tão mal como parecem. Rosling não era um acadêmico ingênuo, que cultivava visões otimistas ignorando o sofrimento prevalecente em tantas regiões do mundo. Ao contrário, desde a juventude se envolveu diretamente com a dura realidade das comunidades mais necessitadas em suas pesquisas sobre desenvolvimento econômico, pobreza e saúde. Passou duas décadas estudando doenças em áreas rurais da África, viajando por Moçambique e pelo Congo, e foi um dos fundadores do Médicos sem Fronteiras na Suécia. Rosling conhecia em primeira mão a privação e o sofrimento.

Sua opinião, porém, era a de que temos uma visão excessivamente dramática e pessimista de como as coisas são, desconectada da realidade evidenciada pelas estatísticas. Por exemplo, qual percentual da população mundial você acredita que vive em situação de extrema pobreza hoje? Esse número está aumentando ou caindo, na sua opinião? Qual a expectativa de vida no mundo hoje? Tente responder antes de continuar a leitura.

Agora, prepare-se para se surpreender. Desde 1980, a proporção de pessoas vivendo em extrema pobreza caiu de 44% para 9,6%, de acordo com o Banco Mundial. É, sem dúvida, inaceitável que quase uma em cada dez pessoas no mundo ainda viva em condição tão debilitante, e certamente precisamos fazer um grande esforço para que esse número caia a zero. Porém, pare um pouco para pensar em como o caminho para chegar até aqui foi impressionante.

No ano de 1800, aproximadamente 85% da humanidade vivia em extrema pobreza, sem ter acesso a comida suficiente para o próprio sustento. Mesmo no país mais desenvolvido do mundo na época, o Reino Unido, crianças tinham que trabalhar para comer; em média, uma criança britânica começava a trabalhar com 10 anos. A expectativa de vida era de cerca de 30 anos. Dos bebês que nasciam, aproximadamente metade morria durante a infância. A maior parte da outra metade morria entre 50 e 70 anos. Assim, a média era por volta de 30. A expectativa de vida média em todo o mundo hoje está acima de 72 anos.* Não há nenhum país no mundo hoje — nem mesmo aqueles assolados pela guerra e pela fome, como Afeganistão, República Centro-Africana ou Serra Leoa — em que a expectativa de vida seja de menos de 53 anos.**

O mundo é hoje mais seguro, pacífico, rico e saudável do que jamais foi em uma grande variedade de aspectos. A mortalidade infantil caiu de cerca de 20% para menos de 4% nos últimos 60 anos. O número de crianças sem acesso à escola caiu em 120 milhões desde 1998. Mais de 89% das crianças no mundo são vacinadas contra tuberculose e 86% contra ao sarampo. Mortes decorrentes de conflitos e guerras estão na mínima histórica. O número de armas nucleares vem caindo substancialmente: em 1986 havia 64 mil ogivas nucleares no planeta, hoje existem 15 mil. O número de mortes em decorrência de desastres naturais como terremotos e furacões caiu pela metade nos últimos 100 anos (apesar do aumento substancial da população). Houve progresso inegável também contra o racismo, o sexismo e a homofobia. Em 1985, em cerca de metade dos países do mundo a homossexualidade era considerada crime. Desde então, leis nesse sentido foram abolidas em dezenas de países, e hoje a homossexualidade é permitida em mais de 90% dos países no mundo.***

Certamente temos ainda muitos problemas graves para resolver. Entretanto, diversas pesquisas com públicos distintos nos mais dife-

---

* Dados extraídos de ROSLING, Hans. *Factfulness*: o hábito libertador de só ter opiniões baseadas em fatos. Rio de Janeiro: Record, 2019.

** Dados extraídos de *Our World in Data* (www.ourworldindata.org).

*** Dados extraídos de *Our World in Data* (www.ourworldindata.org). Para mais dados documentando o progresso em vários aspectos como saúde, segurança e meio ambiente, ver PINKER, Steven. *O novo Iluminismo*: "em defesa da razão, da ciência e do humanismo. São Paulo: Companhia das Letras, 2018."

rentes países mostram que as pessoas subestimam enormemente os avanços obtidos. Em média, pessoas comuns acreditam que menos de 10% das meninas em países de baixa renda terminam o ensino fundamental, quando o número verdadeiro é 60%, por exemplo. Ou julgam que menos de 20% das crianças de um ano no mundo já foram vacinadas, quando o número real é de mais de 80%.*

Por que não nos damos conta de como as coisas vêm melhorando? Pelo contrário, temos a percepção de que a humanidade fracassou miseravelmente. A heurística da disponibilidade nos dá uma pista sobre o motivo. Nossos cérebros são rápidos ao pensar em más notícias, eventos dramáticos, na última crise ou nas tragédias pessoais que tão frequentemente são trazidas pelos noticiários ou por ativistas que buscam nossa atenção para alguma causa legítima. Em nossa sociedade globalizada e hiperconectada, relatos de sofrimento em todo o mundo viajam à velocidade da luz. Já boas notícias são lentas, desinteressantes e vêm em pequenas doses administradas ao longo de muitos anos. Como coloca Rosling:

> *É fácil ter consciência de todas as coisas ruins que acontecem no mundo. Por outro lado, é mais difícil saber das coisas boas: bilhões de melhorias que nunca são relatadas. Não me entenda mal, não estou falando de alguma notícia trivial positiva para supostamente equilibrar a negativa. Estou falando de melhorias fundamentais que transformam o mundo, mas que são lentas demais, fragmentadas demais ou pequenas demais quando vistas isoladamente para poderem ser qualificadas como notícia. Estou falando do milagre silencioso e secreto do progresso humano.***

---

* Dados extraídos de ROSLING, Hans. *Factfulness:* o hábito libertador de só ter opiniões baseadas em fatos. Rio de Janeiro: Record, 2019.

** ROSLING, Hans. *Factfulness*: o hábito libertador de só ter opiniões baseadas em fatos. Rio de Janeiro: Record, 2019, p. 61.

Mudanças positivas podem ser mais comuns, mas elas não chegam até nós. Não são relatadas pela mídia. As notícias ruins, por vezes, são distorcidas, tiradas de contexto ou exageradas. Alguns problemas parecem ter crescido, quando na verdade estamos apenas mais vigilantes em relação ao sofrimento, e tragédias que antes estavam fora de nosso radar começam a chegar a nós.

Muitas vezes reclamamos que a mídia é sensacionalista, distorcida ou que só mostra notícias ruins. Porém, raramente nos ocorre que ela está atendendo ao que nós, consumidores, demandamos — são nossos cérebros, atraídos por histórias dramáticas, que recompensam os esforços dos repórteres para nos trazer em primeira mão a última tragédia. E, mesmo que cada reportagem seja completamente verdadeira, seu conjunto não é representativo do todo e nos leva a formar uma opinião distorcida do mundo.

Em 1988, o jornal *Folha de S.Paulo* levou ao ar um comercial que fazia alusão a Hitler. Premiado com o Leão de Ouro no Festival de Cannes, aquele foi um dos dois únicos comerciais brasileiros na lista dos 100 melhores de todos os tempos.* Conforme a foto de Hitler se revelava aos poucos na tela, um locutor com voz grave descrevia feitos impressionantes do nazista, todos positivos:

> *Este homem pegou uma nação destruída, recuperou sua economia e devolveu o orgulho a seu povo. Em seus quatro primeiros anos de governo, o número de desempregados saiu de 6 milhões para 900 mil pessoas. Este homem fez o produto interno bruto crescer 102% e a renda per capita dobrar...* e assim por diante. E concluía: *É possível contar um monte de mentiras dizendo só a verdade.*

* KANNER, Berneci. *The 100 Best TV Commercials... and Why They Worked.* Crown, 1999.

Ao escolher o recorte da realidade para onde olhamos, podemos acabar com uma impressão completamente distorcida.

Idealizamos o passado, e achamos que admitir que o mundo está melhorando é quase "imoral", como se estivéssemos nos conformando e ignorando todos os problemas que ainda existem. Porém, ignorar o progresso também pode ser perigoso: você pode concluir que tudo o que vem sendo feito está errado, se deixar levar pelo pessimismo e acreditar que o mundo não tem mais jeito. Ou, pior, pode achar que é o caso de jogar fora as políticas e métodos que vêm funcionando bem, em favor de medidas drásticas ou duvidosas.

Quando menos não é mais

Por fim, outra consequência curiosa de nos fiarmos na "fluência de recuperação" e não em uma avaliação mais objetiva é que ela facilmente se deixa levar pela máxima do "menos é mais", mesmo em situações em que essa prescrição não é apropriada.

Imagine que se peça a um grupo de proprietários de veículos para listar três qualidades de seus carros. Para outro grupo similar, se pede para listar um número maior, de, digamos, vinte qualidades. Qual grupo você espera que se mostre *menos* satisfeito com seu automóvel ao final do experimento? Surpreendentemente, o segundo grupo fornece avaliações consistentemente piores, apesar de ser capaz de levantar mais do que as três qualidades pedidas ao primeiro grupo. Isso acontece porque lembrar de *vinte* pontos fortes em um veículo é tarefa árdua; quando a recuperação fica difícil e a memória não está facilmente disponível, tem-se a sensação de que o carro tem poucas qualidades.

Diversos experimentos mostraram resultados semelhantes em variadas áreas: pessoas ficam menos seguras com a escolha que fizeram quando pedimos que listem mais argumentos para defendê-la; mostram-se menos confiantes em afirmar que um evento era evitável depois de listar mais maneiras pelas quais ele poderia ter sido evitado; alunos avaliam de forma mais favorável uma aula que tiveram quando se pede que levantem mais maneiras de como se poderia melhorá-la e assim por diante.

Estar alerta aos vieses de nosso "Google interno" é importante para que tomemos decisões melhores, evitando que nos preocupemos com as coisas erradas e concentremos nossas atenções nos perigos e possibilidades reais. Mais que isso, em diversas situações podemos, paradoxalmente, melhorar nossas decisões consumindo *menos* informações e notícias, em especial as que seguem chamadas sensacionalistas e dramáticas, e nos concentrando em dados e estatísticas mais amplas, contextualizadas, que reflitam mais fielmente a proporção de eventos reais e suas tendências no tempo. Números isolados são pouco úteis se não tivermos uma base de comparação adequada (centenas de mortes são assustadoras por si mesmas, mas podem representar proporções pequenas quando as comparamos com a população mundial, de 7 bilhões de pessoas).

Nossa mente não tem capacidade de processar toda a informação a que estamos sujeitos diariamente. Funcionamos como um farol, que ilumina apenas parte da realidade. Estamos direcionando o feixe de luz para uma parte representativa da realidade? Ou nos deixando levar pelas narrativas que outros têm interesse em nos contar?

Para lembrar na hora da decisão:

✓ Tendemos a perceber o mundo como mais assustador do que é e a subestimar o progressu. Nosso cérebro é rápido em lembrar de más notícias, eventos dramáticos, crises e tragédias. Já mudanças positivas não chegam até nós com tanta frequência. Lembre-se: as coisas não vão tão mal como parecem.

✓ Leve em conta que, na mídia e nas redes sociais, eventos extraordinários, impactantes e raros são desproporcionalmente representados. Coisas comuns, que acontecem todo dia, não rendem notícias. Cuidado também com informações distorcidas, tiradas de contexto ou exageradas.

✓ Assustador não significa necessariamente perigoso. Separe riscos reais de perigos imaginários. Direcione seu medo e preocupação para as coisas certas, e não entre na "cascata da disponibilidade", círculo vicioso em que o pânico se retroalimenta.

✓ Às vezes podemos melhorar nossas decisões consumindo menos notícias e nos concentrando em dados e estatísticas que reflitam mais fielmente a proporção de eventos reais e suas tendências no tempo.

capítulo 5

LEVANTE A ÂNCORA!

A última da trinca de heurísticas clássicas chama-se "ancoragem", e se relaciona com a forma como fazemos estimativas numéricas, por exemplo, como quando consideramos o valor de um produto que pensamos em comprar.

Se você aprecia um bom vinho, talvez já tenha participado de uma degustação às cegas, em que garrafas de diferentes variedades têm seus rótulos cobertos e os participantes são convidados a adivinhar corretamente o vinho que experimentam com base apenas na experiência de bebê-lo. Muitas vezes a graça da brincadeira está em descobrir que o vinho mais apreciado na degustação às cegas não era, afinal, o mais caro do grupo.

Imagine agora uma versão menos divertida do passatempo: o *sommelier* lhe mostra uma garrafa de um vinho que você não conhece (nem sabe quanto custa no supermercado) e pergunta quanto você estaria disposto a pagar por ela. Os economistas chamam isso de "preço de reserva", um conceito fundamental para determinar a demanda por um bem. Do que depende, então, sua disposição a pagar por um Brunello di Montalcino 2012? De quanto você aprecia vinhos encorpados? Da nota que o vinho obteve na avaliação pelo enólogo famoso? De quanto dinheiro há em sua conta bancária no momento para gastar com a extravagância? Do número do seu RG ou do tamanho do sapato que você calça!?!

O professor de psicologia e economia comportamental Dan Ariely decidiu investigar se nossa disposição a pagar por um bem pode ser influenciada por fatores que não têm qualquer relação com a satisfação que temos ao consumi-lo ou com nosso poder aquisitivo. Ele convidou um grupo de alunos de MBA da prestigiosa Universidade de MIT para participar de um experimento. Antes de começar, Ariely pediu que os alunos escrevessem em uma folha de papel os dois últimos algarismos de seu documento de identidade, o equivalente ao RG. A seguir, perguntou-lhes quanto estariam dispostos a pagar por uma garrafa de vinho (bem como por outros produtos, como livros de arte, chocolates, teclados para computador etc.). Ao final, ofereceu aos alunos a oportunidade de comprar esses mesmos itens em um leilão. Ariely descobriu, surpreendentemente, que havia uma forte relação entre o preço oferecido e o número da identidade informado no início do experimento. Enquanto alunos com identidades que terminavam entre 00 e 19 ofereciam pagar, em média, $8,64 pela garrafa de vinho; aqueles com identidades terminando em 80-99 se dispunham a pagar $27,91, mais de três vezes mais. O mesmo ocorria para todos os produtos pesquisados. Por algum motivo, o número de identificação, que deveria ser completamente aleatório e sem qualquer relação com o valor atribuído ao vinho ou ao livro, afetava a estimativa das pessoas. E mais: se perguntados, os alunos diziam que suas estimativas não tinham relação alguma com o número mencionado; ou seja, eles estavam completamente alheios ao fato de estarem sendo influenciados.*

---

* ARIELY, Dan; LOEWENSTEIN, George; PRELEC, Drazen. Coherent Arbitrariness: Stable Demand Curves without Stable Preferences. *The Quarterly Journal of Economics*, 118.1:73-106, 2003.

Resultados semelhantes, em que indivíduos são sugestionados a considerar números maiores ou menores e, como consequência, acabam viesando suas estimativas na direção do estímulo, foram obtidos em um grande número de experimentos semelhantes, nos mais variados contextos. Esse fenômeno foi chamado de "ancoragem", e é um dos resultados mais replicados e robustos da psicologia experimental.

Ancoragem e ajuste

Estimar o valor das coisas é difícil na prática, já que envolve ponderar e comparar diversos atributos (qualidade, necessidade, preferência, sabor, beleza, funcionalidade...), ao longo de um espectro imenso de produtos distintos. Uma carta de vinhos sozinha pode facilmente virar um pesadelo computacional: vale a pena pagar 20% a mais por uma safra melhor? Será que aquele vinho sugerido por um bom preço é uma armadilha? Qual alternativa lhe oferece o melhor custo-benefício?

Seu sistema intuitivo, porém, como o *sommelier* prestativo, é rápido em propor um atalho para resolver qualquer problema demasiado complexo que apareça repetidamente em sua vida cotidiana. Nesse caso específico, ele escolhe um ponto de referência (a "âncora") — por exemplo um dado recente que esteja facilmente disponível, como o preço daquele vinho "sugerido" que aparece bem no topo da carta — e o ajusta para cima ou para baixo a fim de chegar à resposta final. Chamamos de heurística da "ancoragem e ajuste" a esse processo de estimar a partir de um valor inicial.

A ancoragem é prática, mas pode levar a vieses porque o ponto de partida nem sempre é apropriado. Às vezes ele é arbitrário, ou induzido por um economista comportamental fazendo experimentos

— ou, mais frequentemente, pelo vendedor de vinho ou pelo restaurante querendo faturar com sua desinformação. Como as pessoas tendem a ajustar suas estimativas para cima ou para baixo *menos* do que deveriam — elas simplesmente param o processo quando não têm mais certeza se deveriam seguir adiante —, suas avaliações ficam perto demais dos valores que usaram como âncora. Se você começar com uma âncora ruim, sua estimativa inevitavelmente será ruim.

Exemplos ainda mais absurdos do que o caso do vinho foram observados em experimentos de laboratório. Em um famoso estudo, introduziram-se âncoras que eram claramente falsas. Por exemplo, a um grupo perguntou-se: "Mahatma Gandhi morreu antes ou depois dos 9 anos?" A outro, "Mahatma Gandhi morreu antes ou depois dos 140 anos?" Quando os dois grupos foram convidados, após responderem a essas perguntas disparatadas, a estimar a idade que Gandhi realmente tinha quando morreu, o primeiro grupo estimou em média 50 anos, enquanto o segundo ofereceu uma estimativa bem mais elevada, de 67 anos. Ninguém obviamente acredita que Gandhi chegou a viver até os 140 anos — mesmo assim a âncora foi eficaz. Ao evocar a imagem de uma pessoa muito velha, a âncora faz com que o sistema intuitivo, com seu viés de confirmação e seu anseio por tentar dar sentido ao mundo através de histórias plausíveis, buscasse construir uma realidade em que a âncora fosse, de alguma forma, um número legítimo.*

Em outro experimento, os indivíduos deviam girar uma roda da fortuna, daquelas de programas de auditório, com números entre 0 e 100. Após observarem o número sorteado, pedia-se que opinassem qual o percentual de países africanos na Organização

---

* STRACK, Fritz; MUSSWEILER, Thomas. Explaining the Enigmatic Anchoring Effect: Mechanisms of Selective Accessibility. *Journal of Personality and Social Psychology*, 73.3:437, 1997.

das Nações Unidas (ONU). Grupos que sortearam 10 na roda da fortuna estimaram que apenas 25% dos países da ONU eram africanos, enquanto grupos que sortearam 65 chegaram a estimativas bem mais elevadas, de 45%. Mesmo quando é visualmente óbvio para as pessoas que a âncora é aleatória e não tem qualquer relação com o problema em questão, é difícil fugir da ancoragem.*

Nem sempre a âncora vem de fora; às vezes, a criamos nós mesmos. Tente estimar rapidamente o resultado das multiplicações a seguir:

A. 8 x 7 x 6 x 5 x 4 x 3 x 2 x 1

B. 1 x 2 x 3 x 4 x 5 x 6 x 7 x 8

A resposta correta é 40.320, mas, se você for como a maioria dos estudantes universitários que já foi vítima desse experimento, estimou um valor bem menor. O mais curioso, porém, é que, ao tentar estimar a primeira multiplicação, em que os números aparecem em ordem descendente, os estudantes, em média, "chutaram" 2.250. Já quando apresentados à mesma multiplicação, mas em ordem ascendente, como na formulação B, as estimativas caíram para 512. Aparentemente calculamos as duas ou três primeiras etapas da multiplicação e usamos o resultado como âncora para nossa estimativa da multiplicação completa. Baseamos nossa estimativa em um cálculo parcial incompleto: como na primeira versão do problema o número é mais elevado (8 x 7 x 6... versus 1 x 2 x 3...), partimos de uma âncora maior e, consequentemente, "chutamos" um valor mais alto.

---

* TVERSKY, Amos; KAHNEMAN, Daniel. Judgment Under Uncertainty: Heuristics and Biases. *Science*, v. 185, n. 4157, p. 1124-1131, 1974.

Aparentemente a ancoragem vai além de estimativas numéricas: ela se aplica a questões qualitativas também. Tenho dois conhecidos, Alan e Ben, cujas características vou descrever:*

ALAN: inteligente — esforçado — impulsivo — crítico — obstinado — invejoso

BEN: invejoso — obstinado — crítico — impulsivo — esforçado — inteligente

De qual dos dois você gosta mais? A grande maioria das pessoas não hesita em escolher Alan. Apesar dos adjetivos serem os mesmos, a ordem em que aparecem importa: após lermos as duas ou três primeiras características já formamos nossa opinião sobre Alan e Ben, e as informações subsequentes são ignoradas. Como diz o ditado, a primeira impressão é a que fica.

Fora do laboratório

Muito antes de a ancoragem ter sido descoberta pelos psicólogos e economistas comportamentais, ela já fazia a festa entre profissionais de marketing e comerciantes espertos. A estratégia do "Agora pela metade do dobro do preço!", ridicularizada nas críticas às promoções enganosas da Black Friday, é uma tentativa de estabelecer um preço-âncora elevado para tentar potencializar o pseudodesconto que se segue. Versões bem mais sofisticadas da ideia são rotineiramente postas em prática.

---

* Extraído de KAHNEMAN, D. *Rápido e devagar*: duas formas de pensar. Rio de Janeiro: Objetiva, 2012.

O primeiro iPhone foi lançado nos Estados Unidos em junho de 2007 ao preço de US$599 pelo modelo de 8GB, que levantou críticas desdenhosas na época por parte dos concorrentes da Apple de ser irrealisticamente alto. Poucos meses depois, em setembro, a Apple alterou sua estratégia, baixando o preço para US$399 (ou US$199 para usuários da operadora AT&T). Muitos interpretaram que a Apple estava jogando a toalha: sua estratégia de preços havia sido equivocada, e a empresa fora obrigada a reconhecer que os concorrentes estavam certos ao julgar o preço inicial excessivo. Outros, porém, consideraram o movimento mais uma tacada de gênio de Steve Jobs: após "ancorar" o valor do novo smartphone nas alturas, a empresa baixara os preços para que ele de repente parecesse uma barganha para os consumidores em potencial.

Quando o comerciante de joias James Assael tentou introduzir no mercado as pérolas negras do Taiti, desconhecidas no Ocidente, as perspectivas não pareciam promissoras. A cor cinza escuro da pérola, que se assemelhava a uma bala de mosquete, aparentemente não tinha apelo nas altas rodas de Manhattan, e os consumidores não estavam dispostos a pagar os mesmos preços que pagavam pelas pérolas tradicionais. Assael convenceu então o joalheiro Harry Winston a colocar algumas pérolas negras na vitrine de sua loja na Quinta Avenida, em Nova York, anunciando um preço altíssimo por elas, e fez anúncios em revistas de moda em que o produto aparecia em meio a diamantes e esmeraldas. Em pouco tempo as pérolas, antes sem apelo algum, estavam posicionadas como uma joia valiosa.

Para muitos bens não temos uma referência clara de valor, porque — como no caso do iPhone ou das pérolas negras — são produtos novos, ou porque são únicos ou altamente diferenciados, como ocorre com obras de arte. Em outras situações, não realizamos a compra com frequência suficiente para termos uma boa percepção de valor, como costuma ocorrer no caso de imóveis. A ancoragem pode então ter um efeito substancial no preço pago. Mais ainda, ela pode ser usada intencionalmente como uma estratégia de precificação ou uma tática para determinar um ponto de partida em uma negociação. Vários estudos mostram que as ofertas iniciais têm uma influência mais forte no resultado de negociações do que as contraofertas que se seguem. Faz sentido, portanto, entrar na sala "exagerando" na pedida ou "jogando lá embaixo" a oferta, conforme seu interesse. Estratégias desse tipo frequentemente funcionam porque se aproveitam de nossa disposição à ancoragem. Uma casa ou um apartamento anunciado parecerá mais valioso se a "pedida" for elevada, mesmo que você esteja determinado a resistir. Um experimento com corretores de imóveis profissionais nos Estados Unidos revelou que o efeito da ancoragem chegou a impressionantes 41%. Os corretores avaliavam um mesmo imóvel mais favoravelmente quando partiam de uma âncora (ou "pedida") elevada do que quando partiam de uma âncora baixa, apesar de se gabarem de ter grande conhecimento do mercado e, portanto, a capacidade de julgar de forma objetiva as características do imóvel.

O mesmo ocorre quando um advogado pede uma indenização milionária em uma ação por danos morais, quando a Samsung lança um novo modelo de televisão e divulga um "preço sugerido pelo fabricante" elevado que os varejistas tendem a seguir, ou quando casas de leilão divulgam o valor da "avaliação por especialistas" para uma obra de arte. São tentativas de fixar uma âncora elevada para um valor cuja estimativa é difícil, subjetiva e imprecisa.

Nem sempre, porém, a ancoragem leva a preços maiores. Considere o mercado de aplicativos para smartphones. Como nos acostumamos ao fato de que a maioria dos aplicativos que usamos é gratuita, ou custa apenas poucos reais, dificilmente estamos dispostos a pagar valores mais elevados mesmo por aqueles que nos entregam serviços que valorizamos enormemente. Há alguns anos havia um mercado crescente para aparelhos de GPS, navegadores por satélite como Garmin e Tomtom que indicavam a localização do veículo e orientavam o melhor trajeto para chegar ao destino desejado. Os aparelhos eram um pouco desajeitados, demoravam para iniciar e reconhecer o sinal do satélite e tinham bem menos funcionalidades do que aplicativos como o Waze ou o Google Maps oferecem hoje. Aqueles equipamentos, porém, eram vendidos por preços altos — os modelos mais simples chegaram a valer mais de R$500 quando foram lançados. Porém, pouquíssimas pessoas estariam dispostas a pagar valores semelhantes por um aplicativo como o Waze hoje, apesar de ele funcionar melhor e oferecer muito mais serviços que o antigo Tomtom. Ancoramos em nossas mentes que aplicativos são baratos, portanto não estamos dispostos a pagar muito por eles, mesmo que sejam extremamente úteis e funcionais. Os GPS dedicados tornaram-se produtos de nicho, para aventureiros em trilhas ou motoristas em locais remotos sem acesso à internet. Porém, os aplicativos que os deslocaram do mercado não herdaram suas receitas.

Âncoras — altas ou baixas — são difíceis de remover: uma vez estabelecidas, elas tendem a levar a um círculo que se retroalimenta, com efeitos duradouros sobre os preços. Mesmo que o preço inicial seja arbitrário, uma vez instalado na mente dos consumidores, ele tende a se perpetuar. Afinal, a âncora mais óbvia é o próprio preço a que o bem está sendo vendido hoje.

Tudo é relativo

O fato de nossa mente funcionar a partir de um ponto de referência tem implicações que vão muito além dos preços que pagamos. Somos influenciados por âncoras quando julgamos qualquer número difícil de estimar. Alguns exemplos:

- Um estudo com juízes com mais de 15 anos de experiência descobriu que as penas de prisão que fixavam para ladrões chegavam a ser 50% mais elevadas quando o juiz era exposto a uma âncora alta (na forma de um dado viciado, por exemplo).
- Em promoções em supermercados, campanhas de desconto acompanhadas por avisos do tipo "máximo de 12 unidades por pessoa" tendem a fazer os clientes comprarem *mais* itens do que pretendiam. O consumidor que inicialmente estava disposto a comprar apenas 3 unidades parece ser influenciado pelo limite proposto de 12, que passa a funcionar como uma âncora, e decide levar mais itens do produto.
- Introduzir entradas caras nos cardápios de restaurantes aumenta a receita do estabelecimento, mesmo que ninguém as peça. Visualizar uma opção cara aparentemente induz as pessoas a gastarem mais com outros produtos: um prato mais sofisticado ou uma sobremesa, por exemplo.
- Em sites de avaliação de produtos e serviços online, as classificações de membros que avaliaram o produto anteriormente servem como âncora e afetam a avaliação dos que vêm depois. Em experimentos, as notas tendem a ser mais próximas da média quando os avaliadores podem observar a classificação dada por compradores anteriores do que quando são obrigados a dar suas notas às cegas.

O problema afeta não apenas decisões cotidianas nas gôndolas do supermercado, nos restaurantes e nos sites de vendas online, mas também previsões de especialistas renomados sobre o crescimento da economia ou o resultado das próximas eleições. O psicólogo Philip E. Tetlock estuda especificamente previsões sobre assuntos de conjuntura nas áreas de economia, política, inteligência militar, geopolítica, guerra etc. Em um projeto para o IARPA, órgão do serviço de inteligência americano, Tetlock avaliou milhares de previsões de especialistas e de 20 mil leigos sobre questões diversas ao longo de vários anos, e reuniu as estratégias usadas pelo que chama de "superprevisores", indivíduos que consistentemente produzem estimativas mais acertadas. Uma das principais estratégias responsáveis pela boa performance parece ser a capacidade de partir de uma âncora adequada.*

Considere a seguinte narrativa:

Julio e Silvia Coreli moram em uma casa de classe média no bairro do Butantã, em São Paulo. Julio tem 44 anos e trabalha como contador. Silvia tem 35 anos e é professora primária. Eles têm um filho, Enzo, que está com 5 anos. A mãe viúva de Julio, Vera, também mora com a família.

Qual a probabilidade de que os Coreli tenham um bicho de estimação?

Em que você se basearia se tivesse que fazer uma estimativa como essa? Talvez você pensasse mais ou menos assim: "Coreli é um nome italiano, o que remete a uma família grande e uma casa barulhenta. Mas os Coreli têm apenas um filho, então poderiam tentar compen-

* TETLOCK, Philip E.; GARDNER, Dan. *Superprevisões*: a arte e a ciência de antecipar o futuro. Rio de Janeiro: Objetiva, 2016.

sar isso com um bicho de estimação. Afinal, eles moram em uma casa e a avó pode ajudar a cuidar do animal". Todos esses aspectos de baseiam nas especificidades do caso particular — naquilo que é único aos Coreli, o que chamamos de "visão de dentro" do problema. A visão de dentro é atrativa porque é palpável e cheia de detalhes, o que ajuda nosso sistema intuitivo a elaborar uma história colorida e plausível, em que um cachorro tenha um papel de protagonista.

Um "superprevisor", porém, pensa de forma completamente diferente. A primeira pergunta que se faz é "qual porcentagem das famílias em São Paulo tem bichos de estimação?" Qual a "taxa-base", ou seja, quão comum algo (no caso, bichos de estimação) é, dentro de uma classe mais ampla (domicílios em São Paulo). Essa é a "visão de fora", abstrata, estatística, fria e desinteressante. Porém, uma âncora muito mais informativa. Tomando como ponto de partida aquilo que os Coreli têm em comum com todas as demais famílias em São Paulo, os "superprevisores" então ajustam para cima ou para baixo suas estimativas para incorporar os detalhes do caso individual (o fato de os Coreli parecerem uma família de classe média, morarem em uma casa, terem um filho etc.).

Começar olhando o caso geral (a "taxa-base") e só depois refinar, incorporando as especificidades, parece funcionar muito melhor do que o processo contrário devido à nossa propensão à ancoragem. Como tendemos a ajustar menos do que deveríamos, é importante que partamos da âncora mais representativa possível.

Quando avaliamos eventos de conjuntura ("Qual a probabilidade de que haja um atentado terrorista? Qual a chance de o político que está em evidência ser eleito? Devemos esperar que um determinado acontecimento leve a uma crise econômica?"), precisamos ter um cuidado especial para não cairmos na armadilha da ancoragem. Nesses casos, âncoras pouco representativas tornam-se particularmente tentadoras, pois a heurística da disponibilidade entra em ação: tendemos a focar excessivamente em um evento recente e dramático, muito divulgado na mídia e debatido, e esquecer com que frequência algo realmente tem acontecido no passado. Como pondera Tetlock, nada é 100% novo. As eleições hoje são realmente muito diferentes do que aconteceu no passado, em função do papel das redes sociais? Ou estamos superestimando o efeito das mudanças? Atentados terroristas são realmente habituais? Ou estamos impressionados com a bomba que explodiu ontem?

Vá por um caminho diferente

A própria maneira como formulamos a pergunta pode mudar nossa resposta, colocando nosso sistema intuitivo na trilha de uma história plausível diferente. Como João e Maria no conto de fadas, nossa mente segue as pistas das pedrinhas que encontra pelo caminho. Por exemplo, quando Tetlock pediu a seus previsores que considerassem a seguinte questão: "O governo da África do Sul vai conceder um visto ao Dalai-lama nos próximos seis meses?", eles tendiam a procurar evidências de que o Dalai-lama receberia seu visto (pensavam, por exemplo, que um governo em um país que passou pelo apartheid não iria negar um visto para o "Mandela do Tibete"). Já se a pergunta fosse elaborada de forma espelhada ("O governo da África do Sul vai evitar conceder ao Dalai-lama um visto nos próximos seis meses?"), a perspectiva mudava totalmente. Automaticamente, os previsores pensavam em motivos para que o visto fosse negado (por exemplo, o desejo de não enfurecer a China, seu principal parceiro comercial), consideravam que seis meses era um prazo curto e reduziam muito suas estimativas sobre a chance de o Dalai-lama receber seu visto.

Kahneman e Tversky descobriram que a forma como as pessoas enquadram os problemas (ou o *framing*, como o fenômeno é conhecido em psicologia) tem um efeito particularmente importante quando mudamos nossa perspectiva de ganhos para perdas. Imagine que você trabalhe para o Ministério da Saúde e esteja avaliando programas para lidar com a pandemia do coronavírus. Após muita discussão, algumas alternativas são propostas, e você deve escolher qual delas implementar. Considere as possibilidades a seguir:

Estima-se que a pandemia deva matar 600 pessoas em uma região. Dois programas foram propostos:

- *Programa A: 200 pessoas serão salvas*
- *Programa B: probabilidade de 1/3 de salvar 600 pessoas e probabilidade de 2/3 de não salvar ninguém*

Qual programa você escolheria?

Quando conduziram esse experimento na década de 1980 (sem o contexto do coronavírus, claro; a redação original mencionava "um surto de um novo tipo de gripe asiática"), 72% dos pesquisados optaram pelo Programa A e 28% pelo Programa B. As pessoas eram, previsivelmente, avessas ao risco, e preferiam salvar 200 pessoas com certeza ao risco de não salvar ninguém. Mas o experimento continuava. Considere que são agora propostas mais duas alternativas:

- *Programa C: 400 pessoas morrerão*
- *Programa D: probabilidade de 1/3 de ninguém morrer e probabilidade de 2/3 de 600 pessoas morrerem*

Qual dos dois programas você escolheria?

Agora, apenas 22% dos entrevistados preferia o Programa C, enquanto 78% preferia o Programa D. O problema é que as alternativas C e D nada mais são do que as alternativas A e B reescritas para apresentar as opções em termos de mortes, em vez de vidas salvas. Como partimos de 600 mortes, salvar 200 vidas (Programa A) implica necessariamente que 400 pessoas morrerão (Programa C). Porém, quando alteramos a forma como o problema é apresentado, a decisão das pessoas muda completamente.

Em diversos estudos, Kahneman e Tversky perceberam que as pessoas se comportam de forma distinta quando consideram ganhos e quando enfrentam perdas, sejam eles financeiros (ganhos e perdas com um investimento em ações, por exemplo) ou não (vidas e mortes no caso do surto de gripe). No campo dos ganhos, elas são avessas ao risco e tendem a escolher as opções mais seguras. Quando se trata de perdas, elas se tornam "propensas a risco" e escolhem opções mais arriscadas. Esse fenômeno, conhecido em economia como "aversão à perda", tem implicações importantes em finanças, por exemplo, fazendo as pessoas evitarem reverter investimentos em que estão perdendo dinheiro, mesmo quando seria prudente fazê-lo.

Descobriu-se também que ganhos e perdas nos afetam de forma assimétrica: uma perda de R$1 é muito mais dolorosa do que um ganho de R$1 é prazeroso. Um dos efeitos dessa assimetria é que as pessoas tendem a sobrevalorizar o que elas possuem. Imagine que você tenha comprado um ingresso para um show por R$350. Você estava disposto a pagar até R$400 por ele. O show está agora esgotado, e um amigo oferece pagar R$500 pelo seu ingresso. Você venderia?

A maioria das pessoas responde que não, apesar de o valor oferecido (R$500) ser maior do que o que você originalmente estava disposto a pagar pelo ingresso (R$400). Você de alguma forma "se apegou" ao ingresso; o valor dele aumentou simplesmente pelo fato de já ser seu. Chamamos isso de "efeito dotação". O fenômeno pode ser explicado pela aversão à perda: numa venda, as pessoas tendem a focar na dor de se desfazer do ingresso e não no ganho (o dinheiro que receberiam). Como a dor da perda é mais sentida do que o benefício do ganho, o valor ao qual as pessoas estão dispostas a vender um bem é duas a três vezes maior do que o preço pelo qual estão dispostas a comprar o mesmo bem. Lojas que permitem que você leve os produtos para casa e os devolva se não gostar, recebendo seu dinheiro de volta, confiam no efeito dotação: depois que o produto se torna seu, você dificilmente abrirá mão dele em troca do valor que pagou originalmente.

O Prêmio Nobel de Economia Richard Thaler mostrou que o efeito dotação pode ter efeitos que vão muito além de nossas compras diárias ao aplicar um experimento semelhante a problemas mais sérios, como a saúde pessoal. Quando questionadas sobre quanto teriam que receber para serem expostas a um vírus cuja taxa de mortalidade era de 0,001%, as pessoas pediam, razoavelmente, uma remuneração bastante elevada: US$10 mil, em média. Porém, quando a situação recebia um novo enquadramento ("Suponha que você tenha sido exposto a um vírus cuja taxa de mortalidade é de 0,001%. Quanto você estaria disposto a pagar por uma vacina que o protegesse desse risco?"), a resposta caía para US$200 apenas. Aparentemente nem o valor que atribuímos à própria vida está imune à ancoragem.

Um empurrão para a escolha certa

Se a maneira como um problema é colocado (seu enquadramento, ou *framing*) nos induz a uma determinada escolha, reformulá-lo para que nos fique mais amigável pode melhorar substancialmente nossas decisões.

Uma das áreas mais promissoras da economia comportamental está relacionada à "arquitetura da escolha", ou seja, redesenhar os problemas nos quais as pessoas costumam tomar decisões equivocadas a fim de dar um empurrãozinho (o termo técnico equivalente do inglês é *nudge*) para que escolham melhor.

Um caso clássico de *nudge* envolve inverter a escolha para tirar vantagem de nossa preguiça. A maioria de nós tem uma tendência enorme à inércia: diversos estudos mostram que as pessoas escolhem qualquer opção que exija o menor esforço, mesmo que o empenho envolvido seja tão pequeno quanto fazer um "x" em algum formulário. Tendemos a ficar com a opção predefinida, aquilo que acontece se não fizermos nada: a assinatura da revista ou do aplicativo que é renovada automaticamente se não lembramos de cancelá-la até a data do vencimento, por exemplo. Nesses casos, mudar o status quo (de "renovar automaticamente" para "não renovar a não ser que se peça expressamente") pode ter um grande impacto. Quando um governo faz com que a doação de órgãos seja a opção predefinida (e aqueles que *não* quiserem doar devem manifestar essa vontade, ao invés do contrário), o número de doações aumenta substancialmente.

Em outras situações, pequenos lembretes são suficientes para amenizar parte do efeito da inércia. A startup Movva usa os *nudgebots* (programas de computador criados para automaticamente oferecer reforços positivos, através de mensagens de SMS), por exemplo, para tentar mudar comportamentos de pais e alunos de escolas públicas, ou de pessoas que desejam melhorar seus hábitos financeiros.

Se algo é difícil, finja que não existe

Outro mistério que atormenta os economistas que estudam a racionalidade das escolhas — e para o qual a ancoragem pode fornecer pistas — é o motivo de as pessoas mudarem suas decisões quando introduzimos alternativas claramente piores do que as que havia antes.

Há um tempo atrás a revista *The Economist* oferecia aos interessados em assinar o periódico três opções de serviço:

A. *Opção digital: acesso apenas ao conteúdo online através do site por US$59,00*
B. *Opção impressa: Receber a revista física semanalmente por US$125,00*
C. *Opção impressa + opção digital por US$125,00*

A promoção parece curiosa, já que ninguém em sã consciência optaria por pagar US$125,00 pela opção impressa, já que poderia, pelo mesmo valor, receber a opção impressa *mais* o acesso digital. A opção B, portanto, nem deveria ser oferecida, certo?

Errado. A promoção da *The Economist* não tem nada de estúpida. Ao contrário, é muito eficiente em aumentar as receitas da revista. Ao apresentar esse mesmo exemplo a pessoas comuns em experimentos, os economistas comportamentais descobriram que introduzir a alternativa B — que nunca era escolhida — aumentava a proporção de assinantes que optavam pela versão mais cara (impressa + digital por US$125,00) de 32% para 84%!*

Dezenas de estudos testaram o efeito de introduzir alternativas que funcionam como "iscas" (*decoy*, do inglês), armadilhas para

---

* ARIELY, Dan. *Predictably Irrational.* Harper Collins Publishers, 2009, p. 5.

direcionar a decisão no sentido desejado, nos mais diversos contextos, de cardápios de restaurante a portfolios de investimento. Em um estudo criativo, Ariely apresentava três fotos de alunos de graduação e pedia às pessoas que escolhessem aquele que achavam mais atraente. Duas das fotos eram realmente representações verdadeiras de alunos (vamos chamá-los hipoteticamente de John e Paul); a terceira, porém, era uma foto *decoy* em que uma das duas imagens originais tinha sido manipulada no Photoshop de forma a ser uma versão mais feia de um dos alunos reais (John-desfigurado ou Paul-desfigurado, digamos). À metade dos participantes, Ariely mostrou as fotos de John, Paul e John-desfigurado. Destes, 75% disseram considerar John mais atraente. Aos demais, Ariely mostrou fotos de John, Paul e Paul-desfigurado. Destes, 75% consideraram Paul mais atraente. Apesar de ninguém escolher o *decoy*, sua presença mudava completamente a escolha feita: comparar John com Paul é difícil, mas comparar John com John-desfigurado é fácil. Portanto, as pessoas escolhiam John, e ignoravam a existência de Paul. Focamos em comparar coisas que são facilmente comparáveis e evitamos comparar as que não são. Quando a decisão é difícil, simplesmente nos desviamos dela.

As âncoras estão em todo lugar

Nossas escolhas são muito mais afetadas pelo ambiente do que nos damos conta. É raro escolhermos isoladamente; avaliamos as coisas — sejam elas produtos, experiências como viagens ou atitudes e pontos de vista — sempre comparando alternativas. Só sabemos o que queremos quando colocamos nossas opções dentro de um contexto. Pensar sempre em termos relativos nos ajuda a tomar decisões, mas também nos torna permanentemente insatisfeitos, comparando nossos jardins com o de nossos vizinhos e sempre achando uma grama mais verde do que a nossa.

Ao tomar uma decisão ou avaliar uma escolha, precisamos estar particularmente atentos à âncora que estamos usando, como — ou por quem — ela foi fornecida e quão representativa da realidade ela é. A ancoragem nos afeta inconscientemente, como quando, ao sair de uma rodovia, tendemos a entrar rápido demais nas ruas da cidade, e é difícil evitar.

Para lembrar na hora da decisão:

✓ Para nossa mente, tudo é relativo: avaliamos as coisas sempre em relação a um ponto de referência. Se usarmos uma âncora distorcida, escolheremos mal. Esteja atento, em especial, às âncoras oferecidas intencionalmente por terceiros interessados (vendedores, contrapartes em negociações etc).

✓ Reformule a pergunta para checar se você está sujeito ao efeito de enquadramento (ou *framing*). Lembre-se de que as pessoas se comportam de forma distinta se apresentamos os resultados em termos de ganhos ou de perdas. Perdas nos predispõem a correr mais risco.

✓ Ao fazer uma previsão, comece sempre com a "visão de fora", olhando o que o caso tem de geral (a "taxa-base"), e só depois considere suas particularidades. Lembre-se de que nada é 100% único, e temos uma tendência a focar excessivamente nos detalhes específicos e esquecer o todo.

✓ Cuidado com as "iscas", armadilhas para direcionar a decisão no sentido desejado. Focamos em comparar coisas que são facilmente comparáveis e evitamos as demais, o que pode nos induzir a fazer más escolhas.

capítulo 6

ELEMENTAR, MEU CARO WATSON!

Os "atalhos mentais" que vimos nos capítulos anteriores não são falhas, bugs no funcionamento do software da mente. Eles apareceram e se perpetuaram porque funcionam extremamente bem para simplificar e agilizar a tomada de decisão em uma série de situações cotidianas. Dificilmente você vai encontrar uma forma melhor de pegar uma bola jogada em sua direção do que a heurística descrita no capítulo 3. Na verdade, o fato de não termos ainda robôs que joguem futebol tão bem como crianças de 5 anos, apesar dos investimentos milionários em projetos desse tipo, é um tributo ao nosso sistema intuitivo.

Em geral, esses atalhos são eficientes para situações que se parecem com aquelas para as quais nosso cérebro foi moldado pela evolução, ou seja, problemas semelhantes aos que nossos ancestrais caçadores-coletores enfrentavam na savana africana há milhares de anos. Experimentos vêm mostrando que, quando apresentadas a problemas com formato mais parecido com aqueles que encontrariam no mundo natural, as pessoas são capazes de tomar decisões mais acertadas. Por exemplo, somos péssimos em lidar com chances e riscos quando estes são apresentados como probabilidades — 1% ou 0,1% não é algo que compreendamos facilmente —, mas somos muito melhores quando o mesmo problema é apresentado na forma de frequências naturais (um em cem, ou um em mil). O conceito de probabilidade é relativamente recente — foi concebido apenas no século XVIII —, portanto faz sentido que nosso cérebro não venha preparado "de fábrica" para manipulá-lo.

Além disso, um pouco de contexto muda tudo. Aparentemente nosso cérebro não é um computador universal, um "solucionador" genérico para todos os problemas, mas sim um conjunto de softwares especializados (ou "módulos"), dedicados a desempenhar tarefas bem específicas. Os pesquisadores Leda Cosmides e John Tooby, fundadores da psicologia evolucionista, mostraram como isso funciona em um experimento interessante.

Considere o seguinte problema de lógica, conhecido como o teste de Wason, provavelmente o mais famoso na área do estudo do raciocínio:

Sobre a mesa há quatro cartas. Cada carta possui, de um lado, um número e, do outro, uma letra. A regra do jogo diz que "atrás de uma carta D deve haver sempre um 3". Quais cartas é preciso virar para verificar se essa regra está sendo violada?

D	E	3	7

Pense um pouco: quais cartas você viraria? A maior parte das muitas pessoas que já fizeram esse teste indicam virar a carta "D", o que está correto, mas muitas sugerem também que é preciso virar a carta "3", o que é falso. A resposta correta é "D" e "7". Para compreender por quê, é preciso pensar no que faria a regra ("atrás de uma carta D deve haver sempre um 3") ser falsa. Se ao virar o "D" relevarmos um número que não seja o "3", saberemos que a regra foi violada, portanto "D" deve ser virada. Já virar a carta "3" é irrelevante: a regra não diz que "atrás de um 3 deve haver um D", mas sim o contrário. Mesmo que você vire o "3" e encontre uma letra qualquer que não "D", a regra ainda pode ser válida. Já "7" precisa ser virada: se atrás dela houver um "D", a regra foi infringida.

O problema exige um pouco de raciocínio, e a resposta certamente não é óbvia. Nos experimentos, apenas 10 a 20% das pessoas testadas acertam a resposta. O erro de raciocínio é frequentemente explicado pelo viés de confirmação, nossa tendência a buscar evidências que confirmem aquilo que queremos provar (viramos o "3" torcendo para encontrar um "D" no verso), em vez de indícios que nos contradigam (um indesejado "D" atrás do "7"). Agora considere o seguinte problema:

> *Imagine que você seja um policial e seu trabalho consista em checar se a proibição à venda de bebida alcóolica para menores de 18 anos está sendo cumprida em um bar. As cartas a seguir representam as informações sobre quatro pessoas sentadas no balcão do estabelecimento. Cada carta possui, de um lado, a idade da pessoa e, do outro, o que ela está bebendo. Quais cartas é preciso virar para verificar se a regra de que menores de 18 anos não podem consumir bebidas alcoólicas está sendo violada?*

cerveja	refrigerante	40 anos	16 anos

O problema agora é simples, não? É preciso checar quem está bebendo cerveja, e quem tem 16 anos. Em termos lógicos, porém, o problema acima é idêntico ao anterior (apenas substitua "D" por "cerveja", "E" por "refrigerante", "3" por "40 anos" e "7" por "16 anos"). Quando a tarefa é apresentada de forma realista, concreta ao invés de abstrata, conseguimos facilmente resolvê-la.

Aparentemente temos uma grande habilidade para identificar infratores e detectar trapaceiros, o que faz todo o sentido se pensarmos que evoluímos em um contexto coletivo em que era extremamente importante diferenciar dos demais os que cooperam e cumprem as regras do grupo. Sendo assim, versões do problema apresentadas como "contratos sociais" nos são muito mais fáceis de resolver do que variantes em que o problema é apresentado de forma abstrata, como no primeiro caso, em que temos apenas que verificar se uma regra é verdadeira ou falsa. Cosmides e Tooby sugerem que isso ocorre porque o software (ou "módulo") que nosso cérebro roda para detectar traidores é tão especializado que não consegue ser facilmente aplicado a um problema idêntico no formato, mas com conteúdo distinto.*

Uma caixa de ferramentas

Uma forma interessante de pensar sobre o cérebro com seus "módulos" especializados foi proposta pelo psicólogo alemão Gerg Gigerenzer. Para ele, a mente é como uma caixa de ferramentas, com mecanismos cognitivos específicos adaptados a tipos diferentes de problemas. A ferramenta mais apropriada em cada situação depende do tipo de serviço envolvido e do ambiente em que nos encontramos.

Os atalhos que vimos nos últimos capítulos são algumas das ferramentas que temos disponíveis. Apesar de serem práticas e eficientes, elas frequentemente falham no contexto dos problemas

---

* COSMIDES, Leda; TOOBY, John. Cognitive Adaptations for Social Exchange. In: *The Adapted Mind*: Evolutionary Psychology and the Generation of Culture, 163:163-228, 1992.

modernos. Conforme nosso mundo fica mais complexo, precisamos fazer um upgrade no sistema e passar a contar com ferramentas melhores. Temos hoje bancos de dados estatísticos confiáveis, princípios matemáticos e modelos sofisticados que são muito mais apropriados para funcionar no século XXI, e não recorrer a eles seria como continuar contando nos dedos quando se tem à disposição um moderno computador. Nosso sistema racional amplia enormemente os recursos de que dispomos, e usá-lo bem é fundamental para que tomemos boas decisões.

Nos próximos capítulos veremos como podemos usar esses conhecimentos para aprimorar nossas escolhas. Até aqui, nos concentramos na forma como, na prática, formamos nossas opiniões e decidimos, bem como nas armadilhas a que estamos sujeitos e nos erros que frequentemente cometemos. A segunda parte deste livro se dedica ao que chamamos de "modelos normativos", ou seja, aqueles que buscam descrever como *deveríamos* tomar nossas decisões de forma a atingir nossos objetivos, recomendações de como encontrar a escolha certa.

Acionando o sistema racional

Se a natureza fosse um grande Vale do Silício onde startups (as diferentes espécies de animais) competissem por quem lança a inovação mais surpreendente ou inventa o aplicativo mais bem-sucedido, os seres humanos seriam a empresa de tecnologia de um trilhão de dólares invejada por todos os concorrentes. Nosso sistema racional é o *killer app* dentre os mecanismos cognitivos.

Não me entenda mal. Os animais têm habilidades impressionantes. São capazes de executar tarefas muito complexas, como se comunicar por meio de substâncias químicas que permitem deixar trilhas para encontrar fontes de alimento, como as formigas, migrar milhares de quilômetros com base na posição do sol ou no campo magnético da Terra, como alguns pássaros e peixes, ou construir estruturas altamente elaboradas como colmeias e cupinzeiros. Esses "aplicativos" foram adquiridos ao longo de milhares de anos, aperfeiçoados pela lenta forja da evolução, e desempenham suas tarefas de forma extremamente eficiente. Tais comportamentos, porém, funcionam bem porque foram automatizados, transformando-se em instintos que não podem ser alterados por animais individuais. Se o ambiente muda, uma formiga ou abelha específica não consegue adaptar seu comportamento: ela continua fazendo o mesmo que seus ancestrais sempre fizeram.

O que diferencia nossa espécie dos demais animais é nossa capacidade de resolver problemas completamente novos. Não apenas aprendemos com a experiência dos outros, nos comunicamos através da linguagem e copiamos estratégias bem-sucedidas, mas também planejamos, especulamos como seria o futuro caso tomássemos um determinado caminho e remoemos as oportunidades que desperdiçamos. Esse talento é tão impressionante que nos permitiu viver em qualquer parte do planeta, adaptando nossas habilidades do frio do Alasca ao mais desolado dos desertos, das densas florestas tropicais ao caos das grandes cidades. Mais ainda, não só aprendemos a sobreviver como prosperamos e alteramos o ambiente de acordo com nossa conveniência, com resultados por vezes preocupantes sob o ponto de vista de outras espécies e do planeta em geral. Nosso sistema racional é o aplicativo mais revolucionário na corrida tecnológica da natureza.

O que é ser racional?

Nosso raciocínio, porém, apesar de todas as suas incríveis propriedades, por vezes nos coloca em apuros ou nos leva a becos sem saída. Afinal, como todo software novo, ele está sujeito a alguns "bugs" de funcionamento que a evolução ainda não teve tempo de consertar. A despeito de todo o sucesso dos seres humanos em resolver problemas e moldar o mundo à sua conveniência, não podemos negar que, por vezes, erramos de maneira espetacular: acreditamos em teorias falsas, praticamos ações que nos prejudicam e fazemos escolhas que são simplesmente ruins. Esses equívocos são documentados não apenas nos laboratórios dos psicólogos e economistas comportamentais, mas no cotidiano da pessoa comum. Ser racional, às vezes, é tarefa difícil.

Mas o que significa exatamente ser racional? Existem ao menos dois tipos de racionalidade: a que chamamos "instrumental" (que rege como devemos *agir*) e a "epistêmica" (que diz no que devemos *acreditar*). Somos racionais em termos *instrumentais* se agimos de forma a atingir nossos objetivos. A teoria da decisão se preocupa com esse conceito de racionalidade, e sugere o que devemos fazer para conseguir o que queremos. A partir do capítulo 8 falaremos sobre ela.

Porém, para tomar uma boa decisão precisamos, primeiro, entender a realidade ao nosso redor para conseguir prever corretamente as consequências de nossas ações e as respostas que podemos esperar das pessoas com as quais interagimos. Uma escolha não acontece no vácuo; ela será acertada apenas se for uma resposta adequada ao que acontece no mundo. Para tanto, precisamos de formas confiáveis de conseguir extrair a verdade da confusão de informações e sinais que recebemos. Podemos dizer que somos *epistemologicamente* racionais se adquirimos crenças verdadeiras sobre o mundo e tiramos conclusões corretas a partir dessas crenças. Vejamos então como processamos a informação que obtemos no mundo e formamos nossas opiniões sobre o que acontece fora da caverna.

Eternos especuladores

Somos eternos especuladores: estamos sempre criando hipóteses, fazendo suposições sobre algum aspecto do mundo. Observamos um evento ("uma árvore caiu") e nos perguntamos o que o causou ("foi o vento?"). Pensamos em uma ação ou intervenção e queremos saber sua consequência ("se eu lançar esta pedra, espanto o tigre que está me atacando?"). Andamos pelo mundo informalmente testando nossas hipóteses e procurando encontrar relações de causa e efeito que nos permitam explicar a realidade complexa em que vivemos.

Pare para pensar por um momento em como você é capaz de fazer isso. Se fosse possível abrir sua mente e ver seu raciocínio em ação — não as áreas do cérebro acendendo e apagando com os estímulos elétricos que recebem, como em uma tomografia computadorizada, mas ler o "software" que o cérebro "roda", as linhas de código que estabelecem as regras e algoritmos que você utiliza para compreender o mundo ou tomar uma decisão —, como ele seria?

Nos últimos anos muitos pesquisadores se interessaram por essa questão, justamente porque tentavam replicar nossas habilidades de raciocínio em programas de inteligência artificial. Como fazer um computador "entender" o que você fala e responder apropriadamente? Como desenvolver carros que dirigem sozinhos ou algoritmos que diagnosticam o câncer? Como replicar em uma máquina a decisão que uma pessoa tomaria ou, se possível, melhorá-la?

Temos à nossa disposição duas formas de conhecer as coisas: diretamente, quando as observamos em primeira mão, ou através do raciocínio, quando tiramos lições a partir do que sabemos que se aplicam a situações além daquelas que experimentamos. Minha amiga Vera tem uma filha, Ana. Um dia Vera me apresenta seu irmão, Pedro. Eu imediatamente sei que Pedro é tio de Ana. Ninguém me contou esse fato; eu o inferi a partir de uma regra geral que tenho na cabeça desde criança sobre relações de parentesco. Imagine como seria difícil funcionar em um mundo em que não houvesse regras desse tipo: teríamos que, como Funes, o Memorioso, registrar os detalhes das relações de cada par de indivíduos que encontrássemos.

São as regras gerais que fazem nosso raciocínio possível. Como em um "salto mental", elas aumentam enormemente nossa capacidade de compreender as coisas e a estendem para muito além daquilo que nossa vivência limitada nos é capaz de fornecer. Somos capazes de prever que uma pessoa que nunca encontramos, que mora no outro extremo do planeta, ao ser exposta a um novo tipo de coronavírus muito provavelmente ficará doente como nós. Temos confiança de que o sol nascerá amanhã e de que uma planta sem água morrerá, pois podemos aplicar experiências passadas a problemas futuros. A razão é uma máquina poderosa que permite que nossa imaginação viaje no espaço e no tempo e faça previsões sobre pessoas que nunca encontraremos ou eventos que ainda vão se desenrolar.

Quando especulamos sobre o desconhecido, circulamos por uma avenida de duas mãos. Quando partimos de uma regra geral e tiramos conclusões sobre um caso específico, usamos a "dedução". Quando andamos no sentido contrário e tentamos extrair regras gerais dos casos específicos que observamos, nos valemos da "indução".

Considere a afirmação abaixo:

> *Se um ladrão tivesse entrado pela janela da cozinha, haveria pegadas no carpete. Não há pegadas, então o ladrão não entrou pela janela da cozinha.**

Neste caso estamos nos valendo da *dedução*, ou seja, indo do geral para o específico. Se a regra que usamos (a "premissa") de que os ladrões deixariam pegadas ao entrar pela janela for verdadeira, a conclusão (de que o ladrão não entrou pela janela da cozinha) será necessariamente válida também.

Imagine agora que Sherlock Holmes, tentando desvendar o mistério de um assalto, perceba uma pegada no chão da cozinha (um evento específico). Por *indução*, poderia concluir que é provável que tenha sido deixada pelo ladrão ao entrar pela janela da cozinha. A hipótese pode ser bastante provável, mas não é completamente conclusiva: a pegada poderia já estar ali antes, deixada pelo morador da casa no dia anterior, ou ser de um policial descuidado ao investigar o crime. Ao contrário da dedução, a indução pode nos dar pistas melhores ou piores, mas nunca certezas.

A dedução: preservando a verdade

A dedução mora no campo da lógica, que estuda o que conta como bons argumentos. Ela é segura, confiante e nos "garante" a verdade: se as premissas que usarmos forem verdadeiras, e o raciocínio for logicamente válido, as conclusões serão, por definição, verdadeiras

---

* Adaptado de PRIEST, Graham. *Logic*: A Very Short Introduction. Oxford: Oxford University Press, 2017, p. 3.

também. Quando usamos a lógica, inferimos a verdade de uma afirmação a partir de outras com base em sua forma, não de seu conteúdo. Não importa necessariamente o que observamos, mas como raciocinamos.

Para entender melhor, considere a seguinte afirmação: "todos os políticos são mentirosos." Se essa for nossa premissa (algo que *assumimos* como verdadeiro), pelo uso da lógica podemos concluir algumas coisas. Se soubermos que Paulo é político, então poderemos afirmar, com segurança, que ele é mentiroso (afinal, todos os políticos o são). Podemos também fazer o caminho contrário: se soubermos que Paulo *não é* mentiroso, então podemos descartar que a política seja sua profissão. Dizemos que esses argumentos são logicamente válidos, pois decorrem necessariamente daquilo que assumimos como verdade.

Já se invertermos as bolas, cometeremos uma falácia: teremos um argumento que ostenta a aparência superficial de ser verdadeiro, porém é falso. Se, constatando que Paulo é mentiroso, concluirmos que ele é político, estamos tirando uma conclusão precipitada, afinal, mentirosos podem ter muitas outras profissões. Da mesma forma, o fato de Paulo *não ser* político não o torna automaticamente honesto (ele pode ser um golpista profissional, por exemplo). O problema destes dois últimos argumentos é que, mesmo que as premissas sejam verdadeiras, a conclusão não necessariamente segue, já que existem inúmeras explicações alternativas possíveis. São argumentos logicamente inválidos, ou falácias. Como têm estruturas similares às dos argumentos válidos, no entanto, muitas vezes nos deixamos enganar por eles. O trabalho da lógica é separar o joio do trigo.

Se um argumento for logicamente válido, dizemos que ele "preserva a verdade": se as premissas forem verdadeiras, você garante que a conclusão também será. Para refutá-lo, você terá que negar alguma das premissas. No exemplo, o suspeito é óbvio: assumir que *todos* os políticos são mentirosos não parece razoável. Basta que exista um único político honesto para que todo o raciocínio desmorone. Se partirmos de uma premissa equivocada, podemos chegar a conclusões falsas, mesmo que nosso raciocínio seja logicamente perfeito.

A indução: pensando como Sherlock Holmes

Uma forma distinta de pensar ocorre quando usamos a indução. Quando queremos saber por que ficamos doentes, por que o carro quebrou ou quem cometeu o crime, agimos como Sherlock Holmes e partimos das migalhas que encontramos pelo caminho na tentativa de reconstruir a realidade dos fatos.

Quando usamos a indução, partimos daquilo que observamos no mundo à nossa volta e buscamos padrões, construímos imagens sobre como este mundo "deve ser" (nossas hipóteses) e generalizamos, criando regras que podemos aplicar a outras situações. Vemos centenas de árvores verdes em volta de nossa casa, no caminho da escola ou do trabalho, nas praças e parques, nas fotos e filmes de lugares distantes e concluímos que todas as árvores são verdes. Passamos do específico ao geral, de observações pontuais a conclusões e "teorias" sobre como as coisas se dão fora da caverna.

A indução, entretanto, pode nos pregar peças. Por muitos anos, assumiu-se no Ocidente que todos os cisnes eram brancos, já que, ano após ano, ao longo de milênios, todos os animais que os europeus encontravam eram dessa cor. Na Inglaterra no século XVI, a expressão "cisne negro" era usada no linguajar comum para indicar algo que não existe (como hoje diríamos que alguém está "vendo fantasmas" ou "acreditando em duendes"). No entanto, em 1697, exploradores holandeses, desbravando a Austrália Ocidental, encontraram uma coisa curiosa que pôs abaixo tudo o que se sabia sobre o assunto: cisnes que eram completamente negros!

Muitas vezes as generalizações que fazemos a partir da indução funcionam bem, e nos dão bons motivos para acreditar na conclusão. Porém, nunca podemos garantir a certeza ou provar algo de forma conclusiva usando a indução (afinal, um cisne negro pode sempre estar à espreita). O máximo que conseguiremos fazer é dizer que algo é extremamente provável. Mesmo que fosse possível cobrir geograficamente todos os eventos possíveis, mapeando as "Austrálias" e seus cisnes peculiares, nunca será possível varrer da mesma forma o tempo, e, infelizmente, não há garantia que o que aconteceu no passado continuará a acontecer no futuro. Algum dia, o sol não irá nascer (felizmente, isso deve ocorrer só daqui a alguns bilhões de anos).

Apesar de suas limitações, a indução é a arma mais poderosa que temos para conhecer o mundo. Não podemos abrir mão dela: todas as nossas expectativas de como o futuro se desenrolará e todas as leis gerais que fundamentam nosso conhecimento científico na física, na biologia ou nas ciências sociais vêm dela. Por depender da indução, a ciência, como colocado no capítulo 1, nunca tem certezas absolutas, apenas verdades provisórias. Observar um grande número de cisnes brancos nunca é capaz de *comprovar* a hipótese de que "todos os cisnes são brancos". Entretanto, um único cisne negro é suficiente para abalá-la por completo. Não é possível provar categoricamente uma verdade, apenas refutar uma mentira. Esse é o primeiro mandamento do pensamento científico.

O filósofo Karl Popper (1902-1994), nos anos 1930, chamou essa visão de *falsificacionista*. Para Popper, a ciência se diferenciaria das demais formas de conhecimento porque as proposições que faz sobre o mundo podem, em tese, ser provadas falsas (ou *falseadas*) por meio de experimentos científicos. Todas as teorias seriam, dessa forma, verdades transitórias, tendo até o momento resistido à tentativa dos cientistas de falsificá-las. A única certeza que a ciência nos dá é, portanto, a certeza da ignorância.*

O mesmo vale para o conhecimento informal que adquirimos no cotidiano, que quase sempre se dá por indução. Vamos juntando indícios e formando opiniões, mas nunca podemos ter certeza de que chegamos à verdade incontestável. Algumas de nossas ideias e opiniões são mais bem embasadas, outras menos, e vamos revisando nossas crenças conforme novas informações se revelam para nós. Como vimos, porém, estamos sujeitos ao "viés de confirmação" e procuramos ativamente evidências que "provem" que nossas hipóteses iniciais estavam corretas, em vez de tentar refutá-las, o que nos faz péssimos popperianos. Estarmos atentos aos "cisnes negros" que podem nos provar errados é importante se quisermos melhorar a qualidade das crenças que cultivamos.

Por fim, se não podemos provar que um argumento indutivo é absolutamente verdadeiro, como separamos então os bons dos maus argumentos? A indução trabalha no universo da probabilidade: um bom argumento indutivo é aquele que aumenta substancialmente a chance de que a conclusão seja verdadeira. Sobre algumas hipóteses ("o sol nascerá amanhã?") podemos ter altíssima confiança, enquanto outras ("existe vida inteligente em outros planetas?") são frágeis, dadas as informações que temos disponíveis no momento, e justificam um ceticismo cauteloso. A estatística é a ciência que nos permite fazer julgamentos probabilísticos desse tipo e determinar graus de confiança sobre as hipóteses que levantamos. Voltaremos a esse assunto no capítulo 10.

---

* BLAUG, Mark. *Economic Theory in Retrospect.* 5th revised edition. Cambridge, 1997, p. 12.

Maus argumentos

Adquirimos nossas crenças e tiramos nossas conclusões sobre o mundo não isoladamente, mas interagindo com as pessoas ao nosso redor: lendo, ouvindo, debatendo. Para que nossas crenças sejam justificadas, precisamos saber diferenciar bons de maus argumentos. Frequentemente terceiros nos tentam convencer de determinado ponto de vista ou persuadir a tomar certa decisão apresentando razões, e precisamos saber diferenciar as razões legítimas, que fazem algum sentido, daquelas que são falsas ou precárias.

Os filósofos, ao estudarem o que constitui um raciocínio válido e uma boa argumentação, documentaram várias falácias comuns, armadilhas que fazem certos argumentos parecerem verdadeiros sem que na verdade sejam. Falácias são perigosas porque nos levam a tirar conclusões erradas sobre o que sabemos, ou permitem que outros nos convençam de suas ideias equivocadas. Vale a pena conhecê-las para poder reconhecer maus argumentos — em nós mesmos e nos outros.

Uma das falácias mais comuns é conhecida entre os filósofos como “afirmação do consequente”. Imagine que saibamos que pacientes com Covid-19, com frequência, têm febre. Você amanhece com febre. É possível deduzir logicamente que você está com Covid-19? É claro que não, já que existe um grande número de outras doenças que têm como sintoma também a febre. Nossa mente, porém, não é tão cautelosa, e quando nos damos conta já estamos certos do diagnóstico. Agimos um pouco como o hipocondríaco da piada, que diz ao médico: “Doutor, estou convencido de que tenho câncer no fígado. Pesquisei na internet os sintomas da doença, e os tenho todos!” O médico, pacientemente, explica que isso não é possível, já que câncer no fígado costuma, no início, não apresentar qualquer sintoma. Ao que o hipocondríaco responde prontamente: "Exatamente o que estou sentindo!"

Cometemos o erro de "afirmar o consequente" quando invertemos o sentido de uma afirmação condicional ("Se A então B..."). Partimos da premissa "se jogarmos bem esta partida, ganhamos", por exemplo, e concluímos que, "se ganhamos, é porque jogamos bem", o que é algo bem diferente. Nossa vitória pode muito bem se dever a uma péssima performance do time adversário, à sorte ou a um erro do árbitro. No discurso cotidiano, porém, é fácil trocar as bolas.

Outra falácia recorrente, que atormenta quem tenta fazer um acompanhamento isento dos temas mais polêmicos na atualidade, é a falácia do "preto ou branco". Os que a adotam tentam fazer o mundo se encaixar em categorias extremas preconcebidas, criando uma falsa dicotomia de forma que pareça haver apenas duas conclusões possíveis quando, na verdade, há uma série de possibilidades intermediárias. Raciocínios do tipo "ou você está comigo ou está contra mim", tão comuns em debates políticos polarizados, são exemplos de falácias desse tipo.

Uma parte do mundo é efetivamente preta ou branca, "sim ou não" (não é possível estar ligeiramente grávida), mas a maioria dos problemas sociais, econômicos, políticos ou ambientais que entram na arena para o debate não é discreta (A *ou* B), mas contínua, variando em grau ao longo de uma longa régua, com A e B nos extremos. É possível ser mais ou menos pobre, mais ou menos velho ou mais ou menos feliz; o planeta pode estar aquecendo qualquer coisa entre nada e 10 graus; uma política pública pode funcionar apenas parcialmente, e assim por diante.

Por vezes, é necessário estabelecer um limite para categorizar variáveis contínuas, um valor de corte a partir do qual uma regra legal se aplica, por exemplo, como o limite de 18 anos para que se possa beber ou dirigir, ou o limite de velocidade de 120 quilômetros por hora nas estradas. Repare que muitos dos limites que usamos são arbitrários: países diferentes frequentemente estabelecem critérios distintos para a maioridade ou para os níveis máximos de velocidade. Alguns são inclusive bastante polêmicos: quantas doses de bebida alcoólica se pode consumir sem que a capacidade para dirigir fique comprometida? Quando exatamente começa a vida e até quantas semanas de gravidez o aborto será permitido? Qual a idade mínima para que se possa ter direito à aposentadoria pública?

Em alguns casos, o limite é estabelecido por convenção, para evitar discussões desnecessárias, ou para facilitar a classificação de objetos, animais ou eventos (a baleia é considerada um mamífero, apesar de partilhar muitas características com os peixes). Nesses casos, ele simplifica o entendimento e a comunicação. Em outras situações, porém, o limite é intencionalmente definido para reforçar um ponto. Qual o critério para definir o que é extrema pobreza? Ou desigualdade de renda? Usar critérios mais ou menos rígidos, mudando a baliza de lugar, é um truque barato usado para que os dados pareçam fundamentar qualquer narrativa que se queira transmitir.

Cinquenta tons de cinza

A falácia do "preto ou branco" torna-se particularmente perversa quando usada para nos convencer de que nossas escolhas são limitadas a *um* de dois extremos. A discussão torna-se um embate entre times, e você é forçado a escolher um dos lados. Frequentemente, porém, a realidade em questão é muito mais sutil do que nos querem fazer crer, e entre o preto e o branco existem cinquenta tons de cinza. Ao limitar nossa escolha aos extremos do sim ou não, quem faz um argumento desse tipo está, na verdade, nos roubando a possibilidade de diversos cenários intermediários que nos poderiam ser bem mais palatáveis.

Além de tolher nossa liberdade de escolha, pensar em preto e branco com frequência leva a decisões erradas, pois os extremos tendem a não ser soluções ótimas. Isso porque não há escolha sem perda: para obtermos algo que desejamos, temos que necessariamente abrir mão de outra coisa que nos é valiosa. Toda decisão tem um custo. Quando usamos aplicativos que registram nossas informações pessoais para nos dar recomendações mais precisas em assuntos que nos interessam, por exemplo, estamos abrindo mão de parte de nossa privacidade em troca de um pouco mais de comodidade. Existe, porém, um ponto a partir do qual esse *trade-off* entre privacidade e comodidade não nos atende mais. Podemos considerar, por exemplo, que um aplicativo que venda nossas informações para alimentar programas de reconhecimento facial de um governo estrangeiro não merece receber nossos dados, mesmo que nos ofereça em troca serviços que apreciamos. Para escolher esse ponto ótimo até onde desejamos ir, precisamos ponderar os custos e benefícios de cada alternativa. Se "privacidade" e "comodidade" são os dois extremos em nossa régua, temos que ajustar um botão giratório hipotético, como um *dial* daqueles que usávamos para encontrar estações de rádio antigamente, de forma a encontrar nossa música preferida.

Conforme giramos o *dial* para a direita, abrimos mão de um pouco de privacidade em troca de mais comodidade. Faremos isso enquanto os benefícios oferecidos pelo aplicativo forem maiores do que os custos com os quais arcamos por abrir mão de nossas informações pessoais. Quando deixarem de ser, paramos.

Esses benefícios e custos, porém, não são sempre constantes. Para entender por quê, imagine que você tenha vagado pelo deserto por dois dias sem comida ou água e, finalmente, chegue a um oásis. Um morador local, vendo você quase morto de sede, lhe oferece um copo de água. Qual o valor desse copo para você? Quase infinito, afinal ele salvou sua vida! Você trocaria sua casa, seu camelo, tudo o que tem por ele, certo? O morador, prestativo, continua a lhe oferecer copos de água. O segundo copo é ainda muito valioso para você, bem como o terceiro. Mas qual será o valor do vigésimo copo de água? Muito menor, não? Talvez você não estivesse disposto a pagar nada por ele. As coisas tendem a se tornar proporcionalmente *menos* valiosas conforme obtemos mais delas.

Os benefícios que experimentamos para grande parte dos produtos, serviços ou até políticas públicas tendem a ser extremamente altos no início, quando os temos em pequenas doses, e tendem a cair conforme obtemos mais deles. Uma consequência desse princípio é que escolhas extremas tendem a ser muito caras: o custo de abrir mão *completamente* de um dos dois atributos (privacidade, por exemplo) dificilmente será compensado pelo incremento que teremos no outro (um pouco mais de comodidade).

Desconfie, portanto, de argumentos que simplifiquem exageradamente a realidade e a apresentem como uma bifurcação incontornável: em geral, são falsos dilemas, que têm como objetivo convencê-lo de que os extremos são as únicas alternativas possíveis quando, na verdade, nosso cardápio é bem mais amplo, e muitas vezes os melhores pratos estão justamente no meio do caminho.

Quando uma bicicleta deixa de ser uma bicicleta

Uma forma de perceber as contradições inerentes a tentar encaixar variáveis contínuas, cheias de nuances intermediárias, em um mundo em preto e branco, com duas opções apenas, é levar o raciocínio adiante até o fim. Imagine que na sua frente haja um monte com um milhão de grãos de areia. Se você remover um grão da pilha, ainda terá um monte. Se remover um segundo grão, continuará com um monte. Porém, se fizer isso 999.999 vezes, terminará com apenas um grão, o que obviamente não pode mais ser chamado monte. Quando exatamente o monte deixou de ser um monte? Esse problema, proposto pelo filósofo grego Eubulides de Mileto, é conhecido em lógica como paradoxo *sorites* (termo que significa "monte" em grego).

O exercício mental de Eubulides pode ser aplicado a diversas situações. Se você substituir uma peça de sua bicicleta, ela continuará sendo a mesma bicicleta. Mas, se se você for substituindo aos poucos todas as peças até que não reste nenhuma peça original, ela se tornará outra bicicleta? E se você pegar as peças usadas que descartou e com elas construir uma segunda bicicleta, qual das duas será a bicicleta original?

Remover um fio de cabelo não o faz careca, mas repetir a mesma ação milhares de vezes sim. Um dia a mais de vida não faz uma criança deixar de ser criança, mas após um número suficiente de dias ela se torna um adulto. Exatamente quando um pouquinho mais deixa de ser quase nada e faz a gangorra pender, mudando tudo? Como nossa linguagem é vaga, não há um limite claro que estabeleça quando uma pilha de areia deixa de ser um monte, ou quão pouco cabelo torna você careca.

A rampa escorregadia

Levar um argumento adiante até as últimas consequências pode tornar-se uma tarefa capciosa, como no caso do Alienista do conto de Machado de Assis, que, ao tentar encarcerar sem piedade todos os que mostravam algum sinal de loucura, acaba por prender a si mesmo. O fictício dr. Simão Bacamarte é um bem-intencionado médico que, apesar de sua obsessão pelo trabalho e excessivo rigor, está disposto a rever suas teorias em busca da verdade sobre a loucura. A estratégia, porém, é muitas vezes usada intencionalmente em discussões com a finalidade de distorcer a realidade e convencê-lo de que a posição defendida é a única possível, do contrário a "calamidade ou a baderna" se instaurariam.

No campo da lógica, ela é chamada de falácia da "bola de neve", argumento da "ladeira escorregadia" ou "efeito dominó" e consiste em assumir que, se você faz um pequeno movimento em determinada direção, é impossível não ir até o fim. "Se deixarmos que a China compre determinada empresa, estaremos nos sujeitando a sermos para sempre controlados por Pequim." "Legalizar a eutanásia é o primeiro passo para aceitar o homicídio." "Se legalizarmos o aborto, logo teremos que legalizar também o infanticídio. "Argumentos do tipo "não podemos dar o primeiro passo" ou "isso é só o começo" tendem a apelar para esse tipo de raciocínio, e são bastante comuns.

A ladeira escorregadia na maioria das vezes é uma metáfora imperfeita, já que frequentemente a descida não é automática e podemos interrompê-la no momento que desejarmos. Ela é usada, porém, para nos convencer — erroneamente — de que aceitar uma prática relativamente inócua é perigoso porque pode inevitavelmente levar à legitimação de condutas altamente indesejáveis.*

* Baseado em WARBURTON, Nigel. *Pensamento crítico de A a Z*: uma introdução filosófica. Rio de Janeiro: José Olympio, 2011, p. 39.

Pensando por analogias

Pensar aplicando metáforas como a da ladeira escorregadia é tentador, mas também uma fonte de autoengano. Muitas vezes escolhemos analogias que não são apropriadas, ou as distorcemos para que atuem a nosso favor. Um exemplo é a falácia de Van Gogh, que segue mais ou menos assim:

> *Van Gogh foi pobre e incompreendido em vida, no entanto hoje é reconhecido como um grande artista: eu sou pobre e incompreendido, então eu também acabarei reconhecido como um grande artista.**

O raciocínio é obviamente falso: quase todas as pessoas pobres, incompreendidas e não reconhecidas *não* se tornaram grandes artistas. Algumas versões mais modernas da falácia, porém, são bastante comuns no discurso cotidiano. "Steve Jobs e outros gênios bilionários do Vale do Silício não terminaram a faculdade" é um argumento que ouço com alguma frequência de estudantes universitários que querem justificar que sua decisão de largar a faculdade para abrir uma startup lhes trará maiores chances de sucesso profissional.

A personificação dos argumentos muitas vezes faz com que sejam criticados ou defendidos pelos motivos errados. A falácia das "más companhias" consiste em atacar uma posição unicamente porque ela já foi sustentada por alguém perverso ou estúpido. O argumento pode ser efetivo no campo da retórica, desmoralizando ou constrangendo o oponente, mas sua solidez lógica é questionável: algo não se torna falso apenas porque contava com o apreço de Hitler, por exemplo. Certamente o Führer acreditava

---

* WARBURTON, Nigel. *Pensamento crítico de A a Z*: uma introdução filosófica. Rio de Janeiro: José Olympio, 2011, p. 100.

que 2 + 2 são 4, e nem todos os seus crimes podem desmerecer essa verdade matemática.

O caminho contrário também pode ser ardiloso: motivos virtuosos por parte de quem defende um argumento não o tornam automaticamente verdadeiro. Erros bem-intencionados podem contar com o benefício da dúvida no campo da justificação, mas são apenas erros, e podem levar a consequências tão desastrosas quanto ações propositalmente perversas. Entre 1958 e 1962, 45 milhões de chineses morreram de fome — a maior tragédia desse tipo na história recente — como consequência direta do plano implementado por Mao Tsé-Tung conhecido como "Grande salto para a frente", que tinha o nobre objetivo de transformar o país em uma nação desenvolvida e igualitária em tempo recorde.

Da mesma forma, tomar a opinião da maioria ou do consenso como fonte de verdade (a falácia "democrática") pode ser perigoso. Apesar de todas as virtudes da democracia como regime político que garante que todos os cidadãos tenham igual representação na escolha dos que exercem o poder, o voto sobre um tema específico qualquer não garante a revelação da verdade. Em muitas situações e para diversos assuntos, as pessoas são mal informadas, crédulas demais ou simplesmente se deixam iludir por ideias tentadoras, porém falsas. Portanto, aceitar suas opiniões como fonte de verdade não é uma boa estratégia. Afinal, por milhares de anos a grande maioria das pessoas acreditava fielmente que o mundo era plano, que germes não existiam e que os oceanos eram povoados por criaturas tenebrosas que engoliam embarcações. Para assuntos objetivos e complexos, é melhor se apoiar em uma minoria de especialistas informados, que se dedicaram a analisar os dados a fundo, do que nas percepções precipitadas de leigos que formam suas opiniões com base em fragmentos de informações colhidas na mídia ou recebidas de influenciadores.

Recentemente, a figura do especialista vem sendo questionada por políticos populistas que os retratam como figuras elitistas sem legitimidade por não terem sido eleitas pelo povo — não democráticas, portanto. Cada vez mais, o povo vem sendo chamado a opinar em referendos sobre temas complexos, para o qual não tem necessariamente toda a informação para tomar uma decisão bem fundamentada. A democracia e o voto majoritário são fundamentais em diversas situações, mas não em outras. Um piloto de avião abrir uma votação entre os passageiros sobre a necessidade de um pouso de emergência claramente não é uma boa ideia.

A fumaça da retórica

Quando estudamos "retórica" — ou a arte da persuasão —, percebemos que alguns argumentos parecem sair-se bem no ringue das discussões, convencendo um grande número de pessoas, sem que sejam consistentes do ponto de vista lógico. Temos que estar atentos a esses artifícios para não nos deixarmos enganar por uma boa lábia.

Em particular, temos uma "queda" por argumentos que recorrem ao peso da autoridade ("tal pessoa importante pensa assim"), que são vagos ("pesquisas mostram que..."), pseudoprofundos ou cheios de jargão, isto é, que usam de uma linguagem desnecessariamente obscura com o objetivo de fazer um assunto parecer mais difícil do que de fato é.

Às vezes usamos artifícios desonestos para diluir a força de um argumento contrário: criamos caricaturas exageradas do ponto de vista oposto (os chamados "espantalhos"), para que possamos mais facilmente derrubá-lo. Nos esquivamos das falhas em nosso raciocínio encontrando "companheiros na culpa" ("mas todo mundo faz isso...”), ou replicamos uma crítica voltando o argumento contra o oponente e acusando-o de hipocrisia (“olha quem fala! Você já fez algo parecido!”). Por fim, temos uma tendência a levar a briga para o lado pessoal e, em vez de discutir as ideias propriamente ditas e encontrar falhas na argumentação de nosso oponente, atacamos seu caráter ou suas intenções (“lógico que você diria isso, afinal é de seu interesse...”).

Em geral, aprimoramos nossa capacidade de efetivamente compreender o mundo quando somos capazes de julgar os argumentos em si, por seus próprios méritos, não importa quem os defende. O que está sendo dito é mais importante do que quem diz. Por certo, autoridades naquele assunto específico devem ser ouvidas, já que, como existe uma divisão do trabalho intelectual de conhecer o mundo, nosso conhecimento dificilmente superará aquele de um especialista que dedica sua vida a estudar um assunto. Porém, mesmo nesses casos tendemos, por vezes, a ser excessivamente deferentes, e depositar confiança nas opiniões de autoridades mesmo quando estas palpitam sobre assuntos fora de sua área de atuação.

Nossa capacidade de avaliar argumentos por conta própria e de analisar objetivamente a evidência existente depende, com frequência, de estabelecermos relações de causa e efeito. Uma determinada política pública foi realmente responsável pela redução da pobreza? Ou esta se deveu a algum outro fator? O uso recreacional da maconha é nocivo à saúde e pode ser uma porta de entrada para o vício em outras drogas? Ou ela é inofensiva ou mesmo benéfica no tratamento de certas condições? Para respondermos a perguntas desse tipo, precisamos entender melhor o que é causalidade, tema do próximo capítulo.

Para lembrar na hora da decisão:

✓ O ponto de partida da boa decisão é entender o que está realmente acontecendo fora da caverna. Busque fontes confiáveis de informação e saiba separar argumentos sólidos de falácias e ruídos.

✓ Lembre-se: raramente há certezas; nosso conhecimento se dá por aproximação. Cisnes negros sempre podem estar à espreita, por isso esteja atento aos sinais que possam indicar que você estava errado. Nosso cérebro tende a varrer esses indícios indesejados para baixo do tapete.

✓ Fique alerta para reconhecer falácias (argumentos que parecem verdadeiros, mas não são) e falsos dilemas: o mundo não é preto ou branco, as ladeiras não são necessariamente escorregadias, e escolhas extremas tendem a ser muito caras.

✓ Lembre-se de que o que é dito é sempre mais importante do que quem diz. Devemos julgar os argumentos por seus próprios méritos, independentemente de quem os defende. Más companhias não tornam um argumento automaticamente falso, bem como motivos virtuosos ou o clamor da maioria não o fazem verdadeiro.

capítulo 7

ENSINANDO UM ROBÔ A SUBIR A ESCADA

Nosso cérebro foi feito para nos permitir agir e responder às situações com as quais nos deparamos no mundo. Ele é capaz de fazer isso por ser uma máquina obcecada por responder a uma pergunta: por quê? Por que os objetos caem? Por que a plantação não vingou? Por que choveu? Por que as ações na bolsa se desvalorizaram? Por que o novo produto que lançamos não vendeu? Por que ficamos doentes e morremos?

Para dar sentido ao conjunto enorme de dados desordenados que nossos sentidos captam é preciso organizar os fatos crus que observamos, extraindo deles algum conhecimento útil. Fazemos isso procurando encontrar relações de causa e efeito em tudo o que vemos. São essas relações causais que compõem grande parte daquilo que realmente sabemos, as regras que "conectam" esses inúmeros fatos em uma rede intricada de relações. Como em um quebra-cabeça, ao organizarmos as peças, a figura aos poucos aparece. A causalidade é o cimento que mantém nossa realidade de pé.

Essa compulsão por explicar tudo o que vemos é extremamente útil, pois nos permite encontrar regularidades, prever acontecimentos e alterar o mundo de forma que nos convenha. Às vezes, porém, exageramos e acabamos enxergando relações causais onde elas, na verdade, não existem. Tiramos conclusões precipitadas, cultivamos superstições, acreditamos em teorias da conspiração. É importante, portanto, entender melhor como nossa mente faz para lidar com causas e efeitos e, em especial, pensar sobre como, objetivamente, podemos saber com alguma segurança o que causa o quê.

Seu controle remoto pessoal

Os cientistas perceberam quão realmente avançada é nossa habilidade de administrar causas e efeitos quando tentaram replicá-la em computadores, criando o que chamamos de "inteligência artificial". Como explica um dos expoentes da área, o cientista da computação Judea Pearl, o campo da inteligência artificial está repleto de minidescobertas — o tipo de coisa que gera bons *press releases* —, mas as máquinas estão ainda muito distantes de qualquer coisa que se assemelhe à cognição humana.* Em geral, elas executam relativamente bem tarefas bastante específicas e limitadas quando alimentadas com grandes quantidades de dados, como indicar o melhor caminho até o seu escritório, mas estão muito longe de serem os "resolvedores universais" de problemas, conscientes e "inteligentes", da ficção científica. Se você teve recentemente a experiência de conversar com a Siri ou a Alexa, certamente percebeu que elas estão ainda distantes de serem HAL 9000 do filme *2001: uma odisseia no espaço*. Elas podem ajudá-lo a tocar uma música, fazer uma ligação ou responder como está o tempo lá fora — e, por vezes, suas respostas absurdas oferecem bons motivos para piadas —, mas não

---

* PEARL, Judea; MACKENZIE, Dana. *The Book of Why*: The New Science of Cause and Effect. Basic Books, 2018, p. 30 (tradução livre).

tiram suas próprias conclusões sobre como as coisas devem ser, nem planejam e executam estratégias como o vilão virtual do filme de Stanley Kubrick.

Pense um pouco em como é sofisticado nosso raciocínio causal. Como em um filme, podemos passar a realidade "para a frente" e "para trás" apertando as setas apropriadas no controle remoto de nossa mente. Raciocinamos "para a frente" quando prevemos os efeitos de algo que observamos. Fazemos isso para eventos reais ("O céu está cheio de nuvens; melhor procurar abrigo porque vai chover"), mas também para eventos hipotéticos, quando planejamos nossas ações ("Bater com um machado nesta árvore a fará cair?").

O mais curioso, porém, é que temos a capacidade de fazer também o movimento contrário: além de prever o futuro, explicamos o passado. Observamos um efeito, e tentamos descobrir o que o causou. É o que faz o médico quando observa os sintomas de um paciente e tenta diagnosticar a doença que os provocou, ou o mecânico quando quer saber o que há de errado com seu carro. Esse raciocínio "para trás" é muito mais complexo, e não está claro que nenhum outro animal o faça. A habilidade de rebobinar o mundo é o que fazemos de melhor, e o que nos torna excepcionalmente competentes em conseguir o que precisamos.

Na verdade, grande parte do benefício que extraímos do uso da linguagem — outra especialidade impressionante do cérebro humano — se relaciona a transmitir essas relações de causa e efeito entre pessoas e entre gerações. As histórias que ouvimos na infância, os contos de fada, a literatura, os heróis do cinema e as lendas urbanas são uma forma muito efetiva de partilhar lições e dividir experiências: o que é perigoso? Em quem devemos confiar? O que conseguimos fazer? Boas histórias nos "explicam", desde cedo, como o mundo funciona e nos dão repertório para avançar ou retroceder o filme da realidade quando precisarmos.

Um robô que suba a escada?

Pearl estudou profundamente a questão da causalidade na tentativa de entender como construir sistemas de inteligência artificial que se assemelhem às impressionantes habilidades dos seres humanos. De forma didática, ele propõe que a habilidade cognitiva pode ser dividida em três níveis: observação, intervenção e imaginação.*

O degrau mais baixo da escada consiste simplesmente em observar o ambiente e detectar regularidades. Por milhares de anos fizemos isso de modo intuitivo, exatamente como fazem muitos animais, percebendo correlações entre as coisas e aprendendo por associação.

Nos últimos dois séculos desenvolvemos maneiras muito mais sofisticadas de "ver" o mundo. A estatística nos forneceu métodos elaborados para reduzir um grande conjunto de dados e identificar associações entre variáveis, tais como regressões e coeficientes de correlação. Mais recentemente, sistemas de *machine learning*, como o Watson da IBM, deram aos computadores a capacidade de aprender associações observando não apenas números, mas também imagens e outros tipos de dados. Em vez de serem programados previamente com um conjunto de regras sobre como processar os dados que receberão, esses sistemas partem dos próprios dados e descobrem eles mesmos as regras sobre como melhor processá-los, aprendendo com associações passadas. Por exemplo, o Watson foi alimentado com milhares de mamografias reais, bem como com os respectivos laudos de médicos humanos com o diagnóstico sobre se se observava ou não um tumor naquela imagem. A partir desse

---

* PEARL, Judea; MACKENZIE, Dana. *The Book of Why*: The New Science of Cause and Effect. Basic Books, 2018, p. 28 (tradução livre).

banco de dados, o sistema sozinho encontrou regras que lhe permitiram analisar novos exames e propor, com sucesso, diagnósticos corretos.

Apesar de extremamente elaborados, Pearl coloca a maioria dos sistemas de *machine learning* que temos hoje no primeiro degrau de sua escada cognitiva: por mais sofisticados que pareçam alguns softwares desse tipo, eles continuam se baseando nas ferramentas estatísticas tradicionais para coletar e analisar dados existentes.

Considere o AlphaGo, programa de *machine learning* homenageado com um documentário da Netflix com o mesmo nome. O AlphaGo foi desenvolvido pelo Google com o único objetivo de jogar partidas de Go. Go é um antiquíssimo jogo chinês em que os jogadores posicionam alternadamente pedras pretas e brancas em um tabuleiro. Tido como um dos jogos mais complexos do mundo, com um número de estratégias possíveis ainda maior do que no xadrez, o Go se tornou um paradigma no embate entre o cérebro humano e a máquina porque não pode ser vencido pela "força bruta" computacional. Não basta ao programa seguir regras; ele precisa aprender a interpretar padrões em um sistema que tenta simular o aprendizado humano.

O documentário da Netflix mostra, com boas doses de drama, como o AlphaGo conseguiu a proeza de vencer o jogador profissional coreano Lee Sedol, um dos campeões mundiais no jogo. O telespectador desavisado seria perdoado se, após a assistir ao filme, concluísse que a mente humana foi, enfim, suplantada pelo computador. Por mais impressionante e sofisticado que seja o programa, porém, ele nada mais faz do que vasculhar um imenso banco de dados com 30 milhões de jogadas passadas de Go, feitas por especialistas de carne e osso, e calcular, a cada rodada, o movimento associado ao maior percentual de vitórias nesses jogos passados. Como no caso do xadrez, o programa nada mais é que o "fantasma de mestres humanos do passado", uma grande memória virtual das estratégias que pessoas reais usaram anteriormente que pode ser vasculhada à velocidade da luz.

Tal como os modelos estatísticos convencionais, as novas ferramentas de *machine learning* ficam mais precisas quanto mais dados coletam, mas seus olhares estão sempre no passado; elas não têm flexibilidade para lidar com situações novas. Como afirma Pearl, um sistema de inteligência artificial desenvolvido para dirigir um carro não saberá que um pedestre com uma garrafa de uísque na mão tende a ter reações diferentes do pedestre típico, a não ser que o programador especifique isso explicitamente.

Mais ainda, quando se opera no modo "observação e associação" do primeiro degrau da escada — seja um animal, uma pessoa, um modelo estatístico ou um avançado programa de *machine learning* — não é possível separar o que é causa, o que é efeito e o que não passa de coincidência. Dados podem se correlacionar por diversos motivos, e o fato de se moverem juntos não significa necessariamente que um seja a causa do outro. Afinal, o sol não nasce porque o galo cantou. "Correlação não é causalidade" é o mantra repetido na primeira aula de qualquer curso introdutório de estatística. Falaremos sobre esse importante ponto mais à frente.

Subindo um degrau: a intervenção

Subimos um degrau da escada cognitiva de Pearl quando começamos a mudar o mundo: não apenas observamos o que existe, mas fazemos uma *intervenção* deliberada que altera algum elemento importante. Quando usamos uma ferramenta planejando obter um resultado — uma faca para abrir uma fruta ou uma enxada para arar a terra —, modificamos intencionalmente o ambiente. Poucas espécies de animais, além do homem, são capazes de fazer isso.

Crianças pequenas aprendem relações de causa e efeito experimentando ações sobre o mundo — mexendo, empurrando, batendo, jogando —, como sabe qualquer um que já tenha tentado alimentar um bebê de 8 meses que se diverte cuspindo sopa pelo chão e pelas paredes. Da mesma forma, um vendedor faz uma intervenção quando baixa o preço de seu produto para ver quanto suas vendas aumentam. Cientistas fazem experimentos alterando algum elemento da realidade — dando a você um remédio, por exemplo, para verificar como seu corpo responde. Empresas como Netflix, Facebook e diversos sites de *e-commerce* fazem os chamados testes A/B, alterando a apresentação de suas páginas (a foto que aparece para ilustrar um determinado filme no seu serviço de *streaming*, por exemplo), em busca da versão que mais atrai o interesse dos usuários. Quando nos perguntamos "e se fizermos isso?", estamos subindo para o segundo degrau na escada cognitiva.

Intervenções e experimentos nos permitem responder a perguntas que estavam além de nossa capacidade no primeiro degrau, quando apenas coletávamos e organizávamos os dados observados, porque intervenções, se bem-feitas, nos possibilitam deixar "tudo o mais constante" e alterar *apenas* a variável que nos interessa.

Eventos no mundo real podem ter múltiplas causas. Provar que o cigarro aumenta a incidência de câncer de pulmão olhando dados coletados passivamente é mais difícil do que parece à primeira vista: é possível que os fumantes tenham também outros hábitos nocivos (se preocupem menos com a saúde em geral, não se exercitem tanto, se alimentem pior...), e estes sejam na verdade a causa do problema. É possível também que haja um gene específico que aumente a inclinação de uma pessoa a fumar *e também* sua propensão a ter câncer, sendo que a doença apareceria de toda forma mesmo que o paciente não tivesse fumado. Os dados e correlações nos parecerão novelos emaranhados, e encontrar as pontas para desembaraçar a confusão pode ser tarefa complicada. Mesmo que se colete uma enorme quantidade de dados, nem sempre é possível encontrar o fio da meada para obter a reposta que procuramos.

Em outras situações, os dados passados são inúteis, pois justamente as informações de que precisamos não existem em nossos bancos de dados. Imagine que queiramos entender o que aconteceria em uma situação nunca experimentada antes: um produto novo vai "pegar"? Uma nova promoção vai funcionar? Mesmo quando a situação estudada não é completamente inédita, o contexto agora pode ser completamente diferente: "No passado subimos o preço do produto que vendemos e as vendas não caíram, mas será que não foi porque, naquela época, a economia estava mais aquecida? Ou porque não tínhamos esse novo concorrente chinês? Ou porque fizemos simultaneamente aquela propaganda na TV?"

Em economia, por exemplo, a próxima crise nunca é igual à anterior. Milhões de variáveis se alteram a cada dia, se influenciando mutuamente, de forma que é difícil isolar todos os efeitos e reconstruir seus caminhos. As peças do mundo real tendem a se mexer todas ao mesmo tempo, como em um móbile desses que colocamos sobre os berços dos bebês. Um puxão aqui faz o conjunto todo se reequilibrar de formas que, por vezes, são difíceis de prever. Um aumento no déficit do governo vai levar a mais inflação no futuro? Uma desvalorização do câmbio vai forçar o governo a aumentar as taxas de juro? E como fica tudo isso em um cenário de crise econômica muito severa, fruto de uma pandemia grave como nunca antes experimentamos, quando as taxas de juros mundiais são negativas? Você pode revirar os maiores bancos de dados do planeta — e economistas são meticulosos em levantar, organizar e analisar uma multidão de dados de todos os tipos — e, mesmo assim, não vai achar respostas para essas perguntas.

Como coloca Pearl, dados são profundamente estúpidos. Não podem nos dizer "por quê". Eles sempre serão apenas uma amostra finita de uma população teoricamente infinita, e esta pode muito bem não ser representativa para o problema em questão, assim como a amostra dos europeus quando o assunto era a cor dos cisnes. Nunca sabemos se podemos extrapolar com segurança o que aconteceu no passado. Fica o alerta aos entusiastas do *big data*, que acreditam que toda a verdade pode ser encontrada nos dados, bastando truques estatísticos mais avançados para extraí-la.

O topo da escada: o contrafactual

O degrau mais elevado da escada cognitiva de Pearl é, curiosamente, o da imaginação. Para respondermos a grande parte das perguntas mais interessantes e relevantes que surgem, precisamos voltar no tempo, mudar a história e perguntar "o que teria acontecido se as coisas tivessem sido diferentes?". Chamamos de "contrafactual" uma situação ou evento que não aconteceu, mas poderia ter acontecido.

Nenhum experimento no mundo pode negar tratamento a um paciente já tratado, desfazer uma compra já feita ou transformar um fumante de 20 anos em um não fumante. Esta, porém, é justamente a informação de que precisamos: se pudéssemos pôr frente a frente uma pessoa e seu clone exato, idêntico em todos os aspectos menos um — ter sido ou não fumante ao longo da vida, por exemplo —, poderíamos então isolar o efeito do cigarro de todos os outros e medir, com segurança, eventuais danos que causem aos pulmões. Como não temos máquinas do tempo ou (ainda) não clonamos pessoas, nos contentamos com o "segundo melhor": recriamos essa situação em nossa imaginação.

Pearl afirma que os contrafactuais mantêm uma relação problemática com os dados porque os dados são, por definição, fatos. Eles não podem nos dizer o que aconteceria em um mundo imaginário quando alguns dos fatos observados são negados. Mas, surpreendentemente, o cérebro humano faz isso todos os dias de forma bastante confiável. E se tivéssemos dito ou feito outra coisa? E se a empresa tivesse usado uma estratégia diferente? E se o jogador tivesse passado a bola em vez de chutar ao gol? Funcionamos muito bem no mundo do "e se?", o que nos distingue de todos os outros animais e de qualquer sistema de inteligência artificial já inventado.

Essa habilidade de saltar para o mundo da imaginação está no cerne das maiores conquistas da humanidade, da ciência aos códigos morais: "Toda teoria filosófica, descoberta científica ou inovação tecnológica precisou ganhar corpo na imaginação de alguém antes de ser realizada no mundo real."* Grandes gênios como Albert Einstein e Thomas Edison são dotados de imensa criatividade, e podem conceber dentro de suas mentes realidades imaginárias que depois se transformam em teoremas da física, lâmpadas ou telefones.

As próprias leis científicas são, de certo modo, peças de ficção que generalizam relações para situações hipotéticas que nunca aconteceram no mundo real. A teoria da gravidade prevê como dois corpos se atrairão, estejam eles na macieira do seu quintal ou nas luas de Júpiter, mesmo que nenhum homem jamais tenha estado por lá. A química prevê como a matéria se comportará a temperaturas absurdamente altas ou baixas, ou condições que nunca teremos a

---

* PEARL, Judea; MACKENZIE, Dana. *The Book of Why*: The New Science of Cause and Effect. Basic Books, 2018, p. 35 (tradução livre).

oportunidade de experimentar. Prótons, nêutrons e elétrons não são visíveis nem ao microscópio, mas estão perfeitamente dentro do que conseguimos estudar com nossas mentes imaginativas. E não é preciso ver uma bomba atômica explodir para compreender seu poder de destruição.

A própria moral e a ética individual — a faculdade de refletir sobre ações e intenções, nossas e de outros, e distinguir se foram adequadas ou censuráveis — dependem de nossa capacidade de imaginar escolhas alternativas que podíamos ter feito. "Ela devia ter ajudado a pessoa em perigo, ou socorrido o acidentado. Ele não devia ter me traído e enganado". A imaginação está no cerne do livre-arbítrio, e compreender que existiam outros caminhos que podíamos ter tomado (mas não o fizemos) é o que, no final, nos torna responsáveis, como indivíduos, pelas nossas escolhas.

A facilidade com que criamos mundos contrafactuais é, também, a fonte de muitos de nossos arrependimentos e angústias. Frequentemente nos pegamos antecipando o futuro ou remoendo o passado, desfazendo eventos ocorridos em nossas cabeças, especialmente quando as coisas dão errado ou quando nos arrependemos de uma escolha que fizemos. Mesmo eventos extremamente complexos são desfeitos em nossa cabeça com relativa facilidade: como teriam sido as coisas se não tivesse havido a pandemia? Se outro candidato tivesse ganhado as eleições? Se eu tivesse escolhido outro emprego, ou não tivesse me casado?

Curiosamente, temos uma tendência a desfazer mais alguns tipos de eventos do que outros. Por exemplo, nos arrependemos mais daquilo que fizemos do que daquilo que deixamos de fazer. Imagine que você decida tomar um caminho não usual para o trabalho. E justo nesse dia ocorre um grave acidente. O trânsito é interrompido e um enorme engarrafamento se forma, fazendo você se atrasar para uma importante reunião. Provavelmente você vai passar boa parte do longo tempo no trânsito se remoendo de culpa pela "má decisão": "por que inventei de tentar um novo caminho?" Porém, imagine o que aconteceria se o acidente ocorresse em sua rota usual, em um dia em que você não resolveu inovar no caminho. O mesmo engarrafamento e o mesmo atraso não trariam a mesma culpa. Foi apenas azar, afinal você apenas fez o mesmo que faz todos os dias. Você não se atormentará por não ter tentado um caminho diferente naquela manhã.

Os filósofos propõem uma versão mais dramática do problema, conhecido como "dilema do bonde". Imagine que um bonde esteja fora de controle em uma rua movimentada. Em seu caminho, cinco pessoas foram amarradas ao trilho e estão prestes a serem atropeladas. Felizmente, é possível apertar um botão que desviará o bonde para um percurso diferente, onde há apenas uma pessoa presa no caminho. Você apertaria o botão?

Imagine agora a mesma situação, de um bonde desgovernado indo em direção a cinco pessoas amarradas, mas agora não há mais botão que o desvie. O acidente parece certo. Você percebe, porém, que, à beira do caminho, há um sujeito gordo, e empurrá-lo sobre os trilhos pararia o bonde, salvando as cinco pessoas à frente. Você empurraria o homem gordo?

Apesar de o dilema ("é justificável sacrificar uma vida para salvar cinco?") ser o mesmo em ambas as situações, o fato de você ter participação ativa no segundo caso, empurrando o homem de forma intencional para a morte certa, muda o quadro completamente.

A tendência a nos sentirmos mais responsáveis por nossas ações do que por nossa inação tem diversas implicações para as escolhas que fazemos. Nos cobramos mais pelo que ativamente fazemos, assumindo a responsabilidade pelas decisões que nos tiram da inércia, e, consequentemente, nos arrependemos quando as coisas não saem como planejamos. Por outro lado, somos condescendentes conosco quando deixamos de agir ou pecamos por omissão, interpretando quaisquer resultados indesejáveis como "efeitos colaterais" quase que inevitáveis, "fatos da vida".

Manuseie com cuidado

Além de refazer o passado, nossa capacidade impressionante de imaginação é o que nos permite *planejar*. A todo momento fazemos suposições e inferimos suas consequências, criando cenários. Para decidir, temos que antecipar o futuro e imaginar as implicações de nossas ações, tentar prever como as coisas se desenrolarão se fizermos isto ou aquilo. Precisamos recriar em nossa mente um mundo que ainda não existe, e manipulá-lo, alterá-lo para corresponder a ações que ainda não praticamos. Somos máquinas muito sofisticadas de simulação de mundos hipotéticos, que nenhum programa de realidade virtual conseguiu ainda, nem de perto, replicar.

Nossas capacidades de encontrar regularidades nos dados ("observação"), alterar o mundo ao redor com nossas ações ("intervenção") e pensar hipoteticamente, considerando como as coisas poderiam ter sido diferentes ("imaginação"), são talentos impressionantes, porém estão longe de ser infalíveis. Como todo programa, têm suas limitações. Afinal, os problemas sobre os quais raciocinamos são realmente muito difíceis; o mundo é um lugar complicado, e vai se tornando ainda mais complicado conforme criamos novas tecnologias e ampliamos o horizonte de problemas que pretendemos resolver.

Muitas vezes, temos dificuldade em distinguir fatos de ficção. Em especial, tendemos a tirar conclusões precipitadas e enxergar causalidade em tudo o que vemos. Como os moradores de Londres durante o *blitzkrieg*, vemos espiões e conspirações em toda parte.

Em particular, temos dificuldade para lidar com o aleatório — com o que é fruto unicamente do acaso, sem seguir uma ordem ou plano predeterminado — e nos apressamos por encontrar (ou inventar) um padrão. Olhamos para as estrelas no céu e vemos escorpiões, touros e arqueiros.

Experimente jogar uma moeda 20 vezes seguidas e anotar o resultado, "cara" ou "coroa". Você provavelmente irá se surpreender: sequências de 5 ou 6 repetições do mesmo resultado (5 "caras" seguidas, por exemplo) são bastante comuns. E talvez você observe, ao final, que "cara" saiu menos de 8 ou mais de 12 vezes, o que pode parecer estranho. Afinal, desde a quinta série aprendemos que devemos esperar que metade das vezes a moeda caia em "cara" e metade em "coroa", certo?

Em termos. Isso com certeza é verdade para grandes amostras: se você passar o dia inteiro jogando moedas, o resultado tenderá a repetir de perto a probabilidade do evento em si (50% de "caras" e 50% de "coroas"). Vinte lançamentos, porém, são uma amostra pequena demais, e, como vimos anteriormente, amostras pequenas podem ser viesadas e não refletir o que acontece na população como um todo. Nossa mente, porém, tem dificuldade para lidar com esse fato, e talvez você, de forma errada, conclua que sua moeda está viciada.

Em 18 de agosto de 1913, no Cassino de Monte Carlo, uma roleta performou a mais incomum série de ocorrências, caindo em uma casa preta 26 vezes seguidas. A cada rodada, os apostadores aumentavam suas apostas no vermelho, acreditando incorretamente que as coisas deviam se "reequilibrar" na rodada seguinte, portanto a chance de sair vermelho seria cada vez mais alta. Na verdade, a roleta não tem uma "memória" que guarde os resultados passados e os "compense" no futuro: a probabilidade de sair vermelho continua sempre 50% a cada rodada, independentemente do que tenha acontecido nas jogadas anteriores. Nossa mente, porém, tem uma tendência a esperar essas compensações, fenômeno conhecido como "falácia do jogador". Quando você, ao apostar na loteria, escolhe aquele número que "não sai faz tempo" está cometendo um erro desse tipo, bem como quando acredita que deve vender uma ação que andou subindo nos últimos dias apenas porque se sente desconfortável com uma longa série de ganhos seguidos.

De fato, não temos uma boa intuição sobre o que devemos ou não esperar de uma sequência aleatória, e subestimamos a frequência com que coincidências ocorrem nessas situações. Em 2005 a Apple lançou a primeira versão do iPod Shuffle, em que as músicas eram tocadas aleatoriamente, cada uma delas com igual probabilidade de ser escolhida. Os slogans usados pela empresa na época para divulgar o produto valorizavam esse ponto: *Life is random* (A vida é aleatória) e *Give chance a chance* (Dê uma chance para a chance). Rapidamente, porém, os usuários começaram a perceber padrões — uma música dentre as cinco mil que se repetia durante 30 minutos de corrida — e a suspeitar de preferências secretas e favorecimentos. A Apple se viu forçada a alterar seu algoritmo: ele deixou de ser realmente aleatório (evitando, por exemplo, a repetição de músicas em curtos intervalos de tempo) de forma que *parecesse*, para as pessoas, mais "aleatório".

Enxergar padrões em amostras pequenas de eventos aleatórios é fonte de teorias da conspiração e superstições variadas. Para evitá-las, é sempre bom lembrar que o que parece (aleatório) nem sempre é, e vice-versa.

Não subestime o efeito do acaso

Além de nossa propensão a tentar ordenar o caos com padrões e compensações fictícias, estamos sempre prontos a conectar eventos que ocorrem simultaneamente para construir uma história. Assumimos que, porque duas coisas aconteceram ao mesmo tempo, uma é causa da outra, a chamada "falácia da causalidade" (do grego, *post hoc ergo propter hoc*, ou "depois disso, logo, por causa isso"). Sem perceber, nos parece que é o cantar do galo que faz o sol nascer.

Em 1978, o jornalista Leonard Koppett anunciou ter descoberto um indicador que previa, com uma taxa de sucesso de mais de 90%, se o índice da bolsa de valores americana S&P 500 iria subir ou cair no ano seguinte. O indicador de Koppett acertara o resultado em 18 dos 19 anos anteriores, e talvez Koppett tivesse faturado alto com sua descoberta se esta não fosse claramente estapafúrdia. O suposto "mago das ações" era, na verdade, jornalista de esportes do jornal *The New York Times*, e o indicador proposto por ele ficou conhecido como o *Super Bowl Indicator*. Ele previa que, sempre que um time da NFL (Liga Nacional de Futebol) ganhasse o *Super Bowl*, final do campeonato da liga de futebol americano dos Estados Unidos, a bolsa subiria. Já se o campeão fosse um time da AFL (Liga Americana de Futebol), o mercado de ações cairia.

Correlações espúrias estão em toda parte, em especial no mundo de hoje, em que dados sobre tudo são coletados exaustivamente. Basta torturá-los o suficiente que você encontrará relações bastante curiosas. Tyler Vigen, analista de inteligência militar e estudante de direito de Harvard, tem um site inteiro dedicado a demostrar esse ponto por meio de gráficos engraçados (tylervigen.com). Ele descobriu, por exemplo, uma correlação de 95% entre o número de pessoas que morreram afogadas após caírem de um barco de pesca e o número de casamentos em Kentucky. O consumo per capita de queijo nos Estados Unidos acompanha de perto o número de pessoas que morreram enroscadas em seus lençóis; a taxa de divórcio no Maine segue o consumo de margarina, e assim por diante. O que isso quer dizer? Absolutamente nada.

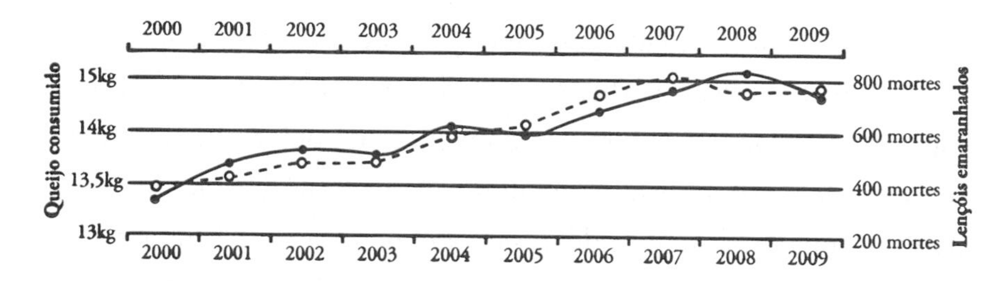

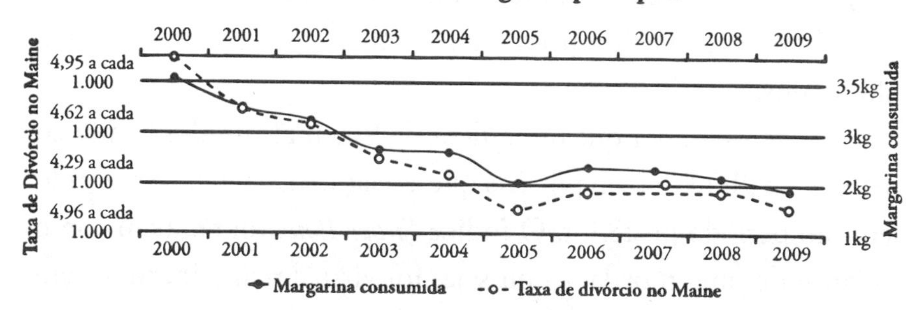

Os gráficos de Vigen são divertidos porque ele escolhe variáveis nitidamente absurdas. Na verdade, ele projetou um software que vasculha enormes conjuntos de dados em busca de correlações estatísticas improváveis justamente com o objetivo de criticar nossa propensão a encontrar teorias da conspiração nos dados.

Por vezes, acabamos por interpretar de forma errada o que os dados nos dizem simplesmente porque a forma como eles coincidem no tempo parece oferecer uma história atraente para o nosso sistema intuitivo contar. A queda da criminalidade na maioria das cidades americanas nas últimas décadas é muitas vezes atribuída a políticas públicas mais punitivas e ao maior encarceramento por pequenos delitos. Estudos, porém, sugerem que uma parte significativa do efeito se deve à tendência de envelhecimento da população: a maioria dos crimes são cometidos por homens jovens, e, conforme esse estrato da população fica menos representativo, a criminalidade tende a cair. Parte da correlação entre o maior encarceramento e a redução da criminalidade pode ser apenas uma coincidência.

Por vezes, explicações duvidosas são construídas para correlações espúrias de propósito, para nos convencer de determinado ponto ou defender certa política. Em alguns casos, critérios são determinados intencionalmente e de má-fé para nos enganar. Quase todos os dados que nos são apresentados têm algum tipo de recorte — no tempo, geográfico etc. Quando o analista determina qual recorte usará, pode — intencionalmente ou não — encontrar uma relação causal que não existiria realmente se olhássemos o conjunto total dos dados.

Por exemplo, por que os gráficos de Vigen mostrados há pouco param em 2009? É bem possível que a relação não tenha se mantido em um período posterior. O índice *Super Bowl* foi tão bem como o lance de uma moeda — ou seja, foi virtualmente inútil — em sua capacidade de prever o resultado da bolsa nos últimos 20 anos. Funcionou bem apenas para a janela de tempo original usada por Koppett.

Lembre-se disso da próxima vez que for julgar a performance de um fundo de investimento ou a lucratividade de uma empresa: os resultados podem mudar completamente conforme selecionamos períodos de análise específicos, e alguns bancos, fundos de investimento e empresas de capital aberto, sabendo disso, por vezes escolhem a moldura que os deixa melhor na foto. O mesmo vale para economistas e políticos que querem defender uma determinada tese ou política, ou para jornalistas e marketeiros que querem nos vender uma ideia ou produto. Desconfie sempre de dados que são apresentados para um prazo específico aparentemente escolhido sem um critério claro (por exemplo, séries que começam ou terminam em datas não convencionais, que são curtas demais ou interrompidas em algum momento do passado sem um motivo razoável).

Alterar a unidade de análise (usar o consumo em quilos de queijo, em dólares ou a variação percentual do consumo ano a ano, por exemplo) também oferece aos mal-intencionados maiores possibilidades de encontrar relações que convenham. Números parecem maiores ou menores quando medidos em unidades diferentes ou colocados em escalas distintas, e podem nos levar a conclusões equivocadas.

A escolha intencional e cuidadosa de unidades, escalas e prazos para "confirmar" uma tese ou reforçar uma mensagem são o "Photoshop" dos gráficos, muito efetivos em esconder defeitos e realçar qualidades. Dados muito "trabalhados", apresentados por partes interessadas em usá-los para defender um ponto, levantam uma bandeira vermelha. Geralmente esses truques nos pegam despreparados, pois temos uma tendência a ver números e gráficos como dados objetivos, uma verdade matemática sobre a qual não há discussão. O fato é que é possível mentir de muitas formas com estatísticas, índices e gráficos.

Comparando alhos com bugalhos

Frequentemente os dados só fazem sentido quando os colocamos em proporção e os comparamos com o todo, com o observado no passado, com o que aconteceu em outros lugares ou com outras pessoas, com o que teria acontecido se tivéssemos tomado uma decisão diferente, e assim por diante. Encontrar a base de comparação adequada, que nos permita tirar a conclusão correta, nem sempre é tarefa óbvia.

Que estatísticas devemos usar para julgar a evolução de uma pandemia, por exemplo? O número total de casos ou mortes em uma região, em milhares de pessoas? O número de casos por cem mil habitantes? O número de novos casos como percentual do total? Ou quanto o número de novos casos vem crescendo em relação à semana anterior? Existem diversas formas de medir a mesma coisa, e, às vezes, cada uma delas leva a uma conclusão diferente. Ter em mente a devida proporção é fundamental.

Entre 1958 e 1977 a Organização Mundial da Saúde (OMS) conduziu uma bem-sucedida campanha de vacinação que erradicou a varíola — caso único na história da humanidade de erradicação de uma doença em todo o mundo. Milhões de vidas foram salvas nesse processo. A campanha, porém, não ficou livre de polêmica. Logo após a introdução da vacina, notícias de que mais pessoas estariam morrendo em decorrência de reações a ela do que de varíola propriamente dita assustaram muitos pais, e houve pressão para que a campanha fosse interrompida.

Um exemplo hipotético mostra como os dados podem nos levar a conclusões equivocadas sobre o assunto — mesmo que não haja desinformação e *fake news*, como é frequentemente o caso hoje quando o assunto é vacinação.*

Imagine que, de cada 1 milhão de crianças, 99% sejam vacinadas e 1%, não. Se uma criança é vacinada, ela tem uma chance em 10.000 de ter uma reação fatal à vacina. Por outro lado, sua chance de pegar varíola cai a zero. Já se ela não é vacinada, tem uma chance em 250 de morrer de varíola. A vacinação parece, sem dúvida, uma boa ideia, certo? Ela reduz a mortalidade de 1 em 250 para 1 em

---

* Exemplo extraído de PEARL, Judea; MACKENZIE, Dana. *The Book of Why*: The New Science of Cause and Effect. Basic Books, 2018, p. 44.

10.000, o que é um feito impressionante. Parece óbvio que a vacina é muito menos perigosa que a doença em si.

Considere, porém, o que os dados vão nos mostrar: de 1 milhão de crianças, 990.000 serão vacinadas, das quais 99 (ou 1 a cada 10.000) morrerão em função das reações adversas. Por outro lado, 10.000 não tomarão a vacina, das quais 40 (1 em cada 250) morrerão de varíola. *Mais* pessoas morrerão por causa da vacina do que da doença, o que não quer dizer que a vacina é má ideia, mas simplesmente que há 99 vezes mais crianças sendo vacinadas do que não!

Se lêssemos no jornal, porém, que há mais do que duas vezes mais crianças morrendo em função das reações do que de varíola, talvez pensássemos, erroneamente, que os *anti-vaxxers* têm razão quando afirmam que as vacinas matam. O ponto, porém, é que elas previnem *muito* mais mortes do que causam. No exemplo hipotético acima, se ninguém se vacinasse teríamos 4.000 mortes em vez de 139. A OMS estima que a imunização salve 2,5 milhões de vidas por ano no mundo. A vacina é, sem dúvida, uma das mais bem-sucedidas inovações da história da humanidade.

Onde há fumaça (nem sempre) há fogo

Mesmo quando não nos deixamos enganar por unidades mal escolhidas, proporções enganosas e pseudopadrões que vêm do acaso, um bom raciocínio causal pode se perder em meio a nossa predisposição a simplificar as coisas e achar um único culpado para cada crime cometido. Infelizmente, a maioria dos eventos que nos interessam nos dias de hoje têm múltiplas causas. Algumas delas são diretas (a explosão que faz o fogo queimar imediatamente), outras são indiretas, como a chama que corre por um longo pavio, e qualquer intercorrência no caminho pode interromper o processo. Algumas condições são suficientes para fazer sozinhas o trabalho, outras são necessárias, mas, como o oxigênio do ar, precisam do combustível e da faísca para fazer sua mágica. Algumas causas se anulam mutuamente, outras se amplificam.

Uma forma simples e útil de mapear como causas e efeitos se relacionam no mundo real foi proposta por programadores que, como Pearl, precisavam de uma linguagem para "ensinar" seus programas de inteligência artificial a conectar os dados que recebiam. Compreender essas estruturas comuns (chamadas na área de "conexões fundamentais") nos ajuda a evitar armadilhas em nosso próprio raciocínio. Veremos a seguir as três principais (mediadores, "confundidores" e colisores) e como podem ser aplicadas a problemas do dia a dia.

Considere primeiro o caso de um alarme de incêndio em um hotel. Na verdade, o alarme não responde ao fogo propriamente dito; ele detecta a presença de fumaça no ambiente. Se houver fogo sem fumaça (se sugarmos com uma máquina toda a fumaça do ambiente, por exemplo), o alarme não disparará. Por outro lado, se houver fumaça por qualquer outro motivo que não um incêndio (se alguém inadvertidamente acendesse um cigarro), teremos um falso disparo.

O exemplo acima pode ser representado por um "diagrama causal", como o da figura 1A a seguir. A direção das flechas indica o que causa o quê: o fogo causa a fumaça, que faz o alarme disparar. Não há flecha que conecte o fogo ao alarme diretamente: se a fumaça for removida, não haverá disparo.

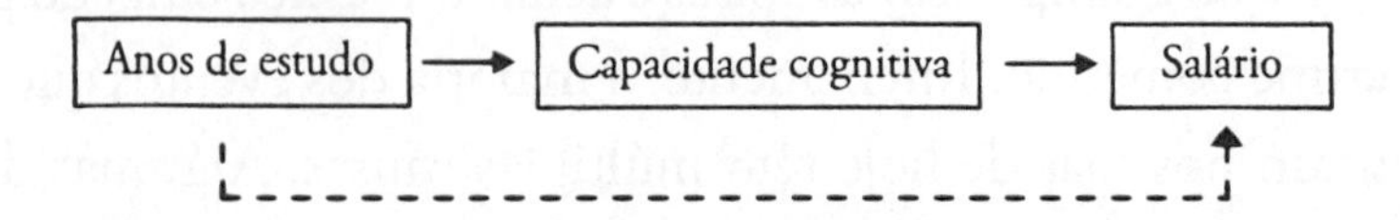

Figura 1A. O alarme de incêndio

Eventos desse tipo, que têm a forma do diagrama da figura 1B, são conhecidos como "correntes", e são bastante comuns. A causa e o efeito, que é indireto, estão conectados por um "mediador" (no caso, a fumaça). O mediador é fundamental porque transmite o efeito de uma ponta a outra: sem ele, o efeito se perderia.

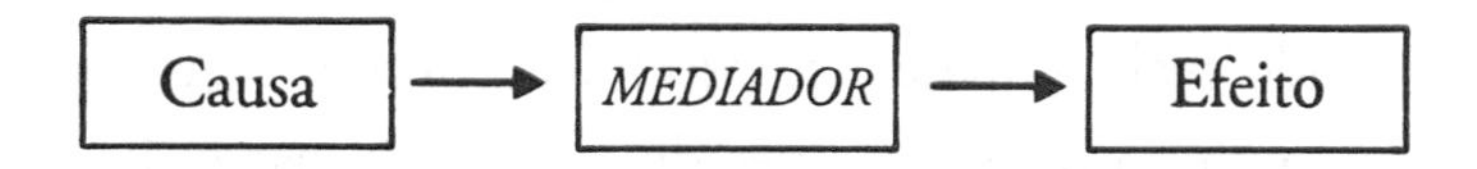

Figura 1B. Primeiro caso: Correntes e mediadores

Considere, por exemplo, como os bancos centrais agem quando querem estimular a economia de um país em crise. Eles utilizam o que chamamos de política monetária, reduzindo as taxas de juros. Taxas mais baixas barateiam o crédito, o que faz pessoas e empresas tomarem mais financiamentos para comprar ou investir, estimulando a atividade econômica. A causa (juros mais baixos) e a consequência (uma economia mais aquecida) dependem, porém, de um mediador: o crédito. Se, por algum motivo, os bancos se recusam a oferecer empréstimos a taxas mais baixas (porque, por exemplo, temem a inadimplência ou veem a possibilidade de lucrar com *spreads* mais elevados), a efetividade da política monetária fica comprometida. Um elo da corrente se quebra, e a relação causal entre juros e crescimento desaparece.

Não perceber como os elos da corrente estão conectados pode nos induzir a erros de decisão. Se não prestarmos atenção suficiente ao mediador e garantirmos que ele está funcionando apropriadamente, pode ser que não consigamos atingir nosso objetivo, como no caso de um banco central que ignore o papel do sistema bancário no mercado de crédito. Se uma empresa cria uma ação promocional que visa aumentar as vendas, mas os promotores ou vendedores responsáveis por divulgá-la aos clientes (os mediadores) não estão bem informados e treinados, é possível que o efeito se perca. Ela talvez conclua erroneamente que foi o cliente que não respondeu à promoção envolvida, descartando a relação entre a causa (a promoção) e o efeito (vendas maiores), quando, na verdade, o problema está no mediador. Diversos planos excelentes fracassam na hora da execução porque são displicentes em identificar e cuidar dos mediadores envolvidos.

No mundo real, o quadro se complica porque frequentemente nem todo efeito ocorre através do mediador; parte dele pode ocorrer diretamente. Imagine que você queira medir em quanto um ano a mais de estudo contribuirá para que você seja mais bem remunerado no mercado de trabalho. Espera-se que o efeito do ensino seja indireto: mais anos na escola farão que sua capacidade cognitiva aumente e, portanto, que você se torne mais competente para realizar tarefas no mercado de trabalho, justificando um salário mais elevado. A capacidade cognitiva, portanto, é a real causa, a habilidade a ser remunerada pela empresa. Se você for autodidata e conseguir obtê-la sem ir à escola, suas chances no mercado de trabalho deveriam ser as mesmas. Na prática, porém, não é exatamente isso o que acontece. Em geral, é difícil para o empregador medir sua competência ao contratá-lo. Os anos de estudo, então, funcionam como um sinalizador, uma forma imprecisa usada pelos recrutadores para estimar sua capacidade. Uma nova relação causal, agora direta, entre anos de estudo e salário aparece, representada pela flecha tracejada. Mesmo que você não aprenda nada na escola, é provável que tenha um salário maior apenas por apresentar um maior número de anos de estudo em seu currículo.

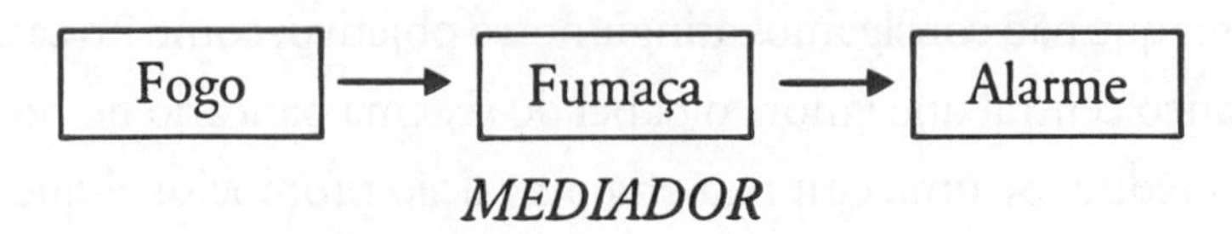

Figura 1C. O valor do estudo

A bifurcação na estrada

O segundo tipo de relação é chamado de "bifurcação", e acontece quando dois eventos distintos têm uma mesma causa. Um exemplo um tanto absurdo ilustra uma situação desse tipo. Se você olhar os dados, verá que existe uma forte correlação entre o número do calçado e a proficiência em leitura em crianças: aquelas que calçam sapatos maiores geralmente leem melhor do que crianças com pés pequenos. É óbvio, porém, que uma coisa não causa a outra. A falsa relação aparece porque as duas variáveis dependem de uma terceira: a idade da criança. Crianças mais velhas usam calçados maiores e, também, tendem a ler melhor. Se "controlamos" os dados pela idade, o pseudoefeito desaparece. Dizemos que, nesse caso, a idade é um "confundidor", uma causa comum de ambas as características.

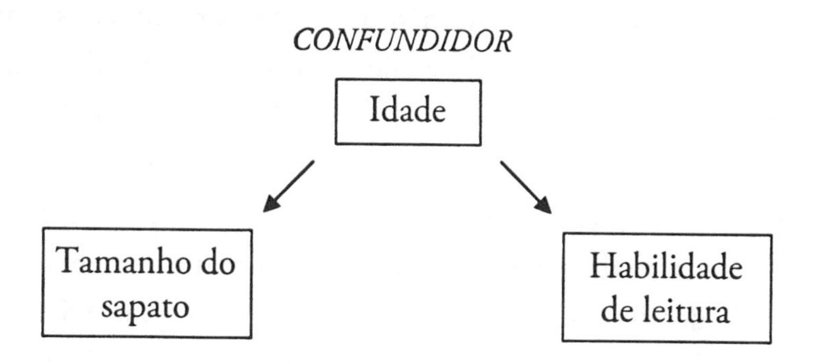

Figura 2A. Sapatos e livros

Um "confundidor" fará dois eventos aparentarem estar relacionados entre si, sem que um seja a causa do outro. O diagrama causal terá a forma de uma "bifurcação", com duas flechas saindo da mesma causa, como ilustrado na figura 2B:

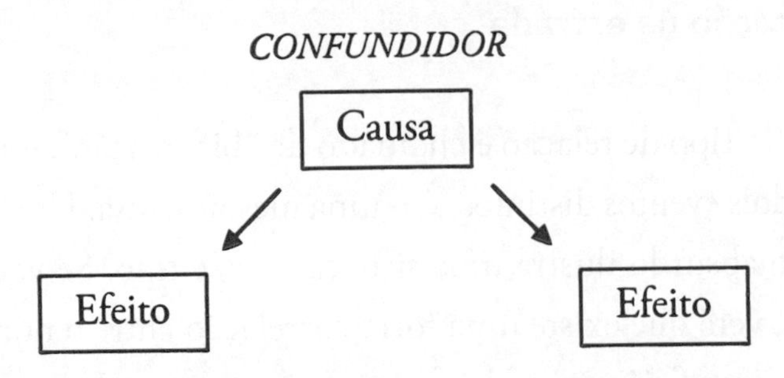

Figura 2B. Segundo caso: Bifurcações e "confundidores"

No exemplo dos sapatos, é bem fácil perceber a origem da confusão, já que é evidente que não existe qualquer ligação razoável entre o tamanho dos pés e a habilidade na leitura. Porém, para um grande número de problemas essa contradição não é tão óbvia. Na verdade, separar causas reais de "confundidores" é uma das tarefas mais difíceis na prática da ciência. Nas décadas de 1950 e 1960, um feroz debate tomou conta da comunidade científica sobre se o cigarro causava ou não câncer de pulmão. Estatísticos renomados, como Ronald A. Fisher (1890-1962), gênio que criou algumas das principais ferramentas usadas até hoje pela estatística moderna, defendiam que poderia haver uma causa comum — uma disposição genética, por exemplo — que, ao mesmo tempo, faria que as pessoas fossem mais propensas a desenvolverem o vício de fumar e aumentaria sua chance de desenvolver câncer de pulmão. Se esse gene existisse, a maior incidência de câncer entre fumantes não seria evidência de que fumar faz mal à saúde, mas apenas uma coincidência estatística, como os sapatos e livros. Centenas de estudos empíricos acabaram por derrubar por terra essa tese.

A tese do "gene do fumante" parece um pouco ingênua para nós que vivemos na época em que esse debate já foi há tempos esclarecido, e que nos acostumamos a ler nas embalagens em letras garrafais que o cigarro faz mal à saúde. Considere, porém, tantas outras teorias que ainda estão em aberto sobre os efeitos de hábitos de alimentação e estilo de vida sobre a saúde. A principal dificuldade de medir o efeito para a saúde de um tipo de dieta alimentar, por exemplo, é que é difícil isolá-lo de uma multidão de possíveis outras causas, que afetam tanto a propensão das pessoas a fazerem uso da tal dieta quanto sua saúde diretamente. Pessoas mais jovens, com renda mais elevada, mais escolarizadas e mais preocupadas com o cuidado com a saúde, por exemplo, podem ser mais propensas a experimentar esse tipo de dieta e, ao mesmo tempo, mais saudáveis por outras razões (se exercitam mais, fazem check-ups regulares, vão ao médico periodicamente, têm hábitos mais saudáveis etc.) Existe uma multidão de possíveis "confundidores" que atrapalham nosso diagrama, e é preciso excluir o efeito de todos eles para poder determinar quão forte é realmente a relação causal direta entre a dieta e a saúde, representada pela flecha tracejada.

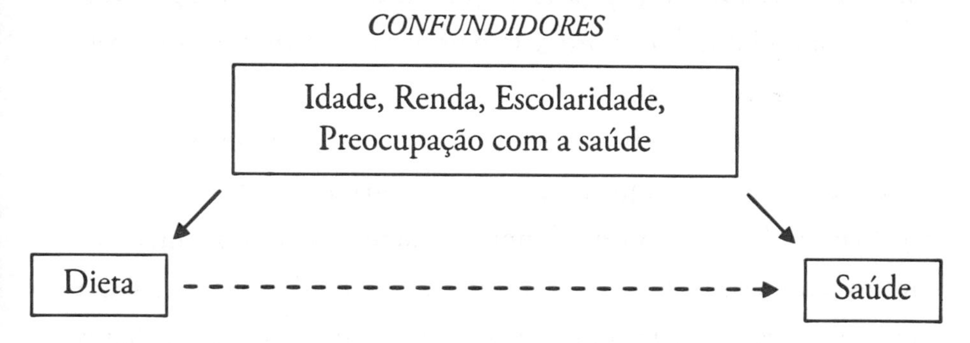

Figura 2C. Alimentação e saúde

"Confundidores", ou causas comuns, podem nos levar a tirar conclusões completamente equivocadas. Quando a pressão do barômetro baixa, sabemos que uma tempestade se aproxima, mas artificialmente baixar seu nível não causa a chuva. Pacientes que vão ao médico com frequência tendem a ter doenças mais graves do que aqueles que não vão, mas deixar de ir ao médico não fará você mais saudável. Locais com incêndios frequentes tendem a ter maior número de bombeiros na ativa, mas dispensar bombeiros não tornará a cidade mais segura.

Quando saímos dos exemplos mais caricaturais, porém, podemos facilmente cair na mesma armadilha das "causas comuns". Uma determinada escola obtém bons resultados no vestibular porque tem um ensino de qualidade, ou simplesmente atrai os melhores alunos — aqueles que já iriam bem no vestibular de toda forma — por sua fama de ter boa taxa de aprovação? Países que investem mais em cultura têm menores taxas de criminalidade porque as artes dão oportunidades aos jovens de baixa renda, ou são ambos, apenas, frutos da prosperidade: países mais ricos investem mais em cultura e, também, têm menos crimes? Os exemplos são inúmeros. Frequentemente nos vemos consumindo supostos produtos milagrosos ou confiando em políticas públicas com resultados dúbios porque falhamos na hora de controlar pela ação de possíveis "confundidores".

Isso acontece com frequência quando consideramos problemas complexos — como aqueles relacionados ao comportamento social ou econômico — em que algumas características individuais comuns (como a idade, a renda, a cultura, a escolaridade etc.) afetam muitas das variáveis que nos interessam ao mesmo tempo. Os efeitos nos comportamentos que desejamos estudar parecerão todos correlacionados entre si, como acontecia com o tamanho do calçado e a habilidade de leitura nas crianças, porque todos dependem de causas comuns. Só poderemos compreender realmente o que causa o quê se subtrairmos os efeitos dos "confundidores".

Inato ou aprendido?

Por fim, o terceiro bloco de conexões é formado pelos "colisores" (tradução livre de *collider*, termo em inglês mais usado). Estes ocorrem quando um efeito tem mais de uma causa. Pense no recorrente debate sobre o que é mais importante para determinar o comportamento de uma pessoa: as características inatas, determinadas geneticamente (chamemos de "natureza"), ou o ambiente, aquilo que é aprendido pela educação familiar (a "criação"), a cultura etc. podemos esquematizar o problema usando o diagrama da figura 3A:

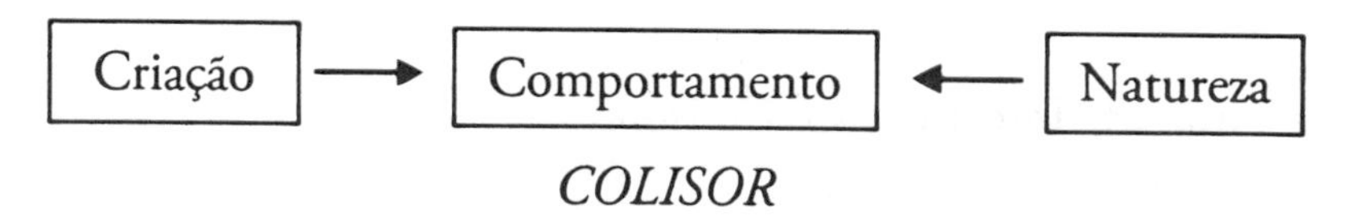

Figura 3A. Inato ou aprendido?

A discussão é antiga — Descartes e Locke já tocavam no assunto no século XVII —, e, embora a maioria dos psicólogos concorde que ambos os fatores contribuam para o comportamento, o grau em que o fazem pode ser assunto bastante polêmico. Da educação de crianças à questão de gênero, muitos debates contemporâneos tangenciam esse mesmo ponto. O sucesso acadêmico e profissional depende mais da criação ou da natureza? A inteligência (o temperamento, a disciplina, as propensões religiosas ou políticas, os estereótipos de gênero...) é inata ou aprendida? Estudos que se baseiam em irmãos gêmeos separados no nascimento procuram isolar tais efeitos e responder a essas perguntas.

Na prática, o problema é bem mais intrincado do que sugere o esquema simplificado acima, pois há caixas e flechas possíveis que não estão representadas. E se a natureza determina como os pais criam seus filhos? Pais mais inteligentes podem, por exemplo, estimular mais a capacidade intelectual de seus filhos. Eles têm também maior probabilidade de serem bem-sucedidos economicamente e, portanto, proporcionar ambientes mais favoráveis ao desenvolvimento das crianças. Efeitos diretos e indiretos se retroalimentam, e desenrolar esse nó pode ser um problema bastante complexo.

Efeitos com múltiplas causas, como o descrito anteriormente, se apresentam em diagramas como os da figura 3B a seguir, em que as flechas todas convergem para o centro do esquema.

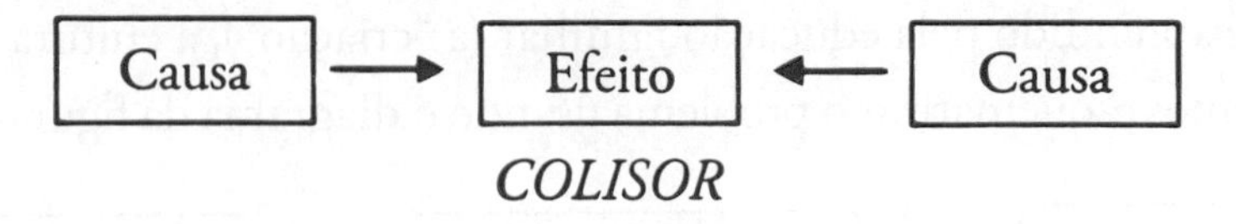

Figura 3B. Terceiro caso: Colisores

A maioria dos problemas realmente interessantes que encontramos no mundo real possui múltiplas causas. O desenvolvimento de um empreendedor depende tanto de seu esforço e talento quanto da sorte e das oportunidades que surgiram no caminho. O sucesso de uma nação depende de seus recursos naturais, das instituições que possui, das escolhas políticas feitas ao longo da história, da cultura, da produtividade de seu capital humano, do capital acumulado na forma de fábricas e infraestrutura, de sua capacidade de inovar e descobrir novas tecnologias e assim por diante, numa longa lista de suspeitos. Medir e separar a contribuição de cada uma é tarefa complexa. Nossa primeira reação é escolher um só cavalo (*uma* dentre as múltiplas possíveis causas) e apostar todas as nossas fichas nele. Surgem assim os "times" dos que acreditam na importância das instituições versus os que defendem que os recursos naturais são o ponto fundamental.

Para complicar mais a coisa, contraintuitivamente, múltiplas causas podem nos parecer relacionadas quando olhamos os dados sem que na verdade o sejam. Imagine que você esteja observando características de atores de Hollywood famosos, sabendo que tanto beleza quanto talento podem contribuir para o sucesso nas telonas. Assumindo que talento e beleza são características independentes na população em geral (ou seja, nada sugere que eles aconteçam sempre juntos), um efeito curioso aparecerá: quanto *mais* atraente um ator famoso for, *menos* provável é que ele seja talentoso! Parece que há algum fundamento lógico para o estereótipo do galã canastrão, afinal!

Para entender o motivo, considere o diagrama a seguir:

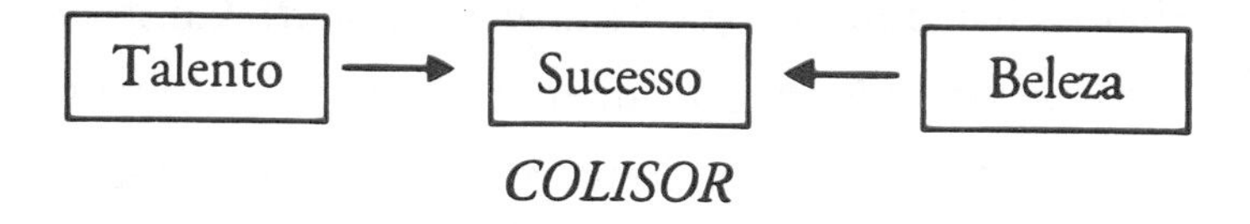

Figura 3C. Talento ou beleza?

O que o diagrama nos mostra é que, para atingir a fama, é suficiente *um* de dois atributos — a beleza *ou* o talento. Não é imprescindível ter os dois. Nesse caso, se observamos que um ator bem-sucedido é bonito, podemos reduzir nossa crença de que ele seja também talentoso. Isso porque é mais provável que alguém seja bonito *ou* talentoso do que bonito *e* talentoso, como vemos no esquema a seguir. Se o círculo da esquerda representa o conjunto de todos os atores bonitos e o círculo da direita, o de todos os talentosos, os que apresentam ambas as características estarão na (pequena) intersecção entre os dois círculos (pintada em cinza na figura):

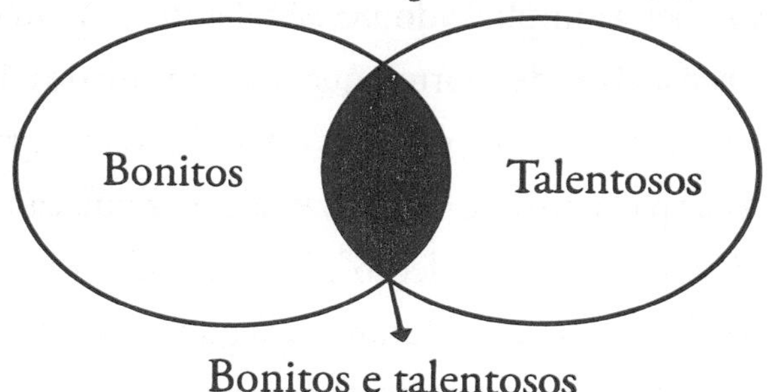

Figura 3D. Ninguém tem tudo na vida...

Se sabemos que um ator é bonito, significa que ele faz parte do conjunto representado pelo círculo da esquerda. A parte relativamente pequena desse círculo que está pintada de cinza representa os atores que, além de bonitos, são também talentosos. O restante — a parte não pintada —, bem maior, representa a possibilidade de ele ser apenas bonito e não ter talento.

Um colisor fará que uma causa mitigue o efeito da outra, dissipando seu efeito (chamamos isso de *explain away effect*). Curiosamente, as duas causas parecerão negativamente relacionadas (quanto mais beleza, menos talento...), quando na verdade são independentes.

Um exemplo curioso desse mesmo fenômeno é conhecido como "paradoxo da obesidade". Ao analisar amostras de pacientes cardíacos, pesquisadores encontraram uma relação curiosa: a obesidade parecia "proteger" o indivíduo de ataques cardíacos, reduzindo as taxas de mortalidade. Essa relação (*maior* obesidade levando a um *menor* risco cardíaco) é, obviamente, falsa. Na população em geral, a obesidade sabidamente aumenta o risco de morte. A falsa relação, entretanto, aparece nos dados porque, como no caso do talento e da beleza, ser obeso e ser cardíaco são ambos causas do mesmo efeito, a mortalidade. Ao controlar por um, selecionando apenas pacientes cardíacos para a amostra, "dissipamos" o efeito do outro. Como acontecia com os atores de Hollywood, os dois efeitos parecerão negativamente relacionados (*mais* beleza implicando *menos* talento, ou *mais* obesidade implicando *menor* risco de morte), quando na verdade não o são.

O problema surge porque estamos olhando um recorte viesado do todo (*apenas* pacientes cardíacos), e não a população em geral. Chamamos isso de "viés de seleção". Um episódio histórico interessante ilustra bem o ponto. Durante a Segunda Guerra Mundial, a marinha americana, preocupada com as altas baixas em combate de seus aviões bombardeiros, resolveu reforçar suas fuselagens. Em função de restrições de peso, porém, não era possível reforçar o avião por completo. Criou-se, então, uma força-tarefa com o objetivo de identificar os pontos mais críticos da aeronave que mereceriam o reforço. Todos os aviões que retornavam das batalhas passaram a ser minuciosamente avaliados, registrando-se os locais exatos dos tiros sofridos em combate. Logo se percebeu que havia certo padrão: muitos tiros nas asas, no centro e na cauda das aeronaves. Rapidamente a marinha começou a instalar placas de reforço nessas áreas mais frequentemente atingidas.

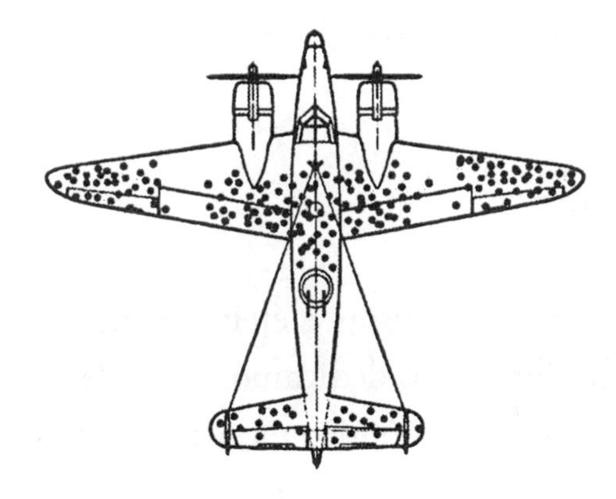

Figura 4D: Exemplo fictício dos danos em uma aeronave

O matemático húngaro Abraham Wald, porém, que participava da equipe do projeto, questionou a decisão. A amostra que a marinha analisava estava viesada, sugeriu ele, pois continha apenas os aviões que sobreviveram ao combate. Mas e os aviões que não voltaram? O reforço, argumentou Wald, deveria ser feito exatamente nos locais em que *não havia tiros* (na cabine do piloto, nas hélices...), já que os aviões atingidos aí haviam sido abatidos e não puderam retornar à base em segurança.

O fenômeno, conhecido como "viés de sobrevivência", é comum em diversas situações cotidianas. Tendemos a concentrar nossa atenção nas pessoas ou empresas que "sobreviveram", enquanto as que desapareceram no caminho nos são invisíveis. Trata-se de um exemplo de "viés de seleção", situação em que os indivíduos ou dados selecionados não são representativos da população a ser analisada.

Temos que estar atentos às falsas relações que podemos encontrar quando olhamos para dados que representam apenas parte de um todo. Às vezes vemos apenas os "sobreviventes", ou um recorte mais óbvio ou conveniente da realidade complexa que está por trás, enquanto grande parte da informação relevante nos é invisível ou, como os aviões abatidos, perdeu-se no caminho. Como afirma Nassim N. Taleb, "o cemitério está cheio de evidências silenciosas".*

Pense duas vezes

Em resumo, determinar causas e efeitos nem sempre é simples como parece. Conforme nos dedicamos a problemas mais intricados — como o sistema econômico ou o comportamento humano —, aspectos diversos se relacionam de formas não óbvias, fazendo com que, por vezes, os dados pareçam justificar conclusões que são, na verdade, equivocadas.

Os diagramas causais são uma ferramenta útil para organizar nosso raciocínio de forma que não nos deixemos enganar por falsas correlações, e podem ser facilmente aplicados a qualquer problema que enfrentemos, seja ele cotidiano, pessoal, profissional, econômico ou de saúde. Apesar de sua estrutura simples, eles nos permitem organizar nosso raciocínio, identificar relações (como mediadores, "confundidores" e colisores) e evitar armadilhas.

---

* TALEB, Nassim Nicholas. *A Lógica do cisne negro*: o impacto do altamente improvável. Gerenciando o desconhecido. Rio de Janeiro: Best Seller, 2008.

Para lembrar na hora da decisão:

✓ Pergunte-se sempre: será que as regularidades e correlações que eu vejo nos dados são reais ou ilusórias (são coincidências, ou foram "forçadas" para contar uma história ou vender um produto ou ideia)? Temos uma tendência a enxergar padrões onde não existem, o que nos faz tirar conclusões precipitadas, cultivar superstições e acreditar em teorias da conspiração.

✓ Dados não são necessariamente objetivos: é possível mentir de muitas formas com estatísticas, índices e gráficos. Preste sempre atenção às unidades, escalas e prazos escolhidos, e lembre-se: dados só fazem sentido quando os colocamos em sua devida proporção e os comparamos adequadamente.

✓ Um efeito pode ser indireto, ocorrendo através de um mediador. Nesses casos, se não garantirmos que o mediador está funcionando apropriadamente, não atingiremos nosso objetivo. Bons planos fracassam na hora da execução porque são displicentes em cuidar dos mediadores.

✓ Problemas complexos geralmente têm múltiplas causas (ou colisores). Além disso, vários deles são afetados por uma mesma causa comum (o "confundidor"). Esteja atento às falsas relações que podem aparecer nos dados, podendo levar a conclusões equivocadas.

capítulo 8

DIGA-ME COM QUEM ANDAS... QUANDO NOSSAS DECISÕES DEPENDEM DOS OUTROS

Para tomar boas decisões nem sempre é suficiente compreender as relações de causa e efeito no mundo e interpretar objetivamente os dados, assumindo que a realidade é dada — um palco, estável e neutro, no qual performamos um monólogo. A peça teatral da qual participamos tem muitos outros atores e figurantes com os quais interagimos, e o sucesso ou fracasso de nossas escolhas frequentemente depende de como os outros reagem a elas: como um concorrente vai responder se reduzirmos nossos preços ou fizermos uma campanha agressiva? O time adversário vai revidar se jogarmos mais ofensivamente? Meu chefe vai me promover se eu me dedicar muito a este projeto? Os clientes voltarão se eu abrir minha loja após a quarentena? Os economistas chamam essas situações, em que os agentes são interdependentes e os resultados para cada um dependem das decisões dos demais, de "estratégicas". Nesses casos, precisamos antecipar como os outros reagirão às nossas escolhas, o que traz toda uma nova dimensão ao processo de tomada de decisão.

Várias más escolhas têm em sua origem nossa dificuldade em "calçar outros sapatos": reconhecer que nossas ações afetam as pessoas ao redor e que somos, também, afetados por suas decisões. Muitas vezes, estamos tão focados em avaliar *nossas* opções e as consequências, *para nós*, de tudo o que acontece que esquecemos que o mundo é povoado por milhões de outras cabeças, todas elas também ajustando seus comportamentos e atitudes na tentativa de atingir seus próprios objetivos. Se falharmos em prever essas reações, decidiremos mal. Como disse Jean-Paul Sartre (1905-1980), "o inferno são os outros".

Nos próximos dois capítulos veremos os principais conceitos da chamada Teoria dos jogos, ramo da matemática aplicada e da economia que estuda justamente essas situações estratégicas. Veremos como algumas ferramentas e modelos simples podem nos ajudar a ver com mais clareza todos os elementos de uma decisão em que os destinos de várias pessoas estão interligados, e a identificar e prever eventuais conflitos e armadilhas.

Não é brincadeira

Apesar do nome, a Teoria dos jogos não lida com passatempos ou diversões. Na verdade, ela surgiu na década de 1940 como uma tentativa de modelar um problema muito sério: o risco de uma guerra nuclear entre os Estados Unidos e a União Soviética. Seu fundador, o matemático húngaro John von Neumann (1903-1957), havia trabalhado no Projeto Manhattan, que desenvolveu a primeira bomba atômica. Os modelos matemáticos de von Neumann foram usados para planejar o caminho que os bombardeiros que carregavam as bombas deviam tomar para minimizar suas chances de serem abatidos, bem como para selecionar os locais no Japão que seriam atingidos. Em 1948, o matemático tornou-se consultor da RAND Corporation, um *think tank* da Força Aérea Americana criado para "pensar o impensável", ou seja, explorar os possíveis cenários de uma eventual guerra nuclear entre as superpotências e desenhar as estratégias mais apropriadas para os Estados Unidos nesse contexto.

É difícil imaginar um problema em que os resultados de todos os envolvidos sejam tão interligados, ou os *stakes* tão altos, como a Guerra Fria. Os modelos e conceitos desenvolvidos por von Neuman e seus colegas para lidar com armas nucleares, porém, rapidamente encontraram outras aplicações em áreas do conhecimento tão distintas como a economia, a biologia e o direito. A enorme flexibilidade da Teoria dos jogos permite que ela seja usada para analisar desde problemas cotidianos e banais a possíveis catástrofes mundiais. Ela é capaz de lidar igualmente bem com qualquer situação estratégica, não importando se o que está em jogo é a vida de milhões de pessoas, um montante de dinheiro a ser dividido ou anos passados na prisão. Isso porque um "jogo" nada mais é que o raio X de uma decisão, resumindo seus elementos cruciais: quem decide (os "jogadores"), as escolhas possíveis (as "estratégias") e os resultados que se obtêm em cada situação (chamados de *payoffs*). Qualquer problema que possa ser modelado dessa forma pode, a princípio, ser "resolvido".

Considere, por exemplo, o mais famoso jogo que existe: o dilema dos prisioneiros, proposto originalmente por Albert A. Tucker (1905-1995) em 1950. Imagine que dois criminosos tenham sido capturados pela polícia (vamos chamá-los de Professor e Tóquio em homenagem aos fictícios assaltantes da série *La Casa de Papel*), que tem provas suficientes para condená-los a um ano de cadeia cada por um delito menor (porte ilegal de armas, por exemplo). Suspeita-se, entretanto, que os dois tenham participado de um assalto a banco juntos, mas não há evidências concretas para indiciá-los por esse crime mais grave.

A polícia, então, decide interrogar os suspeitos em salas separadas, e propõe a cada um deles um acordo de "delação premiada":

quem confessar e denunciar o companheiro receberá imunidade e sairá imediatamente da cadeia, livre de qualquer pena, enquanto o comparsa cumprirá 20 anos de prisão. Já se ambos confessarem, o caso não irá a julgamento e cada um receberá uma pena intermediária de cinco anos. Se você fosse um dos prisioneiros, o que faria: confessaria ou ficaria em silêncio? Pense um pouco antes de continuar a leitura.

Para melhor visualizar as opções, vamos representar o problema como um jogo, usando uma "matriz", a ferramenta preferida em Teoria dos jogos para representar jogos simples. Cada célula da matriz resume os resultados (ou *payoffs*) que os jogadores obteriam em cada uma das quatro combinações de escolhas possíveis (no caso, o número de anos que passariam na cadeia). O primeiro *payoff* que aparece em cada célula da matriz é a pena do Professor, e o segundo, a de Tóquio:

		Tóquio	
		Confessa	**Fica em silêncio**
Professor	**Confessa**	5 anos, 5 anos	Livre, 20 anos
	Fica em silêncio	20 anos, livre	1 ano, 1 ano

Imagine por um momento que você é o Professor, sozinho na sala de interrogatório, considerando racionalmente suas opções. "Se Tóquio confessar", você pensa, "o melhor para mim é confessar também, pois assim passo apenas cinco anos na cadeia, em vez de vinte. Já se Tóquio ficar em silêncio, também é mais vantajoso para mim confessar: eu saio livre hoje mesmo, em vez de cumprir um ano de prisão." Não importa o que Tóquio faça, é sempre melhor para você, Professor, confessar.

Tóquio, na sala ao lado, fará exatamente o mesmo raciocínio, concluindo que o melhor, em qualquer situação, é confessar. Ambos então admitem o crime, traindo seus comparsas, e passam cinco anos na prisão cada, quando poderiam ter se safado com uma pena de um ano apenas se tivessem cooperado e ficado em silêncio. Ao buscar seus próprios interesses, os dois chegam, juntos, a um resultado que é pior para ambos. O que é racional para cada um individualmente torna-se irracional se considerarmos o conjunto, daí o dilema.

Ambos confessarem, "traindo" seus companheiros, é, neste jogo, o que chamamos de "equilíbrio de Nash", em homenagem ao matemático John Nash (1928-2015), retratado por Russel Crowe no filme *Uma mente brilhante*. No equilíbrio de Nash, cada jogador responde da melhor forma possível a cada potencial estratégia do oponente. Se os jogadores forem ajustando suas estratégias até que nenhum deles possa se beneficiar, unilateralmente, de qualquer mudança adicional, eles acabarão no equilíbrio de Nash.

Fugindo da cadeia

O dilema dos prisioneiros seria apenas uma curiosidade teórica, de interesse na área criminal para justificar acordos de "delação premiada" como os utilizados pela Operação Lava-Jato, não fosse ele uma metáfora poderosa para diversas outras situações no mundo real em que há um conflito entre o interesse individual e o bem comum, e os jogadores não podem firmar acordos duradouros (como contratos legais, por exemplo) para garantir alguma forma de cooperação.

Talvez a aplicação prática mais usual do dilema dos prisioneiros seja na economia (por esse motivo, Nash, um matemático, foi laureado com o Prêmio Nobel de Economia em 1994). O modelo reflete bem o que acontece em mercados em que há poucos concorrentes, e suas ferramentas são muito usadas por órgãos de defesa da concorrência quando investigam a formação de cartéis, por exemplo.

Considere, por exemplo, o que aconteceu com o mercado de petróleo em março de 2020. O preço do petróleo bruto, que no início do ano estava acima de US$60 o barril, despencou quase 30% em apenas um dia e chegou brevemente a testar território negativo: compradores estavam dispostos a pagar para *não* receber o produto, já que os estoques estavam tão altos que não havia mais onde armazená-lo.

Além dos efeitos sobre a demanda por petróleo gerados pela pandemia do coronavírus, a volatilidade refletiu a decisão da Arábia Saudita de aumentar substancialmente sua produção, desencadeando uma guerra de preços com a Rússia. Os dois países lideram a chamada OPEP+,* um cartel que tem o objetivo de coordenar cortes na produção de petróleo para elevar os preços do produto.

Um cartel enfrenta uma decisão semelhante à dos prisioneiros do nosso dilema. Seus membros combinam cotas máximas de produção, com o objetivo de controlar a oferta e jogar os preços para cima, mas cada um deles tem um incentivo para "trair" o acordo, produzindo mais do que o combinado, aumentando seu *market share* e lucrando em detrimento do concorrente. Podemos representar a situação em uma matriz, em que os *payoffs* representam os lucros (aqui, fictícios) da Rússia e da Arábia Saudita, respectivamente:

---

* O termo "OPEP+" surgiu em 2016, e refere-se à aliança entre a Organização dos Países Exportadores de Petróleo (OPEP) e outros países com grande produção de petróleo, principalmente a Rússia.

		Arábia Saudita	
		Produz mais	Cumpre a cota
Rússia	Produz mais	\$50, \$50	\$120, \$30
	Cumpre a cota	\$30, \$120	\$100, \$100

Suponha que, como os prisioneiros, cada país leve em conta, na hora de decidir o que fazer, a melhor forma de responder a cada possível estratégia do oponente. A Rússia, de um lado, considera que, se a Arábia Saudita optar por produzir mais do que o combinado (ou seja, se estivermos na primeira coluna da tabela), o melhor que ela, Rússia, pode fazer é, também, produzir mais, já que seu lucro será \$50 em vez de \$30. Já se a Arábia Saudita cumprir a cota (segunda coluna da tabela), ainda assim será mais vantajoso para a Rússia produzir mais: seu lucro será de \$120, em vez de \$100. Produzir mais é *sempre* a melhor estratégia para a Rússia, independentemente do que a Arábia Saudita fizer.

Um raciocínio análogo é feito pela Arábia Saudita: não importa o que a Rússia faça, é sempre mais lucrativo trair o acordo. Ambos os países, então, produzirão mais do que o combinado e terão um lucro de \$50 cada, quando poderiam ter lucrado \$ 100 se tivessem mantido a cooperação. É exatamente o mesmo dilema enfrentado pelos prisioneiros de *La Casa de Papel*, com resultados indesejados parecidos.

Uma metáfora poderosa

O dilema dos prisioneiros é uma metáfora, um "modelo" que se aplica a situações diversas, nas mais variadas áreas, em que há potenciais ganhos de cooperação, mas, ao mesmo tempo, um "prêmio" pela traição. Nesses casos, a cooperação poderia trazer ganhos a todos, porém é difícil mantê-la: não há como, na prática, punir países e prisioneiros por descumprirem os acordos que fizeram.

Considere os chamados "recursos comuns", aqueles cujo uso é compartilhado por várias pessoas, como as ruas da cidade, por exemplo. Ao optar por ir trabalhar de carro em vez de usar o transporte público ou a bicicleta, você, na prática, "ocupa" uma área maior das vias, contribuindo para aumentar o engarrafamento. Você, porém, não paga diretamente pelo custo do pedaço de rua que ocupa; essa despesa é rateada entre todos na cidade. Já os benefícios de usar o carro (maior conforto, rapidez e praticidade) são exclusivamente seus. Assim, a tendência é que mais e mais motoristas optem por tirar seus carros da garagem. Como os incentivos individuais são diferentes dos coletivos, ao escolher o que é melhor para si (ir de carro) os cidadãos podem promover um resultado que é prejudicial a todos (ruas excessivamente engarrafadas).

Um raciocínio semelhante pode ser feito tendo em vista não o trânsito, mas a poluição que o automóvel gera. A emissão de poluentes afeta a todos igualmente, mesmo aqueles que usam o transporte público ou a bicicleta, enquanto o conforto de utilizar o carro é individual. Haverá, assim, mais carros circulando do que seria socialmente ótimo, e reverter a situação não é simples. Mesmo que um determinado motorista, consciente do problema, considere mudar de atitude, os incentivos que enfrenta são perversos; afinal, *um* carro a menos nas ruas, em uma frota de milhões, não fará qualquer diferença em reduzir a poluição da cidade. Por que me dar ao trabalho em troca de um resultado tão irrisório? A solução do problema depende da cooperação de todos, mas ninguém quer ser o primeiro, e a coordenação necessária torna-se muito difícil de obter espontaneamente. Nesses casos, uma regulamentação que limite as escolhas disponíveis pode ser benéfica a todos, inclusive aos próprios motoristas, resolvendo o dilema que os prisioneiros (ou, no caso, os motoristas) enfrentam.

O resultado acima, de que recursos comuns tendem a ser excessivamente usados (as ruas que ficam engarrafadas), é chamado em economia de "tragédia dos comuns", e se aplica a problemas que vão da pesca excessiva ao almoço da firma (aquele com dezenas de colegas em que, como a conta será mesmo dividida, todos pedem um prato caro e sobremesa e vão para casa tendo gastado bem mais do que gostariam). Até mesmo planos de saúde enfrentam um dilema semelhante: seus membros acabam fazendo um número de exames e procedimentos superior ao que necessitam, já que não pagam diretamente por eles. O maior custo, porém, acaba sendo rateado entre todos, por meio de mensalidades mais elevadas. A "esperteza" de aproveitar ao máximo o recurso comum é, em geral, apenas aparente, e o barato acaba saindo caro.

"The ultimate game"

Talvez o dilema dos prisioneiros em que os *stakes* são mais altos seja, nos dias de hoje, a questão das negociações entre países para tentar frear o aquecimento global. Suponha, simplificadamente, que dois países (os Estados Unidos e a China, por exemplo) entrem em negociações para firmar um acordo climático que limite a emissão de gases que contribuem para o aquecimento global. Cada país tem a opção de controlar suas emissões, assinando o acordo, ou não. Os *payoffs* aqui são "notas" que ranqueiam os resultados para cada país, do melhor (nota 4) para o pior (nota 1), consolidando os vários aspectos envolvidos nessa complexa questão (custos econômicos e geopolíticos de reduzir emissões, o risco de que o aquecimento global leve a um colapso ambiental etc.). O primeiro *payoff* em cada célula da tabela é dos Estados Unidos; o segundo, da China:

		China	
		Controla emissões	Não controla
EUA	Controla emissões	3, 3	1, 4
	Não controla	4, 1	2, 2

Repare que para os Estados Unidos é sempre melhor não controlar as emissões, não importa o que a China faça (você pode perceber isso pela matriz, analisando uma coluna por vez). O mesmo vale para a China. Nesse preocupante jogo, o equilíbrio de Nash é ninguém controlar. Os países terminam com um *payoff* de 2 cada, quando estariam melhor com 3 cada, se tivessem chegado a um acordo.

Reconhecer o dilema, porém, não é suficiente para resolvê-lo: mesmo que um acordo fosse firmado, os países teriam sempre a tentação de quebrá-lo: não controlar suas emissões, enquanto seu oponente o faz, aumentaria seu ganho de 3 para 4. Há um "prêmio" para a traição, o que torna qualquer acordo frágil.

Como sair do dilema

Para resolver o problema da falta de colaboração em situações que, como as negociações climáticas, têm as características de um dilema dos prisioneiros, é preciso encontrar formas de garantir que a cooperação seja mantida, apesar dos incentivos na direção contrária. Às vezes isso é possível por meio de contratos, em que "traidores" são punidos com multas e outras penalidades se descumprirem o acordado, ou estabelecendo regras e restrições (limitando o número de exames que o plano de saúde autoriza, por exemplo, ou criando um rodízio de veículos na cidade). Outras vezes é possível transferir o custo do recurso diretamente a quem o usa (cobrando um pedágio urbano ou estabelecendo um preço que empresas e veículos devem pagar pela emissão de carbono).

A Teoria dos jogos prevê também que, se um jogo for repetido ao longo do tempo (em vez de jogado uma única vez), como acontece na maioria das situações que nos interessam no mundo real, a possibilidade de retaliação, punindo eventuais traições, pode levar os jogadores espontaneamente ao resultado cooperativo desejado. Em especial quando as interações são repetidas, os agentes têm a possibilidade de construir reputações, e podem recompensar o bom comportamento ou retaliar a "traição", permitindo a construção de uma rede de confiança e reciprocidade.

Considere o caso do conflito entre a Arábia Saudita e a Rússia no mercado de petróleo, por exemplo. Após ameaças e pressão, os países chegaram a um acordo no início de abril de 2020 para cortar a produção em cerca de 10 milhões de barris/dia. Os países sabiam que qualquer ganho de curto prazo com um aumento oportunista na produção seria mais do que compensado posteriormente pelos efeitos negativos de uma retaliação por parte do oponente, que derrubaria os preços do petróleo por um longo período de tempo. Muitas vezes a sombra das consequências futuras dos nossos atos é suficientemente grande para que ajamos com prudência.

Olho por olho, dente por dente

Para entender melhor como a repetição muda o resultado de um jogo, o cientista político Robert Axelrod organizou, na década de 1980, um curioso torneio em que os participantes eram programas de computador desenhados unicamente para jogar o dilema dos prisioneiros. Qualquer um podia elaborar um programa e inscrevê-lo no torneio, e os vários programas recebidos se enfrentariam dois a dois, ao longo de várias rodadas, por 200 repetições cada par. O vencedor seria aquele que acumulasse mais pontos, no total, ao final do torneio.*

Ao propor que cada programa jogasse repetidas vezes, enfrentando vários oponentes distintos, Axelrod procurava simular de forma mais realista os relacionamentos continuados que enfrentamos no mundo real. Como as pessoas, os programas tinham, de certa forma, seu próprio "temperamento": alguns eram "egoístas", traindo sempre; outros eram "ingênuos", cooperando sempre. Teóricos de jogos do mundo todo enviaram suas estratégias, algumas das quais bastante complexas: programas "vira-casaca" que começavam cooperando na expectativa de criar um bom nome apenas para, a partir de uma certa rodada, mudar de comportamento e passar a trair, por exemplo. Se você tivesse que enviar um programa para participar da competição, que "temperamento" ele teria?

Surpreendentemente, a estratégia que se saiu vencedora no torneio foi a mais simples de todas as recebidas. Chamada de estratégia *tit-for-tat* (ou "olho por olho, dente por dente", máxima do código de Hamurabi), ela sempre cooperava na primeira jogada e, a partir daí, simplesmente copiava o que o oponente tivesse feito na jogada anterior.

Axelrod argumenta que o sucesso da estratégia *tit-for-tat* se deve ao fato de ela nunca trair primeiro (abrindo, assim, espaço para que a cooperação, resultado mais vantajoso a todos, floresça) mas, ao mesmo tempo, nunca deixar passar uma traição sem retaliar. Este último ponto — a *reciprocidade* — é importante porque evita

* AXELROD, Robert; HAMILTON, William Donald. The Evolution of Cooperation. *Science*, 211.4489:1390-6, 1981.

que o *tit-for-tat* seja "explorado" por estratégias egoístas, que traem sempre, como ocorre com as estratégias ingênuas, que sempre cooperam. Além disso, o *tit-for-tat* não é "rancoroso": se o oponente se "arrepender" da traição e voltar a cooperar, o *tit-for-tat* prontamente perdoa e volta a cooperar também.

Axelrod publicou os resultados de seu torneio em um famoso artigo, certamente um dos mais lidos e citados na área, e organizou um segundo torneio "convocando" candidatos a derrotarem o *tit-for-tat*. A estratégia, porém, sagrou-se campeã neste segundo torneio também, e tornou-se uma espécie de lenda urbana nos ringues da Teoria dos jogos.

Lições de Hamurabi

Podemos tirar algumas lições práticas interessantes das muitas simulações em computador que economistas e matemáticos vêm fazendo ao longo dos anos, sofisticações elaboradas do que Axelrod colocou em prática em seu criativo torneio.* Em geral, estratégias que se saem bem em jogos repetidos em que há possíveis ganhos de cooperação são "gentis", ou seja, nunca traem primeiro. Em ambientes em que existe um número suficiente de jogadores dispostos a colaborar, a atuação conjunta dos "cooperativos" leva, no longo prazo, a ganhos que superam os poucos pontos que estratégias mais oportunistas obtêm traindo sua confiança. Como colocou Axelrod, o *tit-for-tat* venceu "estimulando a cooperação e promovendo o interesse mútuo em vez de explorar a fraqueza do outro."**

---

* Acesse *The Evolution of Trust* (https://ncase.me/trust/) para participar de uma divertida simulação desse tipo.

** AXELROD, Robert. *The Evolution of Cooperation*. Basic Books: [1984]. p. 130.

Ser "bonzinho", porém, não é suficiente: é preciso estar preparado para retaliar traições, imediatamente e na mesma moeda, do contrário a estratégia será explorada por seus pares oportunistas. Curiosamente, porém, a capacidade de "perdoar" também parece ter valor estratégico: ao retornar à cooperação assim que o outro jogador o faz, o *tit-for-tat* evita uma "escalada de traições", que diminuiria a pontuação de ambos os jogadores ao longo do tempo.

Simulações com outros tipos de jogos e estratégias revelam, também, que a melhor atitude depende das características do jogo em si, bem como do grupo com o qual se está interagindo. Quanto mais longo e repetido o jogo, maiores os benefícios a serem obtidos com a cooperação. Relacionamentos breves não oferecem tempo hábil para que os traidores sejam identificados e punidos, e favorecem comportamentos egoístas e oportunistas.

Além disso, a cooperação só compensa quando seus oponentes têm predisposição a cooperar também (em um ambiente só de "traidores", o *tit-for-tat* simplesmente ecoará as decisões egoístas de seus pares), e se se preocupam com os resultados a longo prazo. Um jogador míope, que se importa apenas com o ganho imediato e dá pouco valor aos benefícios da cooperação a serem colhidos no futuro, tenderá sempre a trair.

Essas constatações podem nos ajudar a avaliar o comportamento de outros e antecipar suas reações. Algumas perguntas simples podem, por exemplo, nos dar indicações úteis sobre os incentivos envolvidos em uma dada situação: o relacionamento (profissional, pessoal ou social) é persistente ou esporádico? Espero interagir com aquela pessoa ou empresa novamente no futuro, ou esse é um jogo em uma rodada só? A outra parte tem uma preocupação com o longo prazo, ou é imediatista e "míope"? Quanto ela tem a ganhar se "trair" o acordado? O que tem a perder? É possível retaliar uma eventual traição? Qual a "reputação" do meu oponente? As respostas a essas perguntas nos ajudam a compreender se devemos estar preparados para um comportamento oportunista ou se podemos apostar em um relacionamento mais cooperativo.

A importância da reputação

Jogos repetidos e relacionamentos continuados no tempo permitem resultados melhores do que encontros esporádicos porque os jogadores podem cultivar reputações e estudar o comportamento dos oponentes, reagindo apropriadamente (dando a cada um o que merece, por assim dizer).

Reputação e retaliação são mecanismos poderosos, e podem alterar completamente os resultados de um jogo. Considere, por exemplo, o caso dos aplicativos de compartilhamento como Uber ou Airbnb. Grande parte do seu sucesso se deve à forma como tornam transparente a avaliação de usuários e prestadores de serviço, monitorando e compartilhando suas reputações. Pegar um táxi era, até pouco tempo atrás, um jogo em uma rodada só: dificilmente você veria novamente o motorista e teria como puni-lo por um serviço mal prestado ou compensá-lo por uma corrida agradável. Como consequência, os motoristas, em geral, se preocupavam pouco em agradar seus clientes; o investimento era raramente recompensado.

O Uber, com seu sistema de avaliação, transformou completamente a situação. O jogo, agora, não é mais em uma rodada só, mas repetido; não entre um mesmo motorista e usuário (você dificilmente pegará o mesmo Uber duas vezes), mas entre suas respetivas comunidades. Você não teme entrar no carro de um estranho e aceitar suas balinhas porque confia que ele agirá de forma a manter sua boa reputação, já que isso será vantajoso para ele em viagens futuras. "Garantidores" de reputação como Uber e Airbnb funcionam porque, ao manterem vivo o histórico de encontros passados, permitem que o usuário retalie o prestador por um mau serviço, resolvendo assim o problema de coordenação do dilema dos prisioneiros.

O que temos a apreender com prisioneiros

A compreensão do dilema dos prisioneiros traz algumas lições importantes, que podem ser aplicadas a diversas situações reais em que há um conflito entre o interesse individual e o bem comum. Nessas situações, o que é racional para cada indivíduo pode ser irracional para o coletivo. Por exemplo, recursos cujo uso é compartilhado tenderão a ser excessivamente explorados, prejudicando todos os envolvidos. Nesses casos, regras inteligentes, contratos e outras formas de punição podem ser benéficos, rompendo com a "tragédia dos comuns".

Além disso, quando os mesmos jogadores se encontram repetidamente ao longo do tempo, surgem mecanismos de punição e recompensa que mudam o resultado do jogo. Relacionamentos continuados tendem a ser mais cooperativos do que encontros eventuais porque permitem a construção de reputações e a reciprocidade.

Por fim, a melhor estratégia a adotar em situações desse tipo depende das características do jogo em si, bem como do grupo com o qual se está interagindo. Quanto mais longo e repetido o jogo, e quanto mais preocupados com o longo prazo forem os oponentes, maiores os frutos a serem colhidos com a cooperação.

Para lembrar na hora da decisão:

✓ Algumas interações são como o dilema dos prisioneiros: há potenciais ganhos com a cooperação, mas, ao mesmo tempo, um "prêmio" pela traição. Nesses casos, a colaboração poderia trazer benefícios a todos, mas é difícil mantê-la se os jogadores não podem firmar "acordos" duradouros.

✓ Recursos comuns (como o meio ambiente, as ruas, o plano de saúde...) tendem a ser usados excessivamente, mesmo que seu esgotamento seja prejudicial a todos os envolvidos. Regras bem-feitas, contratos e outras formas de garantir que acordos sejam cumpridos podem beneficiar a todos, assim como mecanismos para registrar e manter reputações e retaliar comportamentos não cooperativos.

✓ Relacionamentos de longo prazo em que os jogadores não são imediatistas ou míopes mas se preocupam com ganhos futuros oferecem melhores chances para a cooperação prosperar. Além disso, cultivar reputações é uma ferramenta poderosa para melhorar os resultados que podem ser obtidos.

✓ Estratégias de reciprocidade, como o *tit-for-tat*, que combinam a propensão a cooperar com a disposição a retaliar prontamente traições (e, eventualmente, perdoá-las), tendem a ser mais bem-sucedidas no longo prazo em situações desse tipo.

capítulo 9

PROMESSA NÃO É DÍVIDA

O dilema dos prisioneiros que vimos no capítulo anterior é apenas uma das várias metáforas que a Teoria dos jogos usa. Existem muitos outros tipos de interação possíveis, cujos resultados podem ser bem diferentes. Neste capítulo, discutiremos outros tipos de jogos comuns, bem como algumas atitudes que podem nos trazer benefícios estratégicos, melhorando os resultados de nossas escolhas.

Repartindo o bolo

No dilema dos prisioneiros, a cooperação é vantajosa para todos, mas difícil de manter, porque os jogadores têm um incentivo para descumprir qualquer acordo feito. Em um grande número de situações que enfrentamos na prática, porém, o problema é ainda mais sério: os interesses dos jogadores são de tal forma opostos que não há negociação possível. Considere, por exemplo, uma partida de futebol, tênis ou basquete. Nesse caso, não há ganhos de cooperação possíveis: haverá sempre um vencedor e um perdedor. Não é concebível uma situação em que os dois times se sentem à mesa para negociar um acordo do tipo "ganha-ganha", como acontecia com os problemas que analisamos no capítulo anterior. Os interesses dos jogadores são completamente antagônicos: os ganhos de um correspondem às perdas do outro. Cada gol marcado é um gol tomado. Situações como essa, típicas em esportes, jogos de azar e guerras, são chamadas de jogos de "soma-zero" porque os jogadores dividem um montante fixo de ganho possível. O tamanho do "bolo" é dado; cada fatia que é tirada reduz o que resta na mesa para os demais.

Jogos de soma-zero são às vezes também chamados de jogos de conflito total, já que a negociação e o compromisso são impossíveis. Reconhecer problemas com essa característica — além dos casos mais óbvios de times que se enfrentam em uma quadra ou campo — é importante para nos ajudar a escolher a estratégia apropriada. Tentar estabelecer um relacionamento cooperativo ou usar uma estratégia do tipo *tit-for-tat* em um jogo desse tipo é tão inútil quanto contraproducente.

Um jogo é de soma-zero quando existe um "prêmio" fixo a ser repartido, e o sucesso de um em obtê-lo implica a derrota de outro. Candidatos disputando uma mesma vaga de emprego, potenciais compradores atrás de um mesmo imóvel ou concorrentes que competem por um único contrato vantajoso estão nessa situação. Outras vezes, o conflito ocorre porque os objetivos são, por definição, antagônicos. Na guerra, conforme um exército avança, outro recua, perdendo território. Cada cidade conquistada é uma cidade perdida. Uma empresa só pode ganhar participação de mercado à custa de perdas sofridas por seus concorrentes. O jogo assemelha-se a uma "queda de braço".

Jogos de soma-zero não costumam ter um equilíbrio de Nash na forma convencional que vimos no capítulo anterior. Para entender melhor esse ponto, considere o jogo de par ou ímpar. Não há uma estratégia pura que seja melhor que outra neste caso: alguém que jogue sempre par ou sempre ímpar será invariavelmente derrotado. É preciso *alternar* as jogadas, escolhendo algumas vezes par e outras, ímpar. Apenas intercalar as opções, porém, não é suficiente: alguém que jogue uma sequência previsível como "par-ímpar-par-ímpar..." ao longo do tempo será igualmente malsucedido. Na verdade, qualquer padrão que possa ser detectado pelo oponente será inevitavelmente derrotado.

A "receita" para ser um bom jogador de par ou ímpar, portanto, consiste não só em "misturar" as duas opções, jogando cada uma delas com uma probabilidade de 50%, mas em fazer isso de forma aleatória, sem que haja qualquer padrão reconhecível. Frequentemente, em jogos de soma-zero, "misturas aleatórias" são a estratégia mais apropriada porque tornam seu comportamento imprevisível para o oponente de maneira que ele não possa tirar vantagem de você, antecipando suas escolhas.*

Imagine, por exemplo, que a final da Copa do Mundo esteja para ser decidida nos pênaltis. O atacante e o goleiro estão frente a frente, para a cobrança decisiva, e precisam escolher suas estratégias. O atacante deve decidir em que lado do gol chutar, e o goleiro, que lado defender (este último precisa saltar *antes* de observar para que lado a cobrança foi feita, do contrário não terá tempo de alcançar a bola). Como ambos são destros, o atacante chuta mais forte do lado direito, mas o goleiro também defende mais facilmente bolas lançadas nesse canto. Se você fosse o atacante, o que faria: chutaria na direita, confiando em seu ponto forte, ou na esquerda, tentando aproveitar-se do ponto fraco do goleiro?

---

* Na Teoria dos jogos, tais misturas são chamadas de "estratégias mistas". O grande feito de John Nash foi provar matematicamente que qualquer jogo com um número finito de jogadores e de estratégias mistas tem ao menos um equilíbrio de Nash, seja ele em estratégias puras ou mistas.

Mais uma vez, uma "mistura" funciona melhor do que uma estratégia pura: qualquer atacante que chute sempre na direita rapidamente encontrará seu lugar no banco de reserva. O caso agora, porém, é mais complexo do que no par ou ímpar, em que se podia simplesmente jogar metade das vezes cada estratégia. Além da sorte, há também habilidade, tanto do atacante quanto do goleiro, e ambas devem ser levadas em conta na hora de decidir em que proporção intercalar os lados.

A Teoria dos jogos nos diz que a melhor escolha pode ser encontrada fazendo o oponente ficar *indiferente* entre as opções que estão disponíveis para ele. O atacante, por exemplo, deve chutar para a direita com probabilidade tal que torne o goleiro indiferente entre pular para a direita ou pular para a esquerda. Para fazer essa conta, precisamos estimar as chances de o gol sair em cada caso (por exemplo, "qual a chance de o atacante ser bem-sucedido se chutar na direita enquanto o goleiro defende na esquerda?"). A fórmula, porém, não vem ao caso aqui; o mais importante é guardar a intuição por trás dela: em jogos de conflito total, ser imprevisível é tudo.

Errando na soma

Como vimos, jogos de soma-zero, intrinsecamente conflituosos, representam bem várias situações reais em que há conflito direto ou em que os oponentes disputam um "prêmio" único. Muitas vezes, porém, tendemos a enxergar alguns jogos como sendo de soma-zero quando na verdade não são, o que nos leva a avaliar mal a situação e a fazer escolhas erradas.

Imagine, por exemplo, que você esteja pensando em investir em um fundo de ações. Para avaliar qual dos muitos gestores merece receber seu dinheiro, você decide comparar a performance deles com um índice de mercado (o Ibovespa, por exemplo), que mede o desempenho de uma cesta de ações. Os gestores enfrentam, entre si, um jogo de soma-zero: para que alguns se saiam melhor do que o mercado, outros terão que, necessariamente, se sair pior; afinal, o índice nada mais é que a *média* da performance de todos. Os gestores, ao buscar "bater" o índice, se colocam em total conflito entre si: os ganhos relativos dos que performam bem correspondem exatamente às perdas relativas dos que performam mal.

Considere agora o mesmo problema sob uma ótica diferente. Imagine que, como investidor, você não esteja realmente preocupado com a performance em relação ao índice (quantos por cento do Ibovespa o fundo rendeu), e sim com os ganhos ou perdas que terá, em reais, ao final do mês. Agora o jogo não é mais de soma-zero: os ganhos de um fundo, em dinheiro, não correspondem mais às perdas de outro. Se a bolsa subir, todos ganham. Se cair, todos perdem. O tamanho do "bolo" não é fixo; ele está variando constantemente. Assim, se as ações se valorizam em função de uma melhora nas condições econômicas ou na situação financeira das empresas, os detentores das ações verão sua riqueza aumentada sem uma perda correspondente por parte de nenhum outro investidor. Da mesma forma, quando o mercado se desvaloriza, há uma "destruição" líquida da riqueza: muitos perdem, sem que ninguém necessariamente ganhe.

Frequentemente, análises excessivamente simplistas sobre o mercado acionário incorrem no erro de tratá-lo como um jogo de soma-zero, como se o dinheiro apenas mudasse de mãos, o que é uma falácia. Compare com o que acontece em um cassino, por exemplo, analogia frequentemente usada para descrever as bolsas de valores. Um cassino é um jogo de "soma negativa": os prêmios, na mesa para serem disputados pelos apostadores, são calculados com base no que o cassino arrecada com as apostas, *menos* a margem da casa (ou a vantagem que o cassino tem em cada jogo). Na roleta, por exemplo, sempre que a bola cai no "zero", todas as apostas ficam com a casa. O "bolo" que sobra para ser dividido entre os participantes da brincadeira vem "mordido". Um apostador que se sair vencedor terá seu lucro à custa dos vários perdedores, mas seus ganhos serão sempre inferiores à soma do que foi perdido pelos demais, porque o cassino fica com uma parte. Não há a hipótese de todos ganharem ao mesmo tempo, como acontece quando as ações como um todo se valorizam.

Outro exemplo de situação em que um jogo é erroneamente percebido como de soma-zero é o comércio internacional. Existe um relativo consenso entre economistas sérios de que as trocas de bens e serviços entre países é um jogo com ganhos de cooperação: ao permitir que os bens sejam produzidos onde há uma "vantagem comparativa", ou seja, onde é relativamente mais barato fazê-lo, a eficiência econômica aumenta. Quando cada país se especializa naquilo que faz melhor, o "bolo", ou a riqueza mundial, cresce. Mesmo quando um país se torna importador de um determinado bem, há ganhos por parte de consumidores que se beneficiam da possibilidade de comprá-lo a preços mais baixos.

Críticos do comércio internacional, entretanto, ignoram esses potenciais ganhos de eficiência ao focarem a discussão nos *saldos* de comércio, ou seja, nos déficits ou superávits que um país tem em relação a outro, suas exportações menos suas importações. O jogo é representado erroneamente como de soma-zero, com déficits e superávits se compensando como se fossem ganhos e perdas de um jogador na mesa do cassino. Essa percepção é enganosa. Em primeiro lugar, um déficit comercial não são fichas que alguém tirou da pilha de um jogador. São produtos que o país comprou, e recebeu, de outro: carros, eletrodomésticos, alimentos, matérias-primas como alumínio e petróleo etc. Ser deficitário significa que os consumidores do país receberam mais bens do que seus produtores venderam, portanto seu bem-estar aumentou. Em segundo lugar, a quantidade de bens produzidos no mundo não é um número fixo, a ser alocado entre os diferentes países: mais comércio faz as economias crescerem mais, e o "bolo" a ser repartido aumenta de tamanho. O trabalhador chinês empregado na produção de celulares para exportação vê sua renda aumentar, e gasta parte dela comprando frangos e havaianas brasileiros. As interações são muito mais complexas do que nos querem fazer crer as visões protecionistas simplistas.

Discussões sobre se um determinado país age de forma justa em suas transações comerciais (ou se utiliza práticas ilícitas a serem coibidas, como *dumping* e violações de propriedade intelectual, por exemplo) são importantes e legítimas, como são também as preocupações com a necessidade de um país preservar sua capacidade de produzir certos bens estratégicos e desenvolver tecnologias de ponta. Ignorar, porém, os ganhos de comércio existentes nas relações internacionais é enxergar o mundo sob a ótica limitadora e conflituosa dos jogos de soma-zero.

Rebeldes sem causa

Entre os extremos da cooperação irrestrita e do conflito total, existem muitas situações intermediárias. Uma delas, conhecida como jogo de *chicken*, tem inspiração hollywoodiana. Em uma cena icônica do clássico filme *Juventude transviada*, de 1955, dois adolescentes rebeldes, Jimmie (James Dean) e Buzz, decidem resolver uma disputa sobre uma garota com um perigoso desafio: cada adolescente acelera um automóvel em direção a um penhasco, sendo que o primeiro a pular do veículo (ou seja, a ceder) torna-se o *chicken*, o covarde, enquanto o outro é aclamado como o líder da gangue. A brincadeira, porém, é arriscada: se ninguém ceder antes do desfiladeiro, ambos enfrentam a morte certa.

Podemos usar uma matriz para representar os resultados do jogo, da mesma forma que fizemos com o dilema dos prisioneiros. Os *payoffs* são notas subjetivas que atribuímos para ranquear os resultados, conforme as avaliações que os próprios adolescentes fazem da situação (ponderando, por exemplo, o valor que atribuem à reputação *versus* o risco de se ferirem). O primeiro *payoff* em cada célula representa o ganho ou perda de Jimmie, e o segundo, de Buzz:

		Buzz	
		Cede	Não cede
Jimmie	Cede	0, 0	-1, 2
	Não cede	2, -1	-2, -2

Imagine por um instante que você é Jimmie. Se você achar que Buzz vai ceder (primeira coluna da tabela), será melhor não ceder e ter um *payoff* de 2 em vez de zero; na prática, você se torna o líder da gangue e fica com a garota. Já se você achar que Buzz não vai ceder (segunda coluna da tabela), a história muda de figura: agora é melhor para você ceder e perder -1, em vez de se arremessar em um desfiladeiro e morrer (perdendo -2). A sua melhor resposta depende do que você acredita que seu oponente fará, e, para decidir apropriadamente, você precisa conhecê-lo bem.

Ao contrário do dilema dos prisioneiros, este jogo possui *dois* e não apenas um equilíbrio de Nash: Jimmie cede e Buzz não, ou

Buzz cede e Jimmie não. Em cada equilíbrio, um dos adolescentes sai vencedor enquanto o outro leva o rótulo de *chicken*. Os jogadores preferem equilíbrios diferentes, portanto o grau de conflito é maior do que no dilema dos prisioneiros. Porém, ao contrário dos jogos de soma-zero, eles têm algo em comum: para ambos, a pior situação possível é ninguém ceder e ambos acabarem mortos.

Jogos de *chicken* são interessantes porque trazem um certo paradoxo: táticas "irracionais" têm uma vantagem sobre atitudes mais sensatas e cautelosas. Isso porque, quanto mais irresponsável o oponente achar que você é, maior o incentivo para que ele ceda e, portanto, mais provável que você consiga atingir o equilíbrio que prefere. A "loucura" ou imprudência são, de certa forma, recompensadas. Essa dinâmica, porém, torna o jogo perigoso: qualquer problema na coordenação entre os jogadores pode levar à ruína mútua; ambos os valentões podem facilmente acabar no fundo do despenhadeiro.

Jogos de *chicken* são também chamados de situações de confronto destrutivo (ou *brinkmanship*), e oferecem uma oportunidade para explorar a aversão ao risco do oponente, favorecendo jogadores com perfil agressivo e fama de "valentões". Ao mesmo tempo, as consequências da falta de coordenação podem ser catastróficas, e é mais prudente, nessas situações, evitar o confronto.

Considere a crise dos mísseis em Cuba, em 1962, um jogo de *chicken* clássico, no qual o que estava em jogo era nada menos que um conflito nuclear. No auge da Guerra Fria, o líder soviético Nikita Khrushchev decidiu concordar com o pedido de Cuba de transportar mísseis nucleares para seu território na tentativa de deter qualquer eventual invasão futura por parte dos Estados Unidos. O presidente americano na época, John F. Kennedy, recusou-se a deixar os navios com os mísseis chegarem a Cuba, que fica a apenas 140 quilômetros do território americano. Os americanos implantaram um bloqueio naval à ilha, e, por treze longos dias, o mundo esteve bastante próximo de um conflito nuclear. Navios de guerra dos dois países ficaram frente a frente no Atlântico, num tenso impasse, enquanto o mundo acompanhava, ansioso, pela televisão o desenrolar dos acontecimentos. Após muita apreensão, Kennedy e Kruschev chegaram a um acordo: os soviéticos removeram as armas em troca de uma declaração pública dos Estados Unidos de nunca invadir Cuba sem provocação direta e da remoção secreta de mísseis que tinham na Turquia.

Por vezes, criar impasses e ameaças no formato de jogos de *chicken*, em que uma das partes é obrigada a ceder ou o resultado para todos é catastrófico, é estratégia propositalmente usada por negociadores mais agressivos a fim de conseguir o que desejam. Alguns analistas, por exemplo, consideram que certas táticas conflituosas usadas pelo presidente americano Donald Trump ou por Vladimir Putin, presidente da Rússia, nas negociações geopolíticas ou comerciais têm esse propósito. Elas não costumam, entretanto, funcionar para sempre: em dado momento o oponente se cansa de ser sempre o *chicken* e resolve partir para o confronto, e as coisas podem se tornar bastante arriscadas.

Agindo primeiro

Jogos de *chicken* aparecem também em outras situações mais corriqueiras, que não envolvem adolescentes rebeldes ou chefes de estado poderosos. Considere um exemplo do mundo dos negócios: o Walmart se tornou o maior varejista dos Estados Unidos e uma das maiores multinacionais do mundo, com 11 mil lojas em 27 países diferentes, adotando uma estratégia de expansão focada na construção de hipermercados em cidades menores, onde não havia espaço para dois grandes competidores. Para cada potencial localidade, o Walmart e seu principal concorrente, o K-Mart, enfrentavam um jogo de *chicken*, escolhendo se construíam ou não uma loja na cidade. Para cada varejista valia a pena entrar no mercado *apenas* se o oponente não o fizesse. Se ambos entrassem, o mercado ficava saturado e ambas as empresas tinham prejuízo. Simplificadamente, podemos representar esse problema usando a matriz a seguir, em que os *payoffs* refletem os lucros ou prejuízos (hipotéticos), em milhões de dólares, do Walmart e do K-Mart, respectivamente, em cada situação:

		K-Mart	
		Entra	Não entra
Walmart	Entra	$ -10, $ -10	$20, 0
	Não entra	0, $20	0, 0

Como no caso dos adolescentes, o jogo apresenta dois equilíbrios de Nash: Walmart entra e K-Mart não, e vice-versa. Cada competidor prefere um dos equilíbrios, e o pior cenário para todos acontece quando ambos abrem suas lojas.

Em jogos como esse, para ser bem-sucedido é preciso ter pressa: o varejista que primeiro abrir sua loja garantirá o resultado que lhe convém, "expulsando", na prática, o oponente do mercado já ocupado. Essa constatação traz a outra lição importante da Teoria dos jogos: jogos sequenciais, em que um jogador faz suas escolhas primeiro e o outro pode observá-las antes de tomar sua decisão, podem ter resultados diferentes de jogos em que as decisões são tomadas simultaneamente.

Muitas vezes, como no jogo do Walmart, há um claro benefício em se mover rapidamente. A ideia de que decidir primeiro traz sempre vantagens tornou-se quase uma convenção, uma daquelas "verdades" implicitamente registradas pela sabedoria popular. Muitos livros de negócios e gurus de administração reforçam esse ponto, recomendando buscar a liderança a todo custo, e provérbios e ditados populares não se cansam de reforçar os benefícios à disposição dos que "cedo madrugam".

Porém, existem várias situações em que a vantagem estratégica está em decidir *depois*. Considere novamente o jogo de par ou ímpar, por exemplo. Se você puder fazer sua escolha segundos depois de observar o número que seu oponente escolheu, vencerá toda vez! Toda a prerrogativa está, nesse caso, com o último a revelar sua jogada. É preciso estar atento para diferenciar as situações em que a pressa é realmente benéfica daquelas em que ela é "inimiga da perfeição". Para fazer isso, temos que entender como "resolver" jogos sequenciais.

Pensando de trás para a frente

Para saber como melhor decidir em situações em que as decisões se dão em sequência, o fundamental é, mais uma vez, antecipar as respostas do oponente. Imagine que uma empresa esteja considerando entrar em um novo mercado promissor, onde existe apenas uma concorrente estabelecida, que cobra altos preços pelos produtos que vende. A nova empresa teme, porém, que, após sua entrada, a concorrente decida mudar de estratégia, baixando seus preços. Podemos analisar esse problema e auxiliar a empresa a tomar a melhor decisão usando um pouco de Teoria dos jogos.

Para resolver um jogo sequencial, temos sempre que "viajar para o futuro" e pensar retrospectivamente, começando a análise pelo jogador que será o último a escolher, no caso, a empresa estabelecida. Imagine que o novo *player* tenha realmente entrado no mercado (ou seja, a entrada virou um fato no passado, agora irreversível). À empresa estabelecida restam agora duas opções: manter o preço alto, "acomodando" a entrada, de forma que as duas empresas dividam o mercado entre si, ou "retaliar", partindo para uma guerra de preços que comprometeria o lucro de ambas. Ainda que a empresa nova entre, fará mais sentido para a empresa estabelecida manter o preço alto, e não retaliar, porque a "desforra" lhe traria ainda mais prejuízos. Antecipando essa reação, a competidora em potencial entra, e o equilíbrio de Nash do jogo será as duas empresas competindo no mercado, e os preços se mantendo altos.

Repare que esse raciocínio — assim como grande parte das análises que fazemos a partir da Teoria dos jogos — é um exemplo típico do pensamento contrafactual que vimos no capítulo anterior, em que criamos e manipulamos em nossa mente cenários hipotéticos que ainda não aconteceram, e talvez nunca venham a acontecer.

Ameaças e promessas

Jogos sequenciais levantam outro tópico bastante interessante, muito estudado em Teoria dos jogos: o das ameaças e promessas. Suponha que, descontente com a possibilidade de entrada de uma nova concorrente em seu mercado, a empresa estabelecida "ameace" partir para uma guerra de preços, caso esta opte realmente por entrar. Essa ameaça é crível? A concorrente em potencial deveria realmente amedrontar-se e desistir do projeto, de forma a evitar o prejuízo, ou "trucar", entrando no mercado mesmo assim, confiando que o oponente está blefando e voltará atrás?

Vimos anteriormente que, se o novo *player* ignorar a ameaça e entrar mesmo assim, a empresa estabelecida não terá qualquer incentivo para cumprir a ameaça. Fazê-lo levaria a prejuízos que podem ser evitados simplesmente voltando atrás. Podemos afirmar que a dita ameaça tem mais de bravata do que de racionalidade.

Ameaças são chamadas de "vazias" quando cumpri-las é uma escolha irracional, gerando uma perda que pode ser evitada. São "blefes", que podem ser facilmente identificados por oponentes atentos, e devem ser ignorados. Tal qual a tentativa da empresa estabelecida de assustar a possível concorrente, ameaças vazias (bem como promessas vazias) são bastante comuns em situações cotidianas, e é importante saber reconhecê-las.

Na verdade, quase todas as ameaças e promessas carregam, em si, um problema intrínseco de credibilidade. Isso porque ameaças são feitas para não terem que ser cumpridas. Imagine que você diga a seu filho, em um momento de frustração com as notas baixas dele: "se você não passar de ano, não vamos viajar nas férias!". Seu objetivo é que ele mude de comportamento de forma que cumprir a ameaça se torne desnecessário. Suponha, porém, que ele ignore seu aviso. Chega dezembro e o boletim é catastrófico, e então você se vê em um dilema: passar um verão inteiro em casa será desagradável (não só para ele, mas para você também), e, pior, será também inútil (nenhum sacrifício pode, agora, desfazer a reprovação...). Talvez você então opte por viajar mesmo assim.

O problema é que seu filho provavelmente vai antecipar seu raciocínio; no fundo, ele sabe que você não vai querer fazer o que disse que faria se ele desobedecer. Se ele acreditar nisso, sua ameaça terá perdido toda a credibilidade. Ela se tornará apenas uma ameaça vazia. Como diz a sabedoria popular, não prometa o que não tem a intenção de cumprir.

Palavras são baratas

Ameaças e promessas têm um problema intrínseco de credibilidade porque cumpri-las têm um custo, não só para a "vítima" mas também para quem as fez. Quando a hora chegar, você não vai querer fazer o que estipulou que faria. Imagine que você tenha feito a promessa de que, se seu time do coração ganhasse o campeonato brasileiro, subiria de joelhos uma enorme escadaria. A final do campeonato foi ontem, e, felizmente, seu time levou o título! Passadas as comemorações e esfriados os ânimos, porém, surge um dilema. Agora que a vitória está garantida, resta apenas você, em frente à escadaria, decidindo se cumpre ou não a promessa feita. Você já colheu mesmo o benefício; por que, agora, pagar por ele? Pensando em termos estritamente racionais, não faz muito sentido cumpri-la, afinal o campeonato já está ganho.

No exemplo acima os incentivos não são apenas racionais: uma aposta desse tipo é um ato de fé, e, em teoria, alguém poderoso o suficiente para lhe garantir a vitória no futebol seria capaz de punir facilmente qualquer promessa não cumprida de sua parte. Considere, porém, as promessas que fazemos, no dia a dia, a outros sem poderes sobrenaturais. A tentação de não as cumprir após termos obtido o que buscamos pode ser grande. O outro, porém, sabe disso, e desconfia. Portanto, para dar credibilidade às suas promessas é preciso fazer algo que, de forma verossímil, indique ao oponente que você não vai ceder à tentação. Como fazer isso?

Considere um exemplo menos passional. Suponha que duas redes de supermercado, o Pão de Açúcar e o Carrefour, tenham escolhido como posicionar seus produtos: oferecendo um serviço melhor, porém cobrando preços mais altos, ou cortando custos e cobrando preços mais baixos. A matriz a seguir resume cada situação possível, sendo o primeiro *payoff* o lucro do Pão de Açúcar e o segundo, o lucro do Carrefour (as situações e todos os dados são fictícios, servem apenas para fins ilustrativos):

		Carrefour	
		Preço alto	**Preço baixo**
Pão de Açúcar	**Preço alto**	$100, $80	**$80, $100**
	Preço baixo	$20, $ 0	$10, $20

Para o Pão de Açúcar, não importa o que o Carrefour faça, é sempre mais vantajoso cobrar um preço alto (você pode verificar isso comparando os lucros do Pão de Açúcar em cada coluna da tabela). Sabendo disso, o Carrefour optará por baixar seus preços, já que seu lucro seria, neste caso, de $100 milhões em vez de $80 (compare os lucros do Carrefour na primeira linha da tabela).

O equilíbrio de Nash está marcado em negrito na matriz: o Pão de Açúcar cobra preços altos e o Carrefour, preços baixos. O Pão de Açúcar, porém, preferiria que o Carrefour cobrasse também preços altos. O resultado mudaria para a célula vizinha, à esquerda na tabela, onde seu lucro seria maior. Imagine que o Pão de Açúcar tente fazer isso por meio de uma ameaça, anunciando ao concorrente que, se ele não aumentar os preços, reduzirá também os seus, partindo para uma guerra de preços. Essa seria a pior situação possível para ambos, com lucros caindo para apenas $10 e $20 milhões, respectivamente. É uma ameaça crível?

Evidentemente que não. Cumpri-la teria um custo de $70 milhões para o Pão de Açúcar (seu lucro cairia de $80 para $10), ou seja, a empresa não tem qualquer incentivo a levá-la a cabo. É mais um exemplo de ameaça vazia, um "blefe" que deveria ser ignorado pelo Carrefour. Imagine, porém, que, ciente desse fato, o Pão de Açúcar elabore uma estratégia mais sofisticada, publicando em todos os jornais uma campanha promocional na qual promete "cobrir qualquer oferta do concorrente". A situação muda completamente, não? Agora, o Pão de Açúcar se obriga, de forma pública, a cumprir a ameaça feita de reagir a preços baixos por parte do concorrente com preços baixos também. Não o fazer traria reclamações de clientes e, até mesmo, problemas legais. A ameaça tornou-se crível, e o Carrefour terá que reagir a ela elevando também seus preços se não quiser que seu lucro caia substancialmente.

Repare que a campanha de promoção do Pão de Açúcar, na verdade, não foi dirigida aos consumidores, mas sim ao concorrente. O objetivo almejado, nesse caso fictício, é que o Carrefour eleve seus preços para que os descontos não precisem ser, afinal, dados. Além disso, ao reduzir as opções que tinha disponíveis (abrindo mão da possibilidade de cobrar preços altos enquanto o Carrefour cobra preços baixos), o Pão de Açúcar conseguiu atingir um resultado melhor.

Esse é um resultado contraintuitivo, mas extremamente importante, para a tomada de decisões estratégias: nem sempre ter mais opções é preferível. Em diversas situações, paradoxalmente, é mais vantajoso ter *menos* opções. "Amarrar as próprias mãos", ou seja, autolimitar as escolhas disponíveis, pode ter valor estratégico, porque muda as expectativas do outro jogador e, portanto, suas atitudes.

Um movimento estratégico bem-sucedido deve cumprir ao menos dois requisitos: deve ser *observável* pelo oponente e *irreversível*. A recomendação pode parecer óbvia, mas nem sempre é. Para explicar, vamos recorrer mais uma vez a um exemplo cinematográfico: na comédia de Stanley Kubrick, *Dr. Fantástico*, de 1964, os soviéticos constroem uma máquina do juízo final, ou *doomsday device*, que seria detonada automaticamente caso qualquer ataque nuclear atingisse o país, destruindo toda a vida na Terra. O dispositivo não pode ser desmontado ou desativado, já que estaria programado para explodir caso qualquer tentativa nesse sentido seja feita. Ou seja, ele atende a *um* dos requisitos acima: é, sem dúvida, irreversível. Já no outro quesito, ser observável, o plano deixa a desejar: a arma é considerada tão secreta que nunca foi revelada ao mundo. Assim, perde todo o seu poder dissuasivo e, portanto, sua utilidade estratégica.

Ao publicar sua promoção nos jornais, o Pão de Açúcar tornou sua ameaça pública e, portanto, observável pelo oponente. Como ela implica um compromisso legal com consumidores, é, também, irreversível. Portanto, diferentemente do Dr. Fantástico, a empresa cumpriu os dois requisitos de um movimento estratégico eficaz.

Mil formas de se amarrar

Existem diversas formas de demonstrar compromisso e dar credibilidade às ameaças e promessas, limitando nossas próprias escolhas. Uma delas é criar mecanismos automáticos que tirem as decisões de nossas mãos. Países, por exemplo, muitas vezes aceitam, em acordos bilaterais, cláusulas de retaliação automática que disciplinam seu próprio comportamento, como é o caso de certas regras da Organização Mundial do Comércio que estipulam punições a políticas comerciais que firam os princípios de livre concorrência.

O uso de mecanismos automáticos é também útil na administração financeira: fundos de ação, com frequência, usam instrumentos chamados de *stop-loss*, em que uma posição é automaticamente liquidada se atingir um determinado nível de perda. Por exemplo, uma ação cujo valor caia mais do que 10% em uma semana é automaticamente vendida. Isso evita que o gestor se apegue à posição e decida segurá-la "só mais um pouco", confiando que a perda será em breve revertida, enquanto os prejuízos se acumulam até que se tornem perigosos. A relutância em assumir que erramos é parte do nosso sistema intuitivo, e nos precavermos contra o "canto da sereia", prendendo-nos ao mastro do navio, nos protege de nós mesmos nos momentos em que nossa cabeça está "quente" demais para tomar decisões prudentes.

No dia a dia da pessoa comum, mecanismos de autodisciplina são usados para "amarrar as próprias mãos" e nos ajudar a cumprir promessas que fazemos a outros. Mais frequentemente, porém, os usamos para nos ajudar a cumprir promessas que fazemos *a nós mesmos*. Considere, por exemplo, como funcionam grupos como os "Alcoólatras anônimos" ou os "Vigilantes do peso". Sem dúvida, quem se dispõe a comparecer às reuniões de um desses grupos, cuja participação é voluntária, tem o desejo genuíno de mudar de atitude (parar de beber, ou comer menos). Por que, então, simplesmente não o fazem? Por que a resolução, por si própria, não é suficiente? Por que é preciso investir tempo encontrando desconhecidos que nos convençam a fazer aquilo que já queríamos fazer desde o início? A resposta é que esses grupos são bem-sucedidos em mudar hábitos justamente porque criam uma recompensa ou punição social para o bom ou mau comportamento (o orgulho ou a vergonha ao, na próxima reunião, mostrar seu progresso), o que serve como um poderoso incentivo. Repare que esse benefício ou custo é autoimposto: nós o aceitamos por escolha própria, porque não confiamos em nossa própria força de vontade.

A importância do autocontrole tem sido bastante estudada pela psicologia comportamental desde 1972, quando o psicólogo Walter

Mischel (1930-2018), então professor na Universidade de Stanford, realizou o famoso "experimento do marshmallow". No estudo, ofereceu-se a crianças de 3 a 5 anos um marshmallow, prometendo que, se elas conseguissem aguardar por quinze minutos sem comê-lo, seriam premiadas com uma segunda guloseima. A tentação era grande, e 70% das crianças não conseguiram esperar. O interessante, porém, é que os participantes do experimento foram acompanhados ao longo de mais de 30 anos após seu término, e descobriu-se que as crianças que foram capazes de postergar a recompensa apresentaram, no longo prazo, indicadores mais favoráveis em diversas áreas: melhor desempenho escolar, índice de massa corporal mais baixo, salários mais elevados, maiores chances de se formar na faculdade e de formar famílias estruturadas.*

Muitas vezes enfrentamos escolhas "intertemporais": trocas entre o presente e o futuro, em que temos que escolher se adiamos recompensas e custos. Decisões que afetam vários momentos de nossa vida (quanto poupar para a aposentadoria, se persistimos na dieta e no exercício até a chegada do verão, se investimos o dinheiro ou compramos um carro novo...) podem ser bastante difíceis, porque nossos objetivos de longo prazo diferem de nossos desejos momentâneos. Exercer o autocontrole, reprimindo os impulsos de nosso "eu imediatista", tende a ser a estratégia mais bem-sucedida, mas pode ser bastante difícil fazê-lo, na prática, quando as recompensas a serem colhidas nos parecem distantes demais no tempo.

Recentemente surgiram alguns aplicativos e sites que nos permitem voluntariamente "amarrar as próprias mãos" para resistir à tentação momentânea e melhorar nossas decisões intertemporais. O Stickk permite que você "assine um contrato" consigo mesmo,

---

* MISCHEL, Walter; SHODA, Yuichi; RODRIGUEZ, Monica I. Delay of Gratification in Children. *Science*, 244.4907:933-8, 1989.

estabelecendo a meta que deseja alcançar (por exemplo, perder 3 quilos em um mês), bem como um valor em dinheiro (digamos, US$100) que estará em jogo se não o fizer. Em uma espécie de "aposta consigo mesmo", você deve declarar o que acontecerá com o dinheiro se não cumprir seu compromisso (você pode, por exemplo, determinar que ele será doado a uma instituição de caridade). O Freedom bloqueia sites, mídias sociais e aplicativos por um período de tempo predeterminado pelo usuário para que ele possa focar sua atenção e aumentar sua produtividade na véspera de um prazo importante, por exemplo. Você "se proíbe" de acessar seu próprio computador ou celular, e a ação é irreversível até que o tempo estabelecido se esgote.

São inúmeros os exemplos de situações em que limitamos nossas próprias escolhas na tentativa de alcançar o resultado que buscamos. Os pilotos kamikaze na Segunda Guerra Mundial levavam, em seus aviões, combustível apenas para a viagem de ida, impedindo-os de mudar de ideia e voltar atrás; exércitos "queimam as pontes" após passarem por elas, tirando de si próprios a possibilidade de recuar; sequestradores cortam a comunicação com a famílias das vítimas como estratégia de negociação, impedindo-se de receber contraofertas tentadoras.

Em outras ocasiões, delegar o poder de decisão para um terceiro, mais isento e racional (ou quem sabe, no futuro, para um algoritmo de inteligência artificial), evita que façamos escolhas contraproducentes, das quais possamos nos arrepender. Governos delegam o poder de executar certas políticas sensíveis para comitês técnicos, como o COPOM (comitê do Banco Central que fixa as taxas básicas de juro no Brasil) ou as agências reguladoras (como a Aneel, a Anatel etc.). Ao deixar na mão de técnicos decisões importantes sobre taxas de juros e tarifas públicas, reduzem o risco de que decisões erradas sejam tomadas por motivos puramente políticos ou eleitoreiros. No longo prazo, isso beneficia os próprios governos por meio da melhora no ambiente de negócios e nas expectativas dos agentes econômicos.

Quando aderimos a planos de aposentadoria voluntária, "terceirizamos" a difícil tarefa de poupar para a aposentadoria. Poderíamos, todo mês, simplesmente aplicar parte de nosso salário em uma conta de investimento convencional, mas sabemos que fazê-lo exigiria uma disciplina que talvez não tenhamos. Para evitar a tentação de "só aquele mês gastar" um pouco mais e deixar a poupança para depois, preferimos que o desconto já seja automático e nem vejamos o dinheiro entrar na conta.

Marca respeitável

A credibilidade de ameaças e promessas pode vir, também, da reputação de quem as faz e do desejo de mantê-la para interações futuras. Como no caso de um pai ou mãe que cumpre os castigos prometidos aos filhos mesmo que esses lhe custem, por entender a importância de manter sua autoridade para solucionar outros confrontos que inevitavelmente virão, a necessidade de manter o "valor de sua palavra" pode ser um poderoso garantidor de credibilidade. Afinal, como vimos no capítulo anterior, grande parte dos relacionamentos que enfrentamos no mundo real são repetidos e continuados, e as escolhas que fazemos hoje podem ter implicações que vão muito além daquela negociação específica.

A reputação muitas vezes representa mais do que apenas reconhecimento social — ela pode ter um valor econômico muito concreto e mensurável. Considere, por exemplo, grandes redes de franquias de fast food, como o McDonald's, e os altos investimentos que fazem para padronizar processos e garantir que o hambúrguer servido em Feira de Santana na Bahia será virtualmente idêntico a um servido em São Paulo, Tóquio, Moscou ou Jacarta. Isso porque qualquer problema de qualidade (como uma refeição estragada, por exemplo) em uma única loja dentre as 37 mil da rede McDonald's traria graves danos à reputação da marca e prejuízos que repercutiriam em todas as operações pelo mundo. O valor da marca nesse caso é tão elevado (a marca McDonald's foi avaliada em impressionantes US$ 130,4 bilhões em 2019*) que compensa imensos esforços e investimentos para proteger sua reputação. Os consumidores, por sua vez, sabem que a empresa tem fortes incentivos para cumprir a promessa de oferecer alimentos de qualidade e retribuem, lotando seus restaurantes.

O poder da informação

O caso do McDonald's traz ainda uma última questão muito relevante quando tratamos de decisões com interdependência, relacionada à forma como a informação está distribuída. Em muitos dos exemplos que analisamos neste livro, as informações necessárias para a tomada de decisão estavam disponíveis a todos os que se dispusessem a buscá-las. Em certas situações, porém, isso não acontece: um lado da negociação é mais bem informado do que outro. Por exemplo, quando uma empresa vende um produto, seja ele um hambúrguer ou um smartphone, ela sabe muito mais sobre a qualidade ou durabilidade deste do que quem está comprando; afinal, foi ela que o produziu. A qualidade de cada ingrediente ou componente, o cuidado com o qual eles foram montados etc. são uma espécie de "informação privilegiada" da firma, que o comprador não consegue obter a distância. Casos

* Fonte: Kantar — BrandZ Top 75 Most Valuable Global Retail Brands Ranking 2019.

como esses, em que a informação é distribuída de forma assimétrica entre os envolvidos em uma decisão, podem levar a resultados bastante indesejáveis.

Considere o comércio de carros usados, por exemplo. Nesse mercado estão à venda tanto carros de boa qualidade como veículos cheios de problemas mecânicos ou que foram reparados após acidentes (os economistas chamam esses veículos "azedos" de *lemmons*, ou "limões", em inglês). Um leigo, ao comprar um carro, terá dificuldade em diferenciar cerejas de limões. Já o vendedor sabe exatamente o que tem nas mãos, e só aceitará um preço que seja superior ao que o carro realmente vale. Compradores desconfiados, conscientes de que estarão sempre em desvantagem em negociações desse tipo, ajustam para baixo os preços que estão dispostos a pagar por um carro usado.

A informação assimétrica explica, em boa parte, por que os carros novos se desvalorizam tão rapidamente no momento em que saem da concessionária. Explica, também, por que é tão difícil achar um bom carro usado para comprar: como os preços tendem a ser baixos, os donos dos usados de maior qualidade ficam reticentes em vendê-los, e sobram apenas limões no mercado.

Em várias situações, pode ser difícil ou dispendioso para os compradores obter as informações que necessitam sobre os produtos que desejam comprar: quão durável será um novo eletrodoméstico? Aquele software complexo vai mesmo funcionar bem? O show da última turnê do meu artista preferido vale o alto preço do ingresso? O hotel que estou reservando para o Carnaval terá um bom serviço? Grande parte da dificuldade em decisões desse tipo está em não se conseguir avaliar bem se as promessas feitas pelas firmas são críveis, ou simplesmente "papo-furado", em um contexto em que a informação está represada. Como em um jogo de pôquer, cada um vê apenas suas próprias cartas.

Empresas criaram várias soluções criativas para tentar amenizar o problema da assimetria de informação, tais como o investimento na construção de marcas como no caso McDonald's, a oferta de "garantias" por longos períodos por parte de montadoras de automóveis e fabricantes de eletroeletrônicos e promoções do tipo "satisfação garantida ou seu dinheiro de volta". Em todos esses casos, o vendedor que sabe que tem um produto de maior qualidade tem um incentivo a transmitir essa informação aos consumidores por meio de investimentos e atitudes que não compensariam se o produto fosse de baixa qualidade. Oferecer uma garantia de cinco anos por um carro que se espera que dure só dois não faria sentido, por exemplo.

Os economistas chamam de "sinalização" esse esforço pela parte informada (no caso a empresa) de tentar, mediante ações dispendiosas (os "sinais", como a garantia), transmitir essas informações à outra parte (os consumidores). Pense em como os bancos investem em agências grandes e suntuosas como uma forma de mostrar sua solidez, ou como pavões machos "investem" energia e nutrientes para cultivar suas caudas extravagantes. Apesar de desengonçadas e inúteis, elas comunicam com muita eficiência às fêmeas que aquele macho específico é tão saudável que pode até "desperdiçar" recursos só para chamar sua atenção.

Por vezes o esforço acontece na direção contrária: quando a parte *não* informada tenta forçar a parte informada a se revelar por meio de suas ações, temos um caso de "filtragem" (ou *screening*). Seguradoras de automóveis, por exemplo, permitem que o cliente escolha entre planos mais baratos, mas com franquias mais elevadas a serem pagas no caso de sinistro, ou planos mais caros com franquias reduzidas. A seguradora tem dificuldade em obter a informação de que necessita para avaliar o risco envolvido (quão hábil e cauteloso é o motorista, por exemplo), e cria diferentes produtos na tentativa de que o segurado "se revele" por meio do tipo de seguro que escolhe. Aqueles que se acharem com maior risco de acidente, por exemplo, não se sentirão tão atraídos por seguros com franquias elevadas.

Talvez o caso de informação assimétrica mais estudado pelos economistas seja o mercado de trabalho: um candidato a um emprego sempre sabe mais sobre sua capacidade e dedicação do que a empresa que pretende contratá-lo. A quantidade de informação que o contratante consegue obter por meio de entrevistas e referências é extremamente limitada. Para tentar amenizar o problema, candidatos bem qualificados (a parte mais informada da transação) tentam sinalizar às empresas sua competência e esforço cursando faculdades difíceis, por exemplo. Já a empresa (a parte desinformada) procura "filtrar" os candidatos e fazer os "limões" se revelarem, por exemplo, oferecendo-se para pagar uma parte da remuneração na forma de um bônus por desempenho. Candidatos que se consideram menos preparados ou que estiverem menos predispostos ao trabalho duro não acharão tal perspectiva tão interessante.

Nos mercados financeiros, a assimetria de informação é também muito comum. Administradores de empresas de capital aberto sabem mais do que investidores sobre as perspectivas do negócio (têm acesso à chamada "informação privilegiada", afinal, estão no dia a dia do negócio). Da mesma forma, gestores de fundos e bancos sabem mais do que seus clientes sobre os produtos financeiros que vendem, em especial se estes são complexos e sofisticados. Na verdade, toda vez que dependemos de terceiros para executar algum serviço em nosso nome, enfrentamos um problema de informação assimétrica. Raramente é possível monitorar com precisão o que está sendo feito por um terceiro, e a informação sempre nos chegará incompleta. Por isso, mecanismos de sinalização e filtragem podem ser bastante úteis para melhorar os resultados que conseguimos obter nessas situações.

Nenhum homem é uma ilha

Como disse o poeta inglês John Donne, "nenhum homem é uma ilha isolada"*. Nossas escolhas e as dos demais estão interligadas, em maior ou menor grau, e, para atingir nossos objetivos, temos que antecipar respostas e estratégias daqueles com os quais interagimos. A Teoria dos jogos nos ajuda a compreender melhor todos os elementos de uma decisão e avaliar os caminhos a seguir.

Os relacionamentos que enfrentamos variam em suas características e dinâmicas. Alguns são intrinsecamente conflituosos, outros mais cooperativos. Alguns são repetidos e continuados, outros eventuais e esporádicos. Em alguns deles, todos os envolvidos fazem suas escolhas ao mesmo tempo. Em outros, as escolhas são sequenciais. A informação pode estar distribuída de forma equilibrada, ou concentrada desproporcionalmente nas mãos de uma parte. Cada situação demanda uma resposta diferente, por isso é importante identificar que jogo se está jogando, e conhecer suas regras.

Para lembrar na hora da decisão:

✓ Em jogos de soma-zero, a cooperação é impossível, pois os interesses dos jogadores estão em total conflito. Nesses casos, com frequência, o melhor a se fazer é ser imprevisível, escolhendo aleatoriamente entre as opções disponíveis.

✓ Lembre-se de que jogos de *chicken* favorecem jogadores com perfil agressivo e maior apetite para o risco. Isso os torna perigosos: qualquer problema na coordenação entre os jogadores pode levar a um confronto destrutivo.

---

* DONNE, John. "Meditações XVII". *In: Meditações*. São Paulo: Landmark, 2012.

- ✓ Ameaças e promessas têm um problema intrínseco de credibilidade porque cumpri-las tem um custo, não só para a "vítima", mas também para quem as fez. Nesses casos, nem sempre é melhor ter mais opções: "amarrar as próprias mãos", limitando as cartas na mesa, pode, de forma contraintuitiva, levar a resultados melhores.
- ✓ Quando enfrentamos trocas entre o presente e o futuro, nossos objetivos de longo prazo tendem a diferir de nossos desejos momentâneos. Exercer o autocontrole, reprimindo os impulsos de nosso "eu imediatista", tende a ser a melhor estratégia, e mecanismos que nos ajudem a manter a disciplina podem ser bastante efetivos.
- ✓ Decisões em que as informações estão distribuídas entre as partes de forma assimétrica podem ter consequências indesejadas. Estratégias de sinalização e filtragem podem ser úteis para facilitar a negociação.

capítulo 10

OLHANDO PARA O FUTURO: COMO LIDAR COM A INCERTEZA

Além de antecipar a reação dos demais, para tomar boas decisões precisamos prever o que acontecerá no futuro e calcular as consequências de nossas escolhas em cada possível cenário. Em muitas situações, porém, temos enorme dificuldade para antever como as coisas vão se desenrolar. Como será o mundo pós-pandemia? A coisas voltarão a ser, em grande medida, como eram antes, ou seremos completamente transformados em seres mais digitais, solidários e comedidos em nossos hábitos de consumo, como rezam algumas previsões? Mesmo para certas questões mais cotidianas, a incerteza nos atormenta: se lançarmos um novo produto, nossas vendas aumentarão o suficiente para compensar os investimentos? Se eu começar uma nova carreira, terei mais sucesso do que no emprego atual? E este novo relacionamento, tem futuro?

Apesar da utilidade dos diagramas causais e da Teoria dos jogos, o mundo não é uma grande máquina determinística em que causas e efeitos estão conectados como que por engrenagens e roldanas; um mecanismo que, se entendermos como as peças se encaixam, podemos saber exatamente o que esperar em cada situação. Ele se assemelha mais a uma bola de cristal embaçada, através da qual tentamos prever o futuro.

Lidar com a incerteza é talvez à principal dificuldade da tomada de decisão. Apesar de não haver "bala de prata" que permita eliminar completamente a dúvida, desenvolver uma atitude produtiva ao lidar com o risco pode melhorar substancialmente nossas escolhas e reduzir a ansiedade, tão comum em situações como esta.

Quando enfrentamos uma situação incerta, muitas vezes oscilamos entre um de dois extremos: remoemos incessantemente as possibilidades, incapazes de escolher, ou optamos prontamente por um dos caminhos, sem refletir como deveríamos, e depois evitamos pensar no assunto, como se a incerteza simplesmente não existisse. A segunda atitude é a resposta-padrão do seu sistema intuitivo, que não gosta da dúvida e da ambiguidade, e aposta todas as suas fichas em um dos caminhos possíveis, jogando para debaixo do tapete qualquer evidência que apareça sugerindo que aquela talvez não tenha sido a melhor escolha. Ela pode levar a muitos equívocos, e deve ser evitada se a intenção é tomar boas decisões.

Já a primeira atitude, de remoer as possibilidades, é uma resposta imperfeita do seu sistema racional, que tenta ponderar prós e contras em um mundo sobre o qual não tem todas as informações de que precisa para escolher. Neste capítulo veremos como podemos ajudá-lo a fazer isso mais efetivamente, evitando a inércia da indecisão e diminuindo o desgaste emocional.

Fontes de incerteza

Chamamos de "incerta" uma situação cujo desfecho não conseguimos antecipar, o futuro que não sabemos como se desenrolará. Mas por que algumas situações são mais incertas do que outras? O que, exatamente, *gera* a incerteza?

Parte da incerteza que percebemos decorre de nossa ignorância sobre como as coisas funcionam, nossa incapacidade de compreender toda a complexidade da natureza e dos eventos. O mundo é um sistema muito complicado, e a ciência vai apenas aos poucos nos revelando seus segredos. Olhamos o grande mecanismo da realidade e não fazemos ideia de como todas as engrenagens estão conectadas. Não sabemos muito ainda sobre o comportamento do novo coronavírus, por exemplo: por que algumas pessoas desenvolvem quadros mais severos do que outras, ou por qual motivo em alguns países a epidemia é bem mais grave do que em outros com características similares. Nesses casos, temos que lidar com estimativas não porque o mundo em si é incerto, mas porque o completo entendimento dele está, por ora, além de nossa capacidade.

Para essas situações, nossa capacidade de mitigar a incerteza aumenta substancialmente conforme obtemos informações. Melhores teorias sobre como o mundo funciona e mais dados acumulados em nossos sistemas de inteligência artificial, por exemplo, nos permitirão fazer previsões cada vez mais corretas. A incerteza pode ser domada: é apenas uma questão de tempo e tecnologia.

O matemático e astrônomo francês Pierre-Simon Laplace (1749-1827) exemplificou esse ponto com um experimento mental: imagine uma inteligência sobrenatural que pudesse conhecer todas as forças que animam a natureza e o estado, a cada instante, de todos os objetos que existem. Suponha que ela tivesse, ainda, uma capacidade de processamento grande o suficiente para analisar todos esses dados. A esse "demônio", como o chamou Laplace, nada seria incerto: o futuro e o passado lhe seriam completamente transparentes, e ele seria capaz de prever com precisão cada desdobramento futuro. Não haveria mais incerteza.

O demônio de Laplace tem um descendente contemporâneo: o *big data*. O termo se refere à análise e interpretação de grandes volumes de dados nos mais diversos formatos (textos, imagens, vídeos, áudios etc.), mesmo que estejam não estruturados, ou seja, não venham organizados em categorias, linhas e colunas como nos bancos de dados tradicionais. O *big data* permite processar e combinar dados com origens tão distintas como posts em redes sociais, registros de transações financeiras, informações captadas por sensores ou através de equipamentos conectados à internet (como celulares, PCs, TVs, carros), bem como dados públicos como informações de câmeras de segurança ou faróis de trânsito. O objetivo é extrair conhecimento relevante dessa infinidade de dados para antecipar problemas e propor ações concretas. Por exemplo, a técnica vem sendo usada por varejistas para segmentar o mercado e criar ações específicas para cada cliente, online ou mesmo offline. Parece bastante razoável supor que em breve teremos experiências como a do filme *Minority Report*, em que, ao entrar em uma loja física, seremos reconhecidos pelas câmeras de segurança e painéis nos oferecerão promoções customizadas.

A tecnologia oferece inúmeras possibilidades, e vem sendo usada em diversas frentes: por bancos ou *fintechs* para recomendar a compra de ações ou fundos de investimento, pela Boeing para antecipar a necessidade de manutenção de suas aeronaves ou por produtores agrícolas para prever colheitas futuras e condições de plantio.

Apesar de promissor, o *big data* tem suas limitações. Alguns assuntos estão além do alcance do demônio de Laplace, apesar de toda a sua suposta onisciência. Primeiro, certos problemas são simplesmente complexos demais para serem processados, mesmo por avançados computadores, pois as possibilidades são astronômicas. Vimos os casos do xadrez e do Go, jogos em que não há sorte ou azar e cujas regras e objetivos são simples e claros, e, mesmo assim, tornam-se problemas impossíveis de serem resolvidos pela "força bruta" computacional na medida em que o número de jogadas possíveis é maior que o número de átomos no universo. Para essas situações, a realidade é um mecanismo tão absurdamente grande que nunca conseguiremos replicá-lo com precisão.

Outras vezes, nosso modelo só pode funcionar se o alimentarmos com condições iniciais precisas, ou seja, informações detalhadas sobre o que exatamente está acontecendo *agora*. Essas informações, porém, podem ser muito numerosas, estar em constante mudança ou simplesmente impossíveis de se obter dentro do horizonte de tempo de que dispomos. Às vezes, nem mesmo contamos com os instrumentos adequados para coletá-las.

Pense na difícil tarefa de acompanhar as taxas de contágio na população durante a pandemia: pacientes que chegam aos hospitais e são internados com casos graves de coronavírus foram infectados cerca de duas ou três semanas antes, já que há um atraso entre a contaminação e o aparecimento e agravamento dos sintomas. As estatísticas sobre contágio, mortes etc., importantes para embasar decisões sobre quais medidas preventivas adotar, nos chegam sempre atrasadas. Para resolver o problema, teríamos que testar uma amostra significativa da população saudável com grande frequência, o que é difícil de operacionalizar.

Muitos dos problemas econômicos têm essa mesma característica. Os dados que os economistas têm à mão para alimentar seus modelos de previsão são do passado: as vendas do comércio do mês anterior, a taxa de desemprego na última pesquisa do DIEESE, a inflação na última semana. O crescimento do Produto Interno Bruto (PIB), variável econômica mais relevante, é divulgado apenas meses depois que o ano se encerrou: é preciso tempo para coletar e processar todas as informações necessárias para calculá-lo. Nesse meio-tempo, porém, o governo e as empresas precisam tomar decisões sobre quanto gastar ou investir, ou o que fazer com a taxa de juros.

Dirigimos sempre olhando no retrovisor. Parece que a realidade se desenrola em câmera lenta enquanto somos pressionados a tomar nossas decisões imediatamente. Não temos a informação de que precisamos no momento em que precisamos. É como se observássemos não o mecanismo em si, mas fotos dele tiradas no passado.

Pior ainda, em algumas situações, nem mesmo coletar dados precisos em tempo real é suficiente. Certos sistemas não são lineares, ou seja, não se desenrolam em linha reta. Seus efeitos são amplificados e se retroalimentam, de forma que pequenas mudanças nas condições iniciais podem tomar enormes proporções, tornando o resultado final imprevisível. "O bater de uma borboleta no Brasil pode levar a um tornado do Texas" Esse fenômeno, conhecido popularmente como "efeito borboleta", foi proposto em 1963 pelo meteorologista e matemático Edward Lorenz (1917-2008), que notou que previsões do tempo que partiam de condições iniciais praticamente iguais podiam levar a resultados completamente diferentes. Pequenos erros na hora de medir as principais variáveis atmosféricas (temperatura, pressão etc.) que alimentavam o modelo, ou mesmo diferenças no arredondamento dos números, mudavam tudo, o que tornava basicamente inútil qualquer previsão do tempo para além dos próximos 15 dias. A "teoria do caos" — como esse campo de estudo ficou conhecido — encontrou diversas aplicações na física, engenharia, economia e biologia: mesmo em sistemas complexos rigorosamente determinísticos (ou seja, em que o comportamento futuro é unicamente determinado pelas condições iniciais sem qualquer elemento aleatório envolvido), se vários pequenos efeitos se acumulam e retroalimentam, o resultado pode ser tão sensível que fica impossível prevê-lo.

E quando nem dados há

Em todas as situações acima, a incerteza era um problema nosso, não do mundo. Nossas dúvidas vinham do fato de que os instrumentos que temos para coletar e medir as informações que importam eram imprecisos, atrasados, pouco sensíveis, e, por isso, não entendíamos bem o funcionamento dos mecanismos que movem a realidade. A natureza e o clima, por exemplo, seguem leis objetivas, mesmo que algumas delas nos sejam desconhecidas. A incerteza é apenas uma medida de nossa ignorância.

Mas considere agora um outro tipo de pergunta: haverá uma terceira guerra mundial no próximo século? Quando se dará a próxima depressão econômica? Terei sucesso vendendo um produto revolucionário que inventei? Nesses casos, não há dados a coletar: guerra mundiais, crises econômicas severas ou produtos inovadores são raros demais para que possamos construir uma série histórica que nos sirva de base de comparação. Pior ainda, eles têm características e dinâmicas que os tornam únicos. O sistema de inteligência artificial mais sofisticado do mundo não teria nada a dizer sobre o assunto, já que ele foi privado de seu único alimento, os dados. Possibilidades que nunca antes aconteceram, "mundos" que ainda serão criados, não se prestam à análises, gráficos e tabelas dos estatísticos. Nós simplesmente *não* sabemos.

O economista Frank Knight (1885-1972) propôs diferenciar duas formas distintas de incerteza.* Quando falamos de eventos que podem ser medidos, traduzidos em dados e representados por distribuições de probabilidades (como lances de moeda, retornos de ações, ou temperaturas e índices pluviométricos), lidamos com o que ele chamou de "risco". Para Knight, o risco é uma "falsa

* KNIGHT, Frank H. *Risk, Uncertainty and Profit.* Houghton, 1921.

incerteza": podemos dizer muitas coisas sobre situações com risco usando estatística, e temos bastante segurança sobre como moedas, dados ou cartas de baralho se comportarão ao longo do tempo. Por exemplo, para qualquer evento que siga uma distribuição normal (conhecida como "curva do sino"), como ocorre com grande parte dos fenômenos naturais, podemos afirmar que 95% das observações que fizermos estarão a não mais que dois desvios padrão da média. Isso vale para a altura ou o peso das pessoas, os erros na produção de peças por uma máquina ou as notas de alunos em uma prova — e, sim, também para moedas. Não podemos prever exatamente o resultado de um único evento, mas temos uma boa noção de como as coisas, em geral, vão se desenrolar ao longo do tempo. O risco, portanto, nós podemos administrar.

Já uma "incerteza verdadeira" é uma situação em que o futuro não pode ser conhecido, não importa quantos dados coletemos. Para estas, nem os resultados possíveis são conhecidos. São situações completamente novas, que não estavam em nosso radar, mas que, como uma pandemia inesperada, mudam tudo e jogam nossos planos no ralo. Os verdadeiros "cisnes negros", termo usado pelo estatístico Nassim Nicholas Taleb para designar esses eventos imprevisíveis e impactantes, questionam tudo o que sabíamos até então e nos colocam diante de uma realidade nunca antes imaginada. Nesses casos, temos que basear nossas decisões em estimativas subjetivas, já que os bancos repletos de dados históricos não nos são de grande ajuda. Como, então, podemos melhorar nossas decisões em situações como essas?

Nas próximas páginas veremos o que a ciência tem a nos dizer sobre a decisão em situações de risco e incerteza, e algumas ferramentas que podem nos auxiliar a escolher melhor quando confrontados com o incerto.

A ciência da incerteza

A humanidade lida com o risco e a incerteza desde sempre: homens das cavernas já precisavam decidir onde procurar abrigo para a noite, que frutas eram comestíveis e quais eram venenosas, e se valia a pena ou não atacar aquele mamute mais arisco. Em um mundo em que a natureza implacável não podia ser domada pelos poucos recursos dos homens pré-históricos, a sobrevivência era uma questão de desviar constantemente do perigo. Nesse sentido, sua realidade era bem mais arriscada do que a nossa. Apesar disso, como coloca o economista e historiador Peter L. Bernstein (1919-2009), a ideia de que o risco é algo que podemos administrar demorou a surgir: ela é um conceito bastante moderno, que apareceu apenas por volta do século XV com o Renascimento.*

É curioso que, mesmo os gregos, que tanto avançaram em diversos campos da matemática como a geometria e a lógica, nunca procuraram uma teoria para lidar com o incerto. O futuro era considerado domínio de oráculos e adivinhos. O homem era passivo diante das forças da natureza, um impotente observador de sua sina. Como os personagens das tragédias encenadas em seus teatros, em que aqueles que tentavam desafiar a sorte e controlar seu próprio destino quase sempre acabavam mortos, o grego comum estava sujeito aos caprichos dos deuses.

A mentalidade começou a mudar na Idade Média, em meio ao desenvolvimento de novas rotas comerciais, que levaram venezianos arrojados, como Marco Polo, a cruzar a Ásia atrás de especiarias e navegadores, como Cristóvão Colombo, a descobrir continentes desconhecidos. O comércio é, afinal, negócio arriscado, e uma melhor capacidade de previsão oferece vastas oportunidades de lucro.

---

* BERNSTEIN, Peter L. *Desafio aos deuses*: a fascinante história do risco. Elsevier, 1997.

Para planejar expedições às Índias e comerciar especiarias é preciso uma "nova matemática" para calcular custos e receitas — a recém-inventada Contabilidade — e uma forma de medir a incerteza — a Teoria da probabilidade. Surge assim uma nova forma de pensar, antenada com os novos tempos de aventureiros e comerciantes, em que o futuro oferece oportunidades além de perigos, e na qual o risco pode ser aferido e até mesmo domado.

A aposta de Pascal

A Teoria da probabilidade — ou matemática do risco — nasceu em um laboratório improvável: as mesas dos jogos de azar. Passatempo antigo (reza a lenda que os três principais deuses gregos, Zeus, Posseidon e Hades, tiraram na sorte como dividiriam as regiões do planeta, lançando dados dentro de um capacete), dados, moedas e cartas tornaram-se muito populares no século XVII entre matemáticos talentosos como Girolamo Cardano, Blaise Pascal e Pierre de Fermat. Ao tentar formalizar matematicamente esses passatempos, acabaram por inventar vários dos conceitos de probabilidade que usamos hoje, fundando a disciplina do estudo do risco.

O mais famoso entre os jogadores renascentista foi, sem dúvida, Blaise Pascal (1623-1662), matemático, escritor, inventor e filósofo genial que, aos 19 anos, inventou a primeira máquina de calcular da história. Pascal era também teólogo e se preocupava com as questões do espírito. Em seu livro *Pensamentos*, ele se propõe a responder de forma racional à eterna questão: "Deus existe?" Para Pascal, essa é uma questão da qual não podemos nos desviar, afinal precisamos escolher como tocamos nossa vida. Se seguimos os preceitos da Bíblia e vivemos uma vida devota, de "água-benta e sacramentos", como dizia Pascal, estamos, na prática, apostando na existência de Deus. Se não nos damos ao trabalho, e apenas aproveitamos os prazeres da vida terrena, estamos assumindo que Deus não existe. Para Pascal, a vida em si é uma aposta: em algum momento você morrerá e uma moeda será lançada, lhe revelando a verdade. Se sair "cara", significa que Deus existe; se sair "coroa", que Deus não existe. Em que lado você apostaria?

Você precisa decidir no escuro, não há dados passados que possam ajudá-lo aqui: só se vive uma vez (ou ao menos não guardamos memórias de vidas passadas), e não podemos contar com registros confiáveis da experiência de outros que morreram antes de nós. Também não há como fazer qualquer experimento científico para provar se existe ou não um Deus. Um programa de inteligência artificial sofisticado como o Watson não poderia oferecer qualquer ajuda aqui: simplesmente não há dados para processar. Mesmo sem termos muita base sobre a qual fundamentar nossa escolha, não podemos evitar a decisão: somos "forçados" a participar desse jogo conforme escolhemos como levar nossa vida. O que fazer então?

A reposta de Pascal foi revolucionária, e fomenta debates entre filósofos até os dias de hoje. Ele propôs que, para decidirmos, temos que ponderar a *gravidade* de cada resultado possível pela *probabilidade* de que ele ocorra. Imagine que você decida levar uma vida "pecaminosa". Se Deus não existir, você, ao final do jogo, terá obtido um ganho finito (as horas de prazer que aproveitou enquanto estava vivo). Porém, se você estiver errado e Deus realmente existir, sua perda será infinita (o sofrimento de queimar eternamente no inferno). Mesmo que você considere muito improvável a existência de Deus, argumentou Pascal, a consequência de estar errado é tão grave que, ao ponderar os dois aspectos, não valeria a pena correr o risco.

Pascal era um grande defensor do cristianismo, e a validade ou não de seu argumento sob o ponto de vista teológico já sofreu várias objeções. Uma das principais é conhecida como o argumento dos "vários deuses": Pascal reconhece a existência de apenas duas opções — acreditar ou não no deus cristão —, ignorando que existem milhares de outras crenças possíveis. Como, para maioria das religiões monoteístas, a crença no deus errado é severamente punida, os cálculos de Pascal não seriam assim tão simples em um mundo com múltiplos deuses.

Para além das questões teológicas, porém, o argumento de Pascal contém as sementes do que conhecemos hoje como Teoria da utilidade esperada. Quando analisamos situações em que há incerteza, o melhor a fazer é ponderar a *gravidade* da consequência pela *probabilidade* de sua ocorrência, e escolher aquela que nos oferece o maior "valor esperado". Essa receita é até hoje o paradigma para a decisão racional sob incerteza, e segue de perto os passos de Pascal quando propôs sua curiosa aposta.

Teoria da Utilidade Esperada

Vários matemáticos e economistas, como Daniel Bernoulli (1700-1782) e Leonard Savage (1917-1971), sofisticaram e aprimoraram a ideia inicial de Pascal ao longo dos últimos 300 anos, mas seus fundamentos continuam os mesmos. Para tomar a melhor decisão possível em um cenário de incerteza, um agente racional deve comparar o valor esperado de cada alternativa, uma espécie de média ponderada que considera a probabilidade de cada alternativa ocorrer e seu respectivo valor (ou seja, o ganho ou perda que se espera obter com ela). Se tivermos dois cenários possíveis, A e B, por exemplo, o valor esperado será:

Valor esperado = (Probabilidade de que A ocorra x Valor de A) + (Probabilidade de que B ocorra x Valor de B)

Imagine, por exemplo, que você está pensando em comprar uma ação. O valor dela daqui a seis meses dependerá de como o cenário econômico se desenrolar: se as coisas forem bem, você acredita que a ação pode chegar a valer R$100. Entretanto, em um cenário pessimista de crise e recessão, seu valor cairia para R$50. Quanto você deveria pagar pela ação, se você acredita que cada um dos dois cenários é igualmente provável? Para responder, precisamos calcular o valor esperado:

Valor esperado = (50% x R$100) + (50% x R$50) = R$75

Portanto, você deveria comprar a ação apenas se ela custar menos do que R$75. Repare que o nome "valor esperado" pode levar a alguns mal-entendidos: o valor esperado *não é* o "valor que podemos esperar" para a ação. Na verdade, a ação *nunca* valerá R$75: ou ela valerá mais (R$100), ou menos (R$50). Se um analista de ações publicasse um relatório sugerindo que o preço-alvo da ação é R$75, por exemplo, ele estaria errado 100% das vezes. O valor esperado nada mais é que uma média, uma ferramenta útil que nos permite comparar alternativas; a realidade será sempre, por definição, melhor ou pior do que essa média.

Alternativas com o mesmo valor esperado podem ser mais ou menos arriscadas. Imagine, por exemplo, que, além da ação, você tenha outra opção de investimento, um fundo de renda fixa, por exemplo. Nesse investimento, no cenário otimista você receberá R$ 76, e no cenário pessimista, R$74. O valor esperado é o mesmo da ação (R$75):

Valor esperado = (50% x R$76) + (50% x R$74) = R$75

Qual investimento você prefere?

Quase todas as pessoas preferem, sem dúvida, o segundo. A ação é uma opção muito mais arriscada porque os ganhos oscilam bastante (entre R$50 e R$100), enquanto, no caso do fundo de renda fixa, o retorno é bem previsível (entre R$74 e R$76). Como as pessoas são, em geral, avessas ao risco, elas exigem um prêmio para aceitar uma oscilação maior nos resultados. O tamanho do prêmio, porém, varia de pessoa para pessoa, e depende do seu apetite para o risco. Algumas pessoas toleram melhor a variabilidade dos retornos, outras são mais cautelosas e preferem a opção menos arriscada mesmo que a rentabilidade da ação seja bem maior.

A analogia pode ser aplicada a diversos outros problemas com incerteza. Se você está em dúvida entre ficar em seu emprego atual e sair para abrir um negócio, por exemplo, você pode comparar o valor esperado das duas alternativas, levando em conta que o negócio próprio, como a ação, é mais arriscado. Os ganhos, se as coisas forem bem, são maiores, mas as perdas, caso o projeto dê errado, também. Só valerá a pena largar seu emprego pelo sonho de empreender se o valor esperado for maior; quão maior ele tem que ser para convencê-lo a pedir as contas depende do seu apetite para o risco.

Jogando na loteria

Imagine agora que você esteja considerando se deve ou não jogar na Mega-Sena. O bilhete custa R$4,50 e o prêmio é de R$10 milhões. Para simplificar, vamos assumir que a loteria paga apenas a quem acertar os seis números (a "sena"). Como tomar essa decisão racionalmente?

Primeiro temos que estimar as probabilidades de cada cenário ocorrer. Aqui, temos apenas duas possibilidades: ganhar ou não ganhar o grande prêmio. Existem 50.063.860 combinações de seis números possíveis na Mega-Sena, ou seja, a chance de fazer a sena e receber R$10 milhões é de 0,000002% (ou 1/50.063.860). No restante dos casos, que representam 99,999998% do total, seu retorno será zero. Podemos então facilmente calcular o valor esperado do bilhete:

Valor esperado = (0,000002% x R$10 milhões) + (99,999998% x R$0) = R$ 0,20

Gastar R$4,50 por um bilhete cujo valor esperado é de R$0,20 parece um péssimo investimento. Mesmo que o prêmio acumulasse e chegasse a R$100 milhões, o valor esperado (R$2,00) seria ainda menos da metade do custo do bilhete! E isso no caso de você ser o único ganhador, não tendo que dividir o prêmio com ninguém.

Não é um problema específico da Mega-Sena: o valor esperado dos bilhetes de loterias costuma ser bem inferior ao seu custo, o que fez com que economistas apelidassem a brincadeira de "imposto sobre os tolos". Loterias, entretanto, são negócios muito bem-sucedidos em todo o mundo: cerca de 20% a 30% das pessoas admitem comprar bilhetes de loteria com alguma frequência, e, como os prêmios costumam representar apenas cerca de um terço a metade do total arrecadado com a venda dos bilhetes, elas fornecem uma importante fonte de receita a quem as organiza. A "Mega-Sena da virada" em 2019, por exemplo, arrecadou impressionantes um bilhão de reais, pagando um prêmio de R$304,2 milhões. O restante foi para o governo na forma de impostos, cobriu os custos ou ficou com a Caixa Econômica Federal, que organiza o sorteio, e com as lotéricas. Por que será que tantas pessoas persistem no erro, e continuam a aplicar seu dinheiro todas as semanas em um investimento tão desvantajoso?

Uma explicação possível é que erramos porque não conseguimos compreender quão realmente improvável é ganhar na loteria. Um estudo do Instituto Nacional de Pesquisas Espaciais (Inpe) calculou que é 25 vezes mais provável ser atingido por um raio no estado de São Paulo do que ganhar na Mega-Sena. Porém, todas as semanas temos notícia dos sortudos que repentinamente se tornaram milionários e pensamos que o mesmo poderia muito bem acontecer conosco. Os perdedores, porém, nos são invisíveis, por isso subestimamos sua existência. Se déssemos a cada um dos portadores de bilhetes não premiados da Mega-Sena cinco segundos na televisão para se manifestarem — o suficiente para que digam a frase: "que pena, eu não ganhei na loteria" —, precisaríamos de cerca de 1.300 dias (ou 3 anos e meio!) para que todos tivessem a chance de se manifestar. Teríamos a programação mais enfadonha da história da televisão, mas talvez fôssemos bem-sucedidos em transmitir aos potenciais jogadores as reais probabilidades envolvidas.

Subestimar a chance de fracasso não é privilégio dos jogadores de loterias. Estudos mostram que as pessoas tendem a ser excessivamente autoconfiantes e superestimam a chance de um novo negócio ser bem-sucedido, por exemplo, mesmo que as estatísticas mostrem que em torno de 42% das novas empresas no Brasil fecham em até dois anos.* Histórias de fortunas feitas por empreendedores em garagens e altos lucros obtidos ao se apostar em ações vencedoras, que tanto destaque recebem nos jornais e revistas especializadas, funcionam, talvez, como a entrevista semanal do ganhador da loteria, nos deixando com uma percepção viesada sobre as chances envolvidas.

Em parte, esse comportamento pode ser explicado pela nossa velha amiga, a heurística da disponibilidade, vista no capítulo 4: nossa mente é rápida em recuperar memórias de situações em que tivemos um bom desempenho, enquanto nossos fracassos são var-

* Fonte: *Sobrevivência das Empresas no Brasil.* Sebrae, 2016.

ridos para debaixo do tapete e esquecidos. Da mesma forma, lembramos facilmente das empresas e dos líderes que tiveram sucesso extraordinário, enquanto as muitas tentativas e empreendimentos malsucedidos desaparecem dos livros de história, distorcendo nossa capacidade de avaliar os riscos e retornos envolvidos. Como os aviões que não retornavam nos combates da Segunda Guerra, as iniciativas fracassadas e empresas "abatidas" pelo caminho estão ausentes de nossas amostras viesadas, em mais um caso de "viés de sobrevivência".

Não tão tolos assim

Superestimar as chances de levar o bilhete premiado, entretanto, explica apenas em parte a atração das pessoas pela loteria e outras apostas arriscadas. Existe outra explicação mais lisonjeira, que considera que o comportamento pode ser perfeitamente racional. Imagine que você não use no cálculo do valor esperado o *dinheiro* que espera ganhar como prêmio (os R$10 milhões da loteria, por exemplo), mas a *satisfação* que espera ter com ele. Para medi-la, os economistas inventaram o conceito de "utilidade", uma régua hipotética que ranqueia cada situação de acordo com a satisfação subjetiva que extraímos dela. Pense na utilidade como um termômetro de felicidade, uma balança na qual "pesamos" a satisfação que extraímos de cada situação que experimentamos. Quanto mais prazerosa a experiência, mais o ponteiro da balança se mexe.

Os R$4,50 que você gasta ao comprar o bilhete da loteria o deixam mais pobre, portanto reduzem um pouco sua satisfação. O valor (R$4,50), porém, é tão baixo que o ponteiro da balança da utilidade quase não se move (vamos supor que ele caia apenas uma "unidade de utilidade", que chamaremos de "util"). Você basicamente continua podendo fazer tudo o que fazia antes, e a perda quase não é sentida. Já ganhar R$100 milhões muda completamente sua vida! Você pode ter uma casa na praia, um Porsche e não precisa nunca mais trabalhar — a balança se desequilibra totalmente, e o ponteiro dá um grande salto para a direita. Se sua utilidade aumentar em 1 bilhão de "utils", por exemplo, o valor esperado (em "utils" ao invés de em R$), será:

Utilidade esperada = (0,000002% x 1 bilhão de utils) + (99,999998% x 0 utils) = 20 utils

Agora, o benefício esperado (20 utils) é bem superior ao custo percebido (1 util), e a aposta faz completo sentido.

A "sacada" de que as pessoas maximizam a *utilidade* esperada de cada escolha, ou a satisfação subjetiva envolvida, e não necessariamente o dinheiro, foi do matemático suíço Daniel Bernoulli (1700-1782), e teve implicações importantes para as áreas de finanças e economia. Ela explica por que as pessoas tendem a ser avessas ao risco, dispondo-se a pagar um ágio para evitar a incerteza — e, portanto, porque um investimento em ações deve render mais no longo prazo do que um investimento mais seguro, em renda fixa, por exemplo. Conforme nos tornamos mais ricos, argumentou Bernoulli, cada real adicional que recebemos representa um incremento cada vez menor em nossa satisfação. Se dermos cem dólares ao Bill Gates, sua balança de utilidade praticamente não se move. Já cem dólares no bolso de um morador de rua mudariam tudo. Se isso é verdade, significa que perdas são sentidas com mais intensidade do que ganhos, o que nos faz preferir ganhos certos, mesmo que menores, a ganhos duvidosos.

O conceito de utilidade é a grande carta na manga na teoria da decisão racional porque ele é bastante flexível e pode ser usado para medir praticamente quaisquer atributos envolvidos em uma decisão. Por ser apenas uma escala numérica subjetiva para comparar todos os resultados concebíveis de uma decisão, a utilidade pode traduzir "alhos e bugalhos" para uma linguagem comum.

Para alguns problemas, como o da loteria, a utilidade é uma forma de medir a satisfação que extraímos do dinheiro. Quando lidamos com problemas em que os resultados são monetários (o lucro de um negócio, o salário em um novo emprego, o valor de uma aposta em dinheiro, o retorno de um investimento...), podemos fazer como Bernoulli e "traduzir" os cifrões em utils levando em conta a satisfação que teríamos ao engordar nossa conta bancária.

O interessante, porém, é que podemos usar a mesma ferramenta para lidar também com problemas não monetários. A balança subjetiva da utilidade pode ser usada para medir a satisfação que você obteria se conseguisse um pouco mais de qualidade de vida, de saúde, de reconhecimento social, de realização pessoal — qualquer atributo que seja importante para você, na verdade.

Agora você consegue incluir em sua análise sobre abrir ou não um novo negócio todos os elementos não monetários que certamente pesam em sua decisão: a realização de ter seu próprio empreendimento, o peso da responsabilidade de ter funcionários que dependem de você, a maior flexibilidade para organizar seus horários — e todos os outros aspectos que considere relevantes. Basta apenas que você seja capaz de ordenar, de forma completa e consistente, do pior para o melhor, os resultados possíveis de acordo com suas preferências, dando "notas" subjetivas para os diferentes atributos.*

---

* Em 1944, os matemáticos John von Neuman e Oskar Morgenstern demonstraram que, se alguns axiomas forem respeitados (e.g., de que as preferências sejam completas, transitivas, contínuas e independentes), um tomador de decisão racional, sob incerteza, se comportará como se estivesse maximizando o valor esperado de uma função utilidade.

A flexibilidade do conceito de utilidade permite que a teoria seja aplicável a uma vasta gama de problemas; basta calibrar adequadamente a balança com as devidas utilidades subjetivas. Ao tomador de decisão cabe determinar o objetivo a atingir — tarefa que nem sempre é óbvia, já que em muitas situações não sabemos exatamente o que queremos alcançar. Feito isso, o modelo é capaz de encontrar a alternativa mais adequada para alcançá-lo. Alimentada com o destino almejado, a Teoria da utilidade esperada é como um GPS que nos diz a rota a seguir para chegar até lá.

O que nenhuma fórmula pode lhe dar

Como em qualquer modelo matemático ou receita culinária, o resultado final depende, porém, da qualidade dos ingredientes que são adicionados. O sucesso é uma questão de usar premissas bem fundamentadas, que representem bem a realidade. Qual a chance real de cada cenário acontecer? Como será o resultado, o ganho ou perda em cada caso?

Por vezes, esses números são simples de encontrar, como no caso da loteria. Podemos calcular a chance de acertar na Mega-Sena até sua última casa decimal (0,000002%), simplesmente contando as 50.063.860 possibilidades existentes. O custo da aposta e o valor do prêmio são ainda mais óbvios: estão impressos no bilhete, ou são anunciados pela Caixa.

Em diversos outros casos temos dados históricos abundantes nos quais podemos nos basear para estimar, com bastante confiança, as frequências com que diferentes cenários costumam ocorrer e seus resultados. É o que analistas financeiros tentam fazer quando se debruçam sobre performances históricas de ativos como ações e títulos, por exemplo.

O privilégio de poder contar com o passado para nos dar pistas sobre o futuro, porém, não está à disposição para muitas das situações de "incerteza verdadeira" que enfrentamos no mundo real. Qual a chance ou o "custo" de uma guerra ou uma depressão econômica? Quão lucrativo pode ser um produto completamente inovador? A história, a economia, os negócios, os relacionamentos são realidades dinâmicas, em constante mudança. A cada decisão que tomamos, alteramos o ambiente, destruímos o que havia antes e criamos um novo futuro. O cenário evolui com a história; como diz o ditado, ninguém entra duas vezes no mesmo rio. Aqui, não há o que calcular, por melhor que sejam suas técnicas estatísticas. Nesses casos o melhor que podemos fazer é "estimar".

Mesmo que nossas estimativas sejam necessariamente imperfeitas — afinal, "estimar" é o que você faz quando você não sabe —, o próprio exercício de traçar cenários e tentar atribuir valores e probabilidades a cada situação possível é extremamente útil para aumentar nosso entendimento do problema. Ele nos permite obter uma percepção melhor de quão sensível o resultado é a cada uma das variáveis envolvidas e, portanto, indica com o que devemos realmente nos preocupar e para onde dirigir nossos esforços.

Pense por exemplo no trabalho de um analista financeiro que procura determinar o valor de uma empresa com base em sua lucratividade futura. Para isso, ele deverá construir um modelo de projeção, estimando como evoluirão as vendas, os preços, os custos etc. pelos próximos 10 ou 20 anos. Cada uma dessas variáveis é, em si, incerta: as vendas dependem do cenário econômico do país, dos esforços de promoção da empresa, da reação de eventuais concorrentes. Os custos dependem dos movimentos da taxa de câmbio, do preço da energia elétrica ou do valor futuro do salário mínimo, por exemplo. O modelo de avaliação nada mais é que a consolidação de uma série de "chutes informados".

Por vezes, quando vemos análises desse tipo, apresentadas como tabelas enormes e sofisticadas planilhas de Excel com centenas de números exatos até a última casa decimal, temos a sensação de que são objetivas e precisas. Isso é, claro, uma ilusão. Modelos são apenas ferramentas de processamento: alimentados com lixo, produzirão apenas lixo.

Um bom analista é justamente alguém que possui uma boa compreensão sobre a empresa e a indústria que está analisando, e consegue alimentar seu modelo com premissas realistas. Parte ciência e parte arte, o segredo da boa projeção está sempre fora do Excel. A planilha é apenas uma forma de combinar tudo o que se sabe de maneira estruturada e testar com facilidade cenários alternativos: e se as vendas crescerem só 1% em vez de 3%, qual o impacto no lucro? E se o câmbio se desvalorizar, o que acontece com o valor da empresa? O modelo lhe permite simular os erros possíveis e encontrar as variáveis mais relevantes, com as quais devemos nos preocupar ("Esta empresa é muito sensível ao câmbio? Ou a uma recessão econômica?"), daí seu enorme valor.

Além disso, quando quebramos um problema incerto em partes menores para alimentar nosso modelo, melhoramos muito nossa capacidade de previsão. Estimar vendas, preços, custos etc. é melhor do que estimar o lucro ou o valor da empresa diretamente. O físico nuclear italiano Enrico Fermi (1901-1954) mostrou o motivo por meio de um exercício de adivinhação. Imagine que você queira estimar um número para o qual não tenha quase nenhuma referência: "quantos afinadores de piano existem em Chicago?", por exemplo. Fermi mostrou que, se quebrarmos a questão em subproblemas menores (Quantos habitantes têm Chicago?, Quantas por cento das casas têm pianos?, Quantas vezes um piano é afinado por ano? etc.) e fizermos estimativas separadas para cada uma das partes, combinando-as depois para encontrar a resposta, chegaremos a estimativas bem mais precisas do que quando tentamos "chutar" diretamente o valor final. Decompondo o problema em partes, podemos separar melhor o que sabemos do que não sabemos, e "inspecionar" o processo de projeção, evitando muitos erros.

Em parte, a maior precisão ocorre porque algumas dessas informações parciais nós não precisamos realmente "chutar" — podemos consegui-las objetivamente com facilidade na internet, ou consultando um especialista (o número de habitantes de Chicago, quantas vezes um piano precisa ser afinado etc.). Assim, estimamos apenas aquilo que não é possível saber, limitando a incerteza ao mínimo inevitável. Quando fazemos projeções, a soma das partes vale mais do que o todo.

A quem não sabe aonde vai, qualquer caminho serve

Em uma das mais famosas passagens do clássico de Lewis Carroll, *Alice no País das Maravilhas*, Alice pede ajuda ao gato em cima da árvore:

> *— Gato Cheshire... pode me dizer qual o caminho que eu devo tomar?*
> *— Isso depende muito do lugar para onde você quer ir — disse o Gato.*
> *— Eu não sei para onde ir! — disse Alice.*
> *— Se você não sabe para onde ir, qualquer caminho serve.**

* CAROLL, Lewis. *Alice no País das Maravilhas*. Darkside, 2019.

O que nos leva a um último ponto importante antes de encerrar o capítulo: um modelo de decisão pode lhe dizer a melhor forma de alcançar seus objetivos, mas não pode determinar por você quais devem ser eles.

Em especial, hesitamos porque temos que conciliar diversos objetivos distintos e, como vimos, isto implica em *trade-offs*: para conseguir algo que desejamos, precisamos abrir mão de alguma outra coisa que também valorizamos. O emprego mais bem remunerado e que nos dá mais status e reconhecimento exige maior dedicação de tempo, o que prejudica nosso convívio familiar e qualidade de vida. Como atribuir "notas" a cada um desses objetivos para construir uma "balança de utilidade" que realmente reflita nossas preferências?

Para o tomador de decisão racional dos modelos dos economistas, o mais importante é a consistência: só é possível encontrar a escolha ótima para atender a um conjunto de objetivos se estes não mudarem a toda hora. Estabelecer prioridades e metas claras é o ponto de partida de qualquer decisão, e, sendo elas subjetivas e individuais, só podem ser encontradas dentro da cabeça de cada um. Como coloca Hume, "a razão é, e só pode ser, escrava das paixões; só pode pretender ao papel de as servir e obedecer a elas."* Primeiro, diga-me o que quer — seus objetivos, suas paixões — e o raciocínio, com seus modelos e fórmulas, pode então ser usado para encontrar a melhor forma de atingi-los.

O problema de lidar com *trade-offs* e conciliar objetivos é agravado em cenários incertos porque, inevitavelmente, algumas vezes as coisas darão errado. Quando transitamos pelo pantanoso mundo da incerteza, não é possível acertar sempre. Boas escolhas podem acabar mal, e previsões bem-feitas podem não se confirmar *unicamente em função do acaso*. Esse resultado é muito frustrante, mas inevitável

---

* HUME, David. *Tratado da natureza humana*. Editora Unesp, 2009.

quando lidamos com o risco. Precisamos nos preparar psicologicamente para lidar com a eventual "injustiça" que vaga pelo mundo da incerteza. E a melhor forma de fazer isso é saber *separar o processo do resultado*. Existe uma enorme diferença entre uma *má* decisão — aquela que foi tomada displicentemente, com base em informações e premissas equivocadas etc. — e uma *boa* decisão acompanhada de má sorte. Como em um jogo de pôquer, na vida você pode jogar bem e ainda assim perder, se seu oponente tiver uma quadra de ases. Não faz sentido se recriminar por ter tido má sorte: o resultado não está inteiramente sob nosso controle, apenas o processo.*

Temos que nos contentar em empregar o melhor método e as melhores técnicas, usar modelos robustos e estimativas adequadas, tentar coletar o maior número de dados disponíveis etc. e aceitar que, às vezes, isso não será suficiente para garantir o resultado esperado. Poupe-se do desgaste e arrependimento indevido quando as coisas derem errado, apesar de você ter tomado a melhor decisão ao seu alcance. Ao longo do tempo, a diferença entre um bom e um mau modelo fica patente, e as recompensas aparecem.

---

* Annie Duke, jogadora de pôquer professional, discute bem o tema em seu livro *Thinking in Bets*: Making Smarter Decisions When You Don't Have All the Facts, NY: Portfolio, 2018.

Para lembrar na hora da decisão:

- ✓ Para tomar a melhor decisão possível em um cenário de incerteza, compare o "valor esperado" de cada alternativa, ponderando a chance de cada cenário ocorrer pelo seu respectivo valor (ganho ou perda).
- ✓ Faça estimativas e modelos, mesmo que imperfeitos: eles lhe permitem simular possíveis cenários alternativos e identificar o que é realmente relevante. Mas lembre-se: modelos podem passar a ilusão de serem matemáticos e precisos, mas são apenas ferramentas de processamento; alimentados com lixo, produzirão apenas lixo.
- ✓ Um modelo pode lhe dizer a melhor forma de alcançar seus objetivos, mas não pode determinar por você quais são eles. Estabelecer prioridades e metas é o ponto de partida de qualquer decisão. Seja consistente e realista ao definir o que você procura: objetivos que mudam a toda hora ou que ignoram que existem *trade-offs* não podem ser alcançados.
- ✓ Conforme-se com o fato de que não é possível acertar sempre quando existe incerteza. O resultado não está inteiramente sob nosso controle, apenas o processo. Não faz sentido se recriminar por uma boa decisão que deu errado porque foi acompanhada de má sorte. O melhor que podemos fazer é usar modelos adequados e premissas realistas.

capítulo 11

QUANDO MUDAR DE IDEIA

Para usar a Teoria da utilidade esperada e, como Pascal, calcular o valor esperado de nossas opções, precisamos estimar a chance de cada cenário possível acontecer. Como vimos no capítulo anterior, em algumas situações, como a loteria, esse cálculo é simples e direto. Em outras, porém, precisamos confiar no conhecimento prévio que temos da situação para fazer estimativas, "chutes informados" sobre aquilo que não sabemos. Em particular, precisamos traduzir para a linguagem das probabilidades opiniões que temos sobre como as coisas se desenrolarão no futuro: qual a chance de um novo produto "pegar"? Qual a probabilidade de a economia se recuperar? Mais ainda, precisamos saber se devemos mudar de opinião quando fatos novos aparecem. Neste capítulo discutiremos a principal ferramenta da qual dispomos para fazer isso acertadamente: o raciocínio bayesiano.

A probabilidade que você não aprendeu na escola

Provavelmente você aprendeu sobre probabilidades na escola com exemplos sobre lançamentos de dados e sacos com bolas verdes e vermelhas. Nesses exemplos de livro-texto, probabilidade significa a *frequência* com que as coisas acontecem ao longo tempo. O mesmo evento é repetido e repetido, e, no longo prazo, o resultado esperado aparece. Ao final de horas lançando moedas, você espera que, em 50% das vezes, tenha saído "cara". Do contrário, irá concluir que a moeda está viciada.

Mas considere um uso um pouco diferente que fazemos do conceito de probabilidade: imagine que, logo cedo pela manhã, um aplicativo em seu celular lhe informe que a probabilidade de chover hoje é de 70%. O que significa exatamente essa informação? O clima de *hoje* não é um evento que podemos repetir como fazemos com lançamentos de moeda: cada dia é um dia diferente. Como você interpreta esse percentual? Vai ou não vai chover, afinal?

Se você parar para pensar, atribuir uma probabilidade a um evento único, que não vai se repetir, é um conceito um pouco estranho. Suponha que, após ler a previsão, você pegue, precavido, o seu guarda-chuva e saia para o trabalho. A manhã está um pouco fria e nublada, mas nada de chuva. Na hora do almoço, o tempo abre — e carregar o desajeitado guarda-chuva para cima e para baixo começa a incomodar. Chega a noite, e... nenhuma gota! E então, a previsão do tempo errou?

Não exatamente. A chance de chuva nunca foi 100%; sempre havia 30% de chance de não chover. Como coloca Tetlock, nossa primeira reação ao lidar com previsões probabilísticas é cortar o mundo ao meio: qualquer chance acima de 50% é interpretada como "vai chover", e qualquer previsão abaixo de 50%, "não vai chover".* A probabilidade, que devia funcionar como um botão de *dial* que se roda para regular o volume do som, com várias gradações, de repente virou um interruptor "on/off", sim ou não, e perdeu

* TETLOCK, Philip H. *Superprevisões*: a arte e a ciência de antecipar o futuro. Rio de Janeiro: Objetiva, 2016.

toda a sensibilidade. Chances de chuva de 51, 70 ou 90% viraram a mesma coisa para você. Sob esse ponto de vista distorcido, as três previsões estariam igualmente erradas se não chover, por estarem "do lado errado do talvez".

Se cortar o mundo ao meio, em 50%, não funciona, como saber então se a previsão do tempo acertou ou errou? A única forma seria repassar o *mesmo* dia várias e várias vezes, como repetidamente jogamos moedas, e verificar se, em 70% das repetições, o guarda-chuva nos foi útil. Estaríamos como Tom Cruise no filme *No limite do amanhã*, condenados a reviver a mesma data repetidamente, presos em um *loop* temporal, até coletarmos a amostra de dados de que precisamos. Como "viver-morrer-repetir" não é uma alternativa factível fora da ficção científica, na prática nunca saberemos se o aplicativo do tempo errou ou acertou.

A previsão do tempo ainda é um problema que enfrentamos, com alguma variação, repetidas vezes: todos os dias seu aplicativo faz previsões, e você pode avaliar se ele acerta mais do que erra ao longo do tempo. Você consegue julgar se o *modelo* de previsão usado pelo aplicativo "Tempo" é razoavelmente preciso com uma amostra grande de previsões para dias diferentes, mesmo que seja impossível dizer se *uma* previsão, para um dia específico, foi exata ou um desastre completo.

Muitas vezes, porém, precisamos estimar a chance de um determinado evento genuinamente único ocorrer: Qual a chance de encontrarmos uma vacina para um novo tipo de vírus? Qual o risco de a Coreia do Norte lançar um míssil nuclear? Qual a probabilidade de que uma empresa vá à falência? Qual a chance de meu namorado ou minha namorada estar me traindo?

Nesses casos, a probabilidade não significa a frequência com que esperamos que algo aconteça, mas quão *confiantes* estamos de que um determinado resultado vai ocorrer. Ela mede o grau em que acreditamos em algo, ou quão justificada uma conclusão é em face da evidência existente. Chamamos esse conceito de probabilidade "subjetiva".

A probabilidade subjetiva é uma forma de expressar nossa ignorância sobre o mundo. Pode parecer contraintuitivo usar números e conceitos matemáticos — esse suposto bastião da objetividade — para expressar algo pessoal e incerto como uma crença. Porém, considere que a matemática é uma linguagem como qualquer outra, e pode ser usada para traduzir tanto fatos concretos que observamos no mundo (quanto você pagou por um produto?) como opiniões, julgamentos individuais e estimativas intangíveis (de 0 a 10, qual sua avaliação sobre o produto?).

Aqui, usaremos a linguagem da matemática para expressar aquilo em que acreditamos. Quando lidamos com a incerteza, a probabilidade funciona como uma ponte que liga o mundo da ignorância à terra prometida do conhecimento. Como qualquer conceito matemático, porém, as probabilidades subjetivas devem seguir algumas regras. Em especial, elas devem responder à realidade. Conforme cruzamos a ponte e coletamos pedaços adicionais de informação relevante sobre o tema em questão — ou "evidências" —, precisamos alterar nosso grau de confiança proporcionalmente. Qualquer nova informação que reduza nossa ignorância deve alterar também a probabilidade. Esse processo de revisão constante chama-se "raciocínio bayesiano", e é uma das principais ferramentas que existem para pensar de forma racional em um mundo incerto.

O desconhecido encapsulado em uma pequena fórmula

A resposta para a difícil questão sobre como devemos ajustar nossas crenças conforme encontramos novas informações sobre o mundo foi dada por um personagem improvável: o reverendo inglês Thomas Bayes (1702-1761). E mais uma vez, na história da Teoria da probabilidade, a inspiração veio da religião.

O filósofo David Hume havia causado grande polêmica em 1748, ao publicar um ensaio "demonstrando" por que não se deve acreditar em milagres. Hume argumentava que um milagre é, por definição, algo que viola uma lei natural ("pessoas não podem andar sobre a água", por exemplo). Leis naturais, entretanto, são fruto de um extenso corpo de evidência confiável acumulado ao longo do tempo sobre um certo fenômeno, do contrário não seriam leis. Ao longo de milhares de anos, observou-se que, sem exceção, todas as pessoas que entravam em rios, lagos e mares inevitavelmente afundavam, o que nos permitiu deduzir a lei geral acima. Sendo assim, qualquer relato a favor de um milagre ("*eu vi fulano andar sobre as águas!*"), mesmo que venha do testemunho mais forte e confiável, será sempre sobrepujado pela ampla evidência acumulada anteriormente a favor da lei da natureza. É sempre mais provável o testemunho ser falso, dizia Hume, do que o milagre ter mesmo ocorrido:

> *Nenhum testemunho é suficiente para estabelecer um milagre, a menos que seja de tal tipo que sua falsidade seja mais milagrosa do que o fato que se esforça para estabelecer.**

O argumento de Hume, polêmico até os dias de hoje, levou o reverendo Thomas Bayes, seu conterrâneo, a se perguntar: quanta evidência é necessária para nos convencer de que algo improvável realmente aconteceu? Quando uma hipótese deixa de ser algo impossível e se torna algo provável? Dessa indagação surgiu o que é

---

* HUME, David. *An Enquiry Concerning Human Understanding.* Domínio público.

talvez o teorema mais famoso da história da estatística. O Teorema de Bayes, publicado apenas postumamente, trata de como devemos revisar nossas crenças quando descobrimos um fato novo ou observamos uma nova evidência — ou seja, responde matematicamente à pergunta filosófica sobre quando devemos mudar de ideia.

Para entender a intuição por trás do Teorema de Bayes, considere o exemplo proposto pelo filósofo Richard Price (1723-1791), amigo do reverendo e responsável por divulgar as ideias dele após sua morte. Imagine que um dos prisioneiros de Platão consiga se libertar das correntes e saia da caverna, observando o sol nascer pela primeira vez. A princípio, nosso recém-liberto não sabe se o fenômeno é recorrente e banal — se o sol nascerá todos os dias — ou se é algum evento extraordinário e atípico. Ele espera a próxima manhã e — *voilá!* — o sol nasce novamente. A cada dia que acorda e vê o sol despontar no horizonte, mais confiante fica de que esse é um fenômeno recorrente da natureza, e mais segurança tem em prever que o sol nascerá de novo amanhã.

Bayes propôs que medíssemos a confiança que temos em uma hipótese ("*o sol nascerá todos os dias?*") como uma probabilidade, "inventando" o conceito de probabilidade subjetiva que mencionamos anteriormente. Mais ainda, essa probabilidade seria *condicional*, ou seja, deveria depender da informação de que dispomos. Qual a probabilidade de que o sol nasça, *levando em consideração o que eu sei até o momento*? Conforme mais evidência vai se tornando disponível, a probabilidade que nosso prisioneiro alforriado atribui à sua previsão de que o sol vai nascer amanhã aumenta. Com o tempo, ela tende a se aproximar de 100%, sem nunca, entretanto, atingir esse patamar (afinal, sempre existe uma chance, por menor que seja, de "amanhã ser diferente").

Para Bayes, aprendemos por aproximação, chegando cada vez mais perto da verdade conforme obtemos mais evidência. Enquanto um cético empirista como Hume argumentaria que, como nunca podemos ter certeza de que o sol vai nascer de novo, prever que ele *não* vai nascer é tão racional como prever que vai, Bayes considera a racionalidade uma questão de grau.

A teoria de Bayes não é apenas filosófica: ele propôs uma fórmula matemática para ajustar as crenças apropriadamente, seu famoso teorema. Apesar de a matemática envolvida ser simples, ela possibilita enormes insights. Se você gosta de um pouco de matemática, pode acompanhar como a fórmula pode ser aplicada aos diversos exemplos que veremos a seguir nos boxes em cinza. Do contrário, pode ignorá-los e seguir lendo apenas o texto principal, onde apresentaremos as principais lições que o raciocínio bayesiano nos traz de forma intuitiva e sem fórmulas.

Se você gosta de um pouco mais de matemática:
Para compreender o Teorema de Bayes é preciso relembrar o conceito de probabilidade condicional: qual a probabilidade de um evento ocorrer, *dado que outro*, relacionado a ele, já ocorreu? Qual a probabilidade de eu tirar um ás no pôquer, *dadas* as cartas que estão na mesa? Qual a probabilidade de que uma pessoa vá viajar de avião, *dado que* ela já está no aeroporto? Qual a probabilidade de eu ter uma complicação com o coronavírus, *dado que* tenho diabetes?
Podemos aplicar esse mesmo conceito às hipóteses que temos sobre o mundo: qual a probabilidade de que nossa ideia esteja correta, *dada* a evidência que está disponível? Qual a probabilidade de o sol nascer amanhã, *dado que* ele nasceu todos os dias ao longo dos últimos milhões de anos? O difícil problema filosófico passa a ser, então, um problema técnico: atualizar a probabilidade condicional conforme os fatos novos aparecem.

Dicionário matematiquês-português:
O Teorema de Bayes nada mais é do que a relação entre quatro probabilidades (na notação matemática para probabilidades condicionais, o traço vertical entre as letras pode ser lido como "*dado que*"):
P(H): a probabilidade de que a hipótese (H) seja verdadeira antes de observarmos qualquer evidência (chamada de **base**, "*prior*", ou crença *a priori*)
p(H I e): a probabilidade de que a hipótese (H) seja verdadeira, *dado que observamos a nova evidência* (a **previsão revisada**, ou probabilidade *a posteriori*).
p(e I H): quão provável é encontrarmos essa determinada evidência, *dado que a hipótese é verdadeira*? (o "**poder incriminatório**", digamos assim, da evidência)
p(e): quão provável é encontrar essa determinada evidência *em geral*, mesmo que a hipótese não seja verdadeira? (a **frequência total** com que a evidência aparece)

Da religião à traição

O estatístico Nate Silver ilustra como devemos ajustar aquilo em que acreditamos quando fatos novos aparecem com um exemplo malicioso.* Imagine que você chegue em casa, após uma viagem de negócios, e encontre uma peça de roupa íntima suspeita no armário. "Será que meu parceiro está me traindo?" é a pergunta que brota em sua cabeça. Bayes pode ajudá-lo a responder a esse dilema.

Primeiro, precisamos traduzir a questão conjugal para a linguagem da matemática. No mundo de Bayes não há certezas, apenas chances maiores ou menores de que uma hipótese seja verdadeira. Suponha que, até ontem, você acreditasse que a chance de ser traído era de apenas 4% (o número é baseado em estudos reais sobre

* SILVER, Nate. *O sinal e o ruído*: por que tantas previsões falham e outras não. Rio de Janeiro: Intrínseca, 2013.

a frequência de traições entre parceiros casados a cada ano). Essa estimativa é o que os estatísticos chamam de crença *a priori*, ou *prior*, do inglês — a base da qual você parte em sua análise.

Chega até nós, então, uma nova informação, a *evidência*: a roupa íntima incriminadora no armário. Precisamos agora atualizar nossa estimativa inicial, calculando a probabilidade de estarmos sendo traídos, após observarmos o fato em questão (ou seja, a probabilidade revisada, ou probabilidade *a posteriori*). Como fazer isso?

O Teorema de Bayes diz que temos que levar em conta três aspectos:

1. *Quão provável era a traição antes de acharmos a roupa íntima incriminadora?* (Qual a nossa crença *a priori*?)
2. *Qual a chance de uma roupa íntima estranha aparecer no armário se eu fui realmente traído?* (Quão suspeita ou incriminadora a evidência realmente é?)
3. *Qual a chance de uma roupa íntima estranha aparecer no armário, por qualquer motivo — esteja meu parceiro me traindo ou não?* (Quão comum é essa evidência em geral?)

A probabilidade revisada nada mais é do que uma combinação das três probabilidades acima: 1 x 2 ÷ 3. Simples assim. Para Bayes, nossas crenças devem ser sempre revisadas na direção da evidência que observamos, mas o ajuste será maior ou menor dependendo de quão incriminador e incomum é o evento que observamos.

Silver, por exemplo, estima que a chance de uma roupa íntima estranha aparecer no armário caso você *tenha* sido traído é de 50% e que existe uma chance — de 5% talvez — de que a aparição da roupa incriminadora tenha uma explicação completamente inocente (a lavanderia que trocou suas roupas por engano, ou um presente que seu parceiro esqueceu de embrulhar). Nesse caso, a probabilidade de que você esteja sendo traído aumentaria dos 4% originais para 29,4% após a aparição da roupa íntima suspeita (você pode acompanhar os cálculos detalhados no boxe a seguir).

Menos do que você esperaria, talvez? Isso se deve ao fato de nossa estimativa inicial ser tão baixa. No mundo que analisamos, traições são raras (acontecem com apenas 4% dos casais a cada ano), mais raras do que roupas íntimas que aparecem em armários devido a enganos inocentes (5%), e o modelo ajusta para isso mais objetivamente do que conseguimos fazer no calor do momento.

Esse é um primeiro — e importante — insight do raciocínio bayesiano: uma crença *a priori* forte (perto de 0% ou de 100%) é bastante resiliente diante de fatos novos. Ela remete ao problema do milagre de Hume: para nos convencermos de que algo que era, a princípio, realmente improvável de começo aconteceu, precisamos de uma evidência incrivelmente forte. Como enfatizou o astrônomo e escritor norte-americano Carl Segan (1934-1996), "alegações extraordinárias requerem evidências extraordinárias".

A fórmula de Bayes:

O teorema de Bayes diz que p (H I e) = p(H) x p (e I H) ÷ p (e), ou, traduzindo em palavras:

PREVISÃO REVISADA = BASE X PODER INCRIMINATÓRIO ÷ FREQUÊNCIA TOTAL

Aplicando a fórmula ao caso da traição:

— Hipótese a ser testada (H): "você está sendo traído?"

— Evidência (e): roupa suspeita encontrada no armário

— Base, ou p(H): chance de 4% de estarmos sendo traídos antes de observarmos qualquer evidência

— Poder incriminatório, ou p(e I H): chance de 50% de uma roupa íntima estranha aparecer no armário *caso você tenha sido traído*

— Frequência total, ou p(e): chance de uma roupa íntima estranha aparecer no armário, *por qualquer motivo*. Para calculá-la precisamos ponderar a chance de estarmos ou não sendo traídos (ou seja, 4% e 96%) pela probabilidade de a roupa íntima suspeita aparecer em cada caso (50% ou 5%, respectivamente):

FREQUÊNCIA TOTAL = (4% x 50%) + (96% x 5%) = 6,8%

Aplicando o Teorema de Bayes:

PREVISÃO REVISADA = BASE X PODER INCRIMINATÓRIO ÷ FREQUÊNCIA TOTAL

PREVISÃO REVISADA = 4% x 50% ÷ 6,8% = 29,4%

O que os números não dizem

Talvez você ache os pressupostos de Silver muito otimistas, e queira alimentar a fórmula com suas próprias estimativas. Como nossas probabilidades são crenças subjetivas, você está livre para fazê-lo. Sua conclusão será, então, diferente da dele.

Alguns consideram essa subjetividade um grave defeito da teoria de Bayes, já que a resposta fica ao gosto do cliente. Outros, porém, a veem como sua principal qualidade, exigindo que explicitemos com transparência nossas crenças pessoais de forma que todos — inclusive nós mesmos — possam inspecioná-las. Você e Silver podem travar um debate honesto sobre se 50% é uma boa estimativa para a chance de seu parceiro ter "dado bobeira" e deixado a prova do crime por aí, se ele for mesmo culpado de adultério.

Mas quem estará certo, afinal? A beleza do raciocínio bayesiano é que, não importa o ponto de partida, conforme novas evidências vão sendo descobertas, todas as previsões vão sendo revisadas na direção da "verdade". Seu mundo e o de Silver vão se aproximando conforme os "chutes" convergem para o valor real, e o efeito subjetivo vai desaparecendo com o tempo.

Porque a soma das partes é maior que o todo

Você pode estar se perguntando, porém: se tudo são estimativas mesmo, por que se dar ao trabalho de fazer várias em vez de uma só? Por que não "chutar" diretamente a previsão revisada, em vez de passar por todo o trabalhoso processo de estimar quão incriminadora ou comum uma evidência é? Não seria melhor tomar o atalho mais curto?

A resposta é um ressonante não, por dois motivos. Primeiro, muitos dos erros que cometemos são fruto de inconsistências em nosso raciocínio. Mesmo que concordássemos com as estimativas de Silver sobre quão provável é o aparecimento de roupas íntimas incriminadoras em armários no caso de traição (50%) ou não (5%), não é óbvio que nossa intuição combinaria essas informações apropriadamente para chegar à estimativa correta de 29,4%. Tendemos a superestimar o impacto do último fato novo disponível, por exemplo, e a exagerar a mão na hora de ajustar nossas estimativas.

O segundo motivo tem a ver com o princípio de Fermi, que vimos no capítulo anterior, segundo o qual quebrar nossas estimativas em partes menores, e depois recombiná-las, aumenta sua precisão. Ele vale também para o nosso problema de revisar probabilidades: ao quebrar uma probabilidade em várias, sabemos exatamente os ingredientes que estamos colocando no bolo e sua procedência. Além disso, a fórmula funciona como uma boa receita, evitando que exageremos a mão no fermento ou no sal: a cada ingrediente damos o peso exato que lhe cabe. Aquela informação que mexe desproporcionalmente com nosso emocional (como a visão da roupa íntima suspeita) não irá sobrepujar todo o resto da informação que temos.

Portanto, uma segunda recomendação do raciocínio bayesiano é: controle sua tendência a exagerar o significado do último fato novo que apareceu, em especial se ele for dramático ou de alto teor emocional e tocar no ponto fraco do seu sistema intuitivo, e evite inconsistências quebrando o problema em partes e usando a fórmula para recombiná-las.

Fora do quarto de dormir

O teorema de Bayes fornece insights relevantes para um grande número de situações reais além dos conflitos conjugais — casos em que, geralmente, temos informações bem mais objetivas com as quais alimentar nossa fórmula. Vejamos alguns exemplos.

Imagine que, no seu último check-up, você tenha recebido uma notícia preocupante: um exame de sangue que detecta marcadores tumorais deu positivo. Você pesquisa na internet e descobre que o tal exame é eficaz em detectar 80% dos casos de um determinado tipo de câncer. Você se preocupa, afinal existe apenas uma chance em cinco (ou 20%) de você não estar com a doença, certo?

Errado. Os 80% medem a probabilidade de você testar positivo no exame, *dado que* está realmente doente. Mas o que você quer saber é o inverso: qual a probabilidade de você estar doente, *dado que* já testou positivo, o que é muito diferente. Para calculá-la, você precisa de mais informações e, claro, da fórmula de Bayes.

Você, preocupado, procura seu médico atrás de mais esclarecimentos, e ele lhe informa que se trata de uma doença rara: apenas 1% das pessoas de sua faixa etária têm esse tipo de câncer. Além disso, tranquiliza ele, o teste não é perfeito, e retorna um resultado falso positivo em 10% dos casos. Qual, então, a chance de você estar mesmo doente? Nesse caso, todas as informações necessárias estão amplamente disponíveis, não é preciso chutar nada. Mas como combiná-las para chegar ao valor correto?

Você pode aplicar a fórmula diretamente, como fizemos no caso da traição (o passo a passo está no boxe a seguir). Ou, se não gostar de fórmulas, pode usar uma simples tabela para chegar aos mesmos resultados, o que é bem simples e muito útil para a maioria dos problemas que enfrentamos. A tabela apenas resume todas as potenciais combinações entre a hipótese ("você tem ou não câncer?") e a evidência ("o teste deu ou não positivo?"). No caso, uma dentre quatro situações possíveis terá ocorrido:

1. Você está doente e o exame dá positivo (um resultado "verdadeiro positivo");
2. Você está doente, mas o exame dá negativo (um resultado "falso negativo").
3. Você *não* está doente e o exame dá negativo (um resultado "verdadeiro negativo");
4. Você *não* está doente, mas o exame dá positivo (um resultado "falso positivo");

Podemos preencher a tabela usando somente as informações que o médico nos deu. Imagine que 1.000 pessoas de sua faixa etária façam esse teste específico a cada ano. Destas, 1% (ou 10 pessoas) estão doentes e 990, não. Essas informações aparecem na última coluna da tabela. O exame detecta 80% dos casos reais, ou seja, das 10 pessoas doentes, 8 receberão resultados "verdadeiros positivos" e as outras 2, "falsos negativos". Já entre as 990 pessoas sadias, 10% (ou 99) receberão um resultado "falso positivo", e as outras 891, um "verdadeiro negativo". Você — que obteve um teste positivo no exame — está entre as 107 pessoas da primeira coluna da tabela. Destas, apenas 8 (ou 8/107 = 7,5%) estão realmente doentes.

		Teste deu positivo?		
		SIM	NÃO	1% DE 1000
Tem câncer?	SIM	8 (80% de 10)	2	10
	NÃO	99 (10% de 90)	891	990
		107	893	1000

8 / 107 = 7,5%

Pois bem, sua chance de estar realmente doente é de apenas 7,5%, bem menor do que os 80% que você assumiu quando recebeu a notícia pela primeira vez! Muito tranquilizador, não? Repare como você pode chegar a uma conclusão completamente errada e achar que está condenado a enfrentar um tratamento longo e doloroso, mesmo tendo todos os dados objetivos bem à sua frente. A fórmula de Bayes nos permite fazer os ajustes que nosso sistema intuitivo não vem preparado de fábrica para fornecer. Esse é um dos casos em que o raciocínio tem muito a oferecer calando a vozinha da intuição.

Esse exemplo é hipotético, mas reflete uma verdade importante com aplicações que vão além da medicina: testes imperfeitos para atributos raros (como doenças com incidência em 1% ou 2% da população) gerarão um número de falsos positivos maior do que o de "verdadeiros positivos". Por isso médicos não recomendam que mulheres jovens façam mamografias, por exemplo. O número alto de "falsos positivos" causaria muito alarde e preocupação, levando até mesmo a intervenções e cirurgias desnecessárias. Pelo mesmo motivo, sistemas de inteligência artificial que procuram encontrar terroristas ou *school shooters* através de enormes bancos de dados geram uma quantidade tão grande de "alarmes falsos" que se tornam praticamente inúteis.

Aplicando a fórmula ao caso do câncer:

— Hipótese a ser testada (H): "*você está doente?*"

— Evidência (e): teste que retornou um resultado positivo

— Base, ou p(H): chance de 1% de estar doente *antes* de fazer qualquer exame

— Poder incriminatório, ou p(e I H): capacidade do exame de revelar os casos em pessoas que estão realmente doentes, ou 80%

— Frequência total, ou p(e): probabilidade de um exame trazer um resultado positivo, independentemente de a pessoa estar ou não doente. Para calculá-la precisamos ponderar as situações: dentre o 1% da população que está efetivamente doente, 80% receberão resultados "verdadeiros positivos", e, dentre os 99% que são sadios, 10% receberão resultados "falsos positivos", como informou o médico. Combinando tudo, temos:

FREQUÊNCIA TOTAL = (% VERDADEIROS POSITIVOS X % DOENTES) + (% FALSOS POSITIVOS X % NÃO DOENTES)

FREQUÊNCIA TOTAL = (80% X 1%) + (10% X 99%) = 10,7%

Colocando tudo na fórmula de Bayes:

PREVISÃO REVISADA = BASE X PODER INCRIMINATÓRIO ÷ FREQUÊNCIA TOTAL

PREVISÃO REVISADA = 1% X 80% ÷ 10,7% = 7,5%

Invertendo as bolas

Subestimamos o impacto dos "falsos positivos" porque confundimos as bolas e calculamos a probabilidade inversa (a "probabilidade de testar positivo caso esteja doente" em invés de a "probabilidade de estar doente caso teste positivo"), que são coisas diferentes. A segunda leva em conta o risco prévio de ter a doença, bem como o fato de que nenhum exame é 100% preciso.

Daí tiramos um terceiro insight do pensamento bayesiano: nossa mente por vezes substitui a pergunta que nos interessa por outra parecida, mais fácil de responder. Para compreender melhor, imagine que os técnicos forenses usem um novo e muito preciso exame de DNA para identificar assassinos, ao melhor estilo *CSI*. Sabe-se que apenas uma em cada 100,000 amostras de DNA apresentará um resultado compatível com uma amostra encontrada na cena de um crime. Infelizmente, a amostra compatível é a sua, e você se vê no banco dos réus respondendo por assassinato. O promotor faz um inflamado discurso, afirmando que podemos afirmar com 99,99% de certeza que você é culpado — afinal, só uma em 100.000 pessoas teriam um resultado comprometedor como o seu.

Seu advogado, treinado no raciocino bayesiano, expõe facilmente o erro da promotoria: suponha que todas as pessoas da cidade — um milhão, no total — sejam submetidas ao mesmo teste. Destas, uma em cada 100.000, ou seja, *dez* pessoas, terão um resultado positivo. O assassino, porém, é um só! Haverá nove inocentes injustamente acusados para cada culpado... Nem mesmo exames de DNA, precisos como são, constituem a prova definitiva e inquestionável que costumamos assumir.

Muitas notícias alarmistas que lemos nos jornais cometem o mesmo erro de confundir uma probabilidade condicional com seu inverso, e ignorar a "base". Considere a seguinte manchete: "O lugar mais perigoso do mundo é a sua casa." O artigo justifica a alegação com dados: um terço de todos os acidentes que levam a internações hospitalares acontecem dentro de casa. Apesar de verdadeira, a informação é completamente enganosa, afinal passamos um tempo desproporcional de nossas vidas em nossas casas. Mesmo que o índice de acidentes caseiros seja bastante pequeno, o número total de eventos será comparativamente grande se não ajustarmos pelo tempo. O que queremos saber é a probabilidade de nos acidentarmos, dado que estamos em casa, e não a probabilidade de estarmos em casa, dado que nos acidentamos. Seria como concluir que dormir é perigoso porque grande número de mortes ocorre durante o sono!

Ver e contar

Se a incerteza acha como se esgueirar até na ciência fria dos exames de DNA *à la CSI*, ela nada de braçada no caso mais subjetivo do depoimento de testemunhas. Considere o seguinte problema:

> *Um táxi atropelou uma pessoa e fugiu. Duas empresas operam táxis na cidade, a Verde e a Vermelha. 85% dos táxis são Vermelhos e 15% são Verdes. Uma testemunha identificou o carro como sendo Verde. O juiz pediu um teste para verificar a credibilidade da testemunha; com a mesma luminosidade da noite do acidente, a testemunha identificou corretamente a cor do veículo 80% das vezes e errou 20%. Qual a probabilidade de que o carro do acidente seja realmente Verde?**

Tente responder intuitivamente antes de continuar.

A resposta correta é que a probabilidade de o relato da testemunha estar correto é de apenas 41,1%. Afinal, táxis Vermelhos são quase seis vezes mais comuns do que táxis Verdes. A maior parte das pessoas, porém, superestima bastante o peso do depoimento. Isso ocorre porque tendemos a desconsiderar a base — de que apenas

---

* O problema foi originalmente proposto por Daniel Kahneman e Amos Tversky.

15% do total de táxis da cidade são Verdes —, e damos excessivo peso ao relato da testemunha, o fato novo. (A tabela a seguir mostra os cálculos; o problema é idêntico, no formato, ao anterior, do câncer.)

Bayes na tabela: O erro da testemunha

De cada 100 táxis, apenas 15 são Verdes. Destes, 80% serão corretamente identificados pela testemunha, ou seja, 12 veículos. Dos 85 táxis que são Vermelhos, 20% serão erroneamente identificados como Verdes, o que dá 17 carros. Portanto, de um total de 29 (12 + 17) veículos que a testemunha identificar como Verdes, apenas 12 (ou 12/29 = 41,1%) serão realmente desse tipo.

		Testemunha viu		
		VERDE	**VERMELHO**	**% FROTA**
Táxi era	**VERDE**	12 (80% de 15)	3	15
	VERMELHO	17	68	85
		29	71	100

12/29 = 41,1%

Encontrando o valor diagnóstico

Além de nos ajudar a controlar o ímpeto de focar apenas na última informação disponível, o raciocínio bayesiano pode nos ajudar a separar o joio do trigo no mundo dos dados abundantes. Quais fatos têm realmente um "valor diagnóstico" importante, ou seja, justificam que mudemos de opinião, e quais são apenas ruído desnecessário?

Os exemplos que vimos até aqui parecem sugerir que temos uma tendência a reagir além da conta, superestimando o efeito de uma nova evidência (seja ela a roupa íntima no armário, o teste positivo de câncer ou o relato da testemunha do crime). Porém, por vezes um evento realmente muda tudo.

Considere o ataque terrorista às torres gêmeas em Nova York em 11 de setembro de 2001. Antes dele, o risco de um avião comercial ser usado por um grupo terrorista para atingir um arranha-céus estava completamente fora do radar das autoridades; era considerado um evento quase impossível. Mesmo após a primeira aeronave atingir o prédio, havia ainda uma dúvida razoável: era mesmo um ataque premeditado, ou apenas um trágico acidente aéreo? Quando a segunda torre foi atingida, porém, toda a dúvida se dissipou: *dois* acidentes não podiam ser fruto de uma simples coincidência.

Nate Silver aplica o teorema de Bayes ao problema, da mesma forma que fez com o caso da traição. Antes de 11 de setembro, Silver estimava que a chance de um ataque terrorista a um edifício em Manhattan era de apenas 0,005%. Entretanto, a chance de um avião bater em um arranha-céus acidentalmente também era muito baixa: nos 25.000 dias da história da aviação em Manhattan até 11 de setembro de 2001, ocorreram apenas dois acidentes do tipo, uma chance de 1 em 12.500 (ou 0,008%).*

Após o primeiro avião bater nas torres gêmeas, Silver revisou sua previsão sobre a probabilidade de ser um ataque terrorista usando o Teorema de Bayes: o evento, que era quase uma impossibilidade (tinha uma chance de apenas 0,005% de acontecer), tornou-se bastante plausível (38,5% de chance). Quando o segundo avião

* SILVER, Nate. *O sinal e o ruído*: por que tantas previsões falham e outras não. Rio de Janeiro: Intrínseca, 2013.

bateu, a previsão revisada (calculada da mesma fórmula, apenas partindo agora de uma base de 38,5%) saltou para impressionantes 99,99%. Não havia mais dúvida de que se tratava de um ataque terrorista, disse a fórmula de Bayes!

Aplicando a fórmula ao caso das torres gêmeas:

Hipótese a ser testada (H): "*foi um atentado terrorista?*"

Evidência (e): um avião se chocou contra um edifício

— Base, ou p(H): chance de 0,005% de que um terrorista use um avião para atingir um prédio em Manhattan

— Poder incriminatório, ou p(e | H): 100%, já que um terrorista executando um ataque planejado intencionalmente jogará o avião contra o prédio

— Frequência total, ou p(e): probabilidade de um avião atingir um prédio em Manhattan por qualquer motivo. Para calculá-la, temos que ponderar as possibilidades: em 0,005% das vezes em que um ataque terrorista ocorrer, o avião será propositalmente jogado contra o prédio (atingindo-o 100% das vezes). Nas demais situações (99,995% das vezes), será apenas um desastre não intencional. Como a chance de um avião atingir um prédio acidentalmente é 0,008%, temos:

FREQUÊNCIA TOTAL = (100% x 0,005%) + (0,008% x 99,995%) = 0,013%

Colocando tudo na fórmula de Bayes:

PREVISÃO REVISADA = BASE X PODER INCRIMINATÓRIO ÷ FREQUÊNCIA TOTAL

PREVISÃO REVISADA = 0,005% x 100% ÷ 0,013% = 38,5%

Ao contrário do caso da traição, as estimativas nesse exemplo mudam tão brutalmente, de uma chance irrisória para uma quase certeza, porque o evento ("dois aviões baterem na torre em um mesmo dia") basicamente não pode ser explicado por outro motivo razoável. A evidência, então, tem um valor diagnóstico muito elevado — nos confere imensa confiança de que ele realmente é o que parece.

Quanto mais surpreendente e incomum for a evidência, mais ela deveria convencer você de que o mundo mudou de fato. Imagine por exemplo que você tenha sido apresentado a um político em um coquetel e queira julgar se ele é de esquerda ou de direita com base apenas em sua aparência. Se você pensasse "ele está usando um terno, e a maioria dos políticos de esquerda usa terno, portanto provavelmente ele é de esquerda", seu raciocínio não seria de grande valor, afinal quase todos os políticos usam ternos, independentemente de sua inclinação política. A informação não tem nenhum valor diagnóstico — é tão informativa como dizer que ele é de esquerda porque tem dois braços e duas pernas.

Já se você observar que ele usa uma gravata vermelha, estará baseando seu raciocínio em uma observação mais relevante: gravatas vermelhas são mais frequentemente usadas por políticos de esquerda, por isso a informação é mais diagnóstica. Repare que o relevante não é apenas o que políticos de esquerda usam, mas *quão diferente* eles se vestem em comparação com seus pares de direita. Esse ponto parece bastante óbvio na teoria, mas é fruto de muitos equívocos na prática.

Por exemplo, se você soubesse que apenas 30% dos políticos de esquerda usam gravata vermelha, poderia concluir que seu conhecido no coquetel não deve ser parte desse grupo (afinal, 70% de seus membros preferem outra cor de gravata). Essa conclusão, porém, seria precipitada: ela estaria errada se você descobrisse, por exemplo, que nenhum político de direita jamais usa gravata vermelha!

O que você quer saber é se usar gravata vermelha faz com que a chance do político ser de esquerda aumente, mas para saber isso você precisa também da informação sobre o que políticos de direita fazem. É a *diferença* entre as preferências de vestuário que importa, mas em geral focamos nossa atenção apenas nos indícios que confirmam o que já acreditávamos, e não naqueles que mostram que estávamos errados.

Por esse motivo, é sempre útil usar uma tabela como as que apresentamos anteriormente: ela nos força a explicitar erros possíveis, tanto "falsos positivos" quanto "falsos negativos", e nos ajuda a evitar evidências enganadoras, que parecem sugerir algo que não é verdadeiro. Vimos nos capítulos anteriores que nosso cérebro, com seu "viés de confirmação", dá atenção desproporcional àquilo que confirma nossas hipóteses (no caso, os "verdadeiros positivos" e "verdadeiros negativos"), o que pode nos colocar em armadilhas. Portanto, o último insight do teorema de Bayes é: não esqueça de levar em consideração quão provável seria observar o fato novo em questão, se você estiver errado.

Lições de Bayes

De acordo com o Teorema de Bayes, nossa crença deve ser sempre atualizada na direção da evidência. O grau em que isso acontece, porém, é variável. Devemos dar mais crédito a uma hipótese se ela era crível de começo, se é provável que gere dados como os que observamos e se é improvável que esses dados tenham sido gerados por hipóteses alternativas. Muitas vezes, porém, tendemos a exagerar a importância que damos a fatos novos, a desconsiderar informações importantes que já tínhamos e a substituir perguntas difíceis por outras parecidas, mais fáceis, mas que nos levam a conclusões completamente equivocadas. Em resumo, ajustar nossas crenças pode ser bastante contraintuitivo.

Por isso, é sempre recomendável, diante de uma situação importante e complexa, quebrar o problema em partes e usar a tabela (ou a fórmula) de Bayes para recombiná-las. Isso evitará inconsistências em seu raciocínio, deixará seus pressupostos mais transparentes e reduzirá ao mínimo inevitável a incerteza.

Para lembrar na hora da decisão:

✓ "Alegações extraordinárias requerem evidências extraordinárias". Se algo era muito improvável de começo, é preciso um fato igualmente excepcional para nos fazer mudar de ideia. Milagres são chamados de milagres por um motivo, como lembrou Hume.

✓ Cuidado com nossa tendência a exagerar o significado do último fato novo disponível (a roupa íntima no armário), em especial se ele for dramático e contrariar o que já sabíamos. Lembre-se sempre da "base", o ponto de partida, que sumariza toda a informação que acumulamos até agora sobre o assunto.

✓ Lembre-se de que informações novas e eventos recentes não são todos iguais: alguns têm maior valor diagnóstico do que outros. O que importa é a *diferença* entre a probabilidade de algo acontecer se estivermos certos e se estivermos errados. Não basta um fato ser suspeito ou incriminador, é preciso também que seja incomum.

✓ Não se esqueça de que, no mundo da incerteza, nem tudo é o que parece. É preciso sempre levar em conta resultados "falsos positivos" e "falsos negativos". Nossa mente tem um "viés de confirmação", e tende a registrar apenas informações que concordem com nossas opiniões preconcebidas. É preciso resistir a essa tendência, buscando ativamente por informações que poderiam sugerir que estávamos errados.

capítulo 12

ESPELHO, ESPELHO MEU... A SUTIL ARTE DO AUTOENGANO

Ao longo dos últimos capítulos falamos sobre diversas ferramentas e estratégias que podem nos auxiliar a formar uma visão mais realista do mundo e, com base nela, tomar decisões mais efetivas para atingir nossos objetivos. Inevitavelmente, porém, parte das ideias que cultivamos e das escolhas que fazemos se provará equivocadas: o mundo é complicado demais para que possamos acertar sempre e, mais ainda, está em constante mutação. Não é possível construir uma morada permanente sobre dunas que se movem com o vento; é preciso estar pronto para levantar acampamento quando a realidade muda. Somos, porém, muito resistentes à mudança.

Ajustar nossas crenças de forma racional quando encontramos novas informações, como proposto no capítulo anterior, é tarefa extremamente difícil na prática e, por vezes, dolorosa. Isso porque algumas das crenças que cultivamos não são apenas ferramentas que usamos para decidir, e sim aspectos que nos definem como pessoa. Elas nos são valiosas porque nos dão conforto psicológico ou a sensação de pertencimento a um grupo, e resistimos a abandoná-las, mesmo quando a realidade fria dos fatos demonstra que estávamos errados. Errar é humano. Insistir no erro também.

A resistência em mudar de opinião — tema deste capítulo — não só leva à persistência de erros individuais e a péssimas decisões como tem consequências muito sérias para a forma como nos relacionamos socialmente, para a economia e para o debate político. Se fatos não são capazes de nos convencer de que estávamos errados, então como solucionar embates sobre temas polêmicos como o aquecimento global, a desigualdade econômica ou a imigração?

Recentemente, muitos economistas, cientistas políticos e psicólogos vêm estudando o problema da perseverança das crenças na tentativa de compreender a crescente polarização que observamos em diversos países do mundo. Vejamos agora algumas ideias interessantes que surgiram dessa literatura.

Cegos e surdos

Em tese, muitas das disputas que nos atormentam poderiam ser facilmente resolvidas com fatos: a evidência sobre algum assunto seria friamente analisada por especialistas, de acordo com o mais alto padrão científico, e a "verdade" seria revelada, acima de qualquer suspeita. Se você chegou até aqui na leitura deste livro, porém, já sabe que na prática as coisas são bem mais complicadas.

A verdade nos elude por uma série de motivos: não conseguimos obter exatamente os dados de que necessitamos para responder às perguntas que fazemos, e as informações que temos são, muitas vezes, viesadas, ou aparecem enredadas como novelos, um emaranhado de causas e efeitos que se interlaçam e ruídos que encobrem a real mensagem. Revelar a "verdade", então, torna-se um trabalho de detetive, em que coletamos pistas e vestígios em certa direção até que possamos determinar o culpado "além de uma dúvida razoável".

Considere agora mais um agravante a essa difícil tarefa: suponha que nosso Sherlock Holmes não seja um investigador isento, cujo objetivo consista em descobrir a verdade "doa a quem doer", mas uma das partes interessadas no processo. Foi contratado pelo réu, por exemplo, para demonstrar sua inocência. Mesmo que seja honesto e íntegro, será difícil para nosso detetive enxergar a realidade objetivamente. De forma inconsciente, seu sistema intuitivo — aquele criativo "contador de causos" dos primeiros capítulos — procurará indícios que "provem" que sua versão da história é a verdadeira.

Várias vezes, ao longo do livro, retornamos a esse tema, que chamamos de "viés de confirmação": nossa tendência a dar atenção às evidências que sustentam nossa teoria preferida e descartar as que a contradizem. Muitas vezes, porém, quando reconhecemos nos outros a tentativa de direcionar a linha de raciocínio na direção da conclusão que lhes favorece, assumimos que o comportamento é intencional, um esforço deliberado para enganar e convencer. Essa percepção é, porém, falsa. O viés de confirmação, em grande parte, é inconsciente. Ver o mundo através de lentes que ressaltam o que nos é caro não é um plano maquiavélico para ludibriar os outros, mas uma defesa psicológica. Não apenas enganamos os outros, enganamos também a nós mesmos.

O desejo de nos sentirmos bem conosco e de resguardar a autoestima, de valorizar nossas habilidades pessoais, de reduzir a ansiedade e o medo, de cultivar a esperança e o otimismo e de preservar a identidade social é um poderoso motivador que nos torna inconscientemente resistentes a enxergar nossos equívocos. Reconhecer esse aspecto involuntário do viés de confirmação é importante não só para que sejamos mais generosos ao identificar o problema nos outros, mas também para que tenhamos a humildade para reconhecê-lo em nós mesmos.

Memória seletiva

Quando confrontados com evidências que contradizem o que acreditávamos, em especial em assuntos que nos são caros, reagimos de forma bastante defensiva. Nos apegamos às nossas ideias originais e resistimos à mudança. Usamos diversos mecanismos para evitar enfrentar a verdade, como a negação da realidade ou o *wishful thinking* (ou "pensamento utópico"), em que cultivamos a ilusão de que, porque seria agradável que algo fosse verdade, então deve ser.

Nossa memória é seletiva, registrando certos eventos e informações e convenientemente "esquecendo" de outros. Em especial, "lembramos" daquilo que confirma nossas crenças, que atende a nossos interesses ou que nos faz sentir bem ou nos permite projetar uma imagem mais favorável perante o grupo. Nossos acertos e sucessos nunca são esquecidos, nossos erros e falhas são prontamente varridos para debaixo do tapete da memória.

A habilidade humana de "tirar da mente" aquilo que incomoda é amplamente evidenciada pela ciência. Exemplos de *recall* seletivo são abundantes no cotidiano: lembramos de forma mais favorável do nosso tempo de escola conforme o tempo passa e nos deixamos levar pela nostalgia; gravamos mais os momentos em que as celebridades, empresas ou líderes políticos de quem gostamos agiram bem e se destacaram, e somos rápidos em esquecer suas gafes e erros; enxergamos conspirações em tudo se acreditamos em uma determinada teoria, enquanto ignoramos solenemente fatos que a contradigam.

Cartomantes, astrólogos e outros supostos videntes desde sempre se aproveitam de nossa percepção seletiva. Temos uma tendência a superestimar a precisão de "leituras" e previsões feitas a nosso respeito, porque, sem perceber, nos concentramos naqueles pontos específicos que acertaram, e ignoramos o resto. Na verdade, muitas das previsões conseguem esse feito sendo vagas e genéricas o suficiente para se aplicarem a um grande número de pessoas. A "customização" do discurso, interpretando o que é falado para nossa realidade específica e completando as lacunas com conexões que fazem sentido para nós, é feita em nossa própria cabeça, de forma que o que ouvimos nos parece extremamente revelador. O processo é chamado na literatura de "efeito Barnum", em homenagem ao *showman* e empresário do ramo do entretenimento P. T. Barnum, retratado por Hugh Jackman no filme *O rei do show*, cujo lema era "temos de tudo para todos".

O copo sempre cheio

A "memória seletiva" gera efeitos que vão muito além de nos tornar potenciais vítimas de videntes desonestos; ela distorce a visão que temos de nossas próprias habilidades e do que acontece no mundo. Tendemos a interpretar a informação que recebemos de forma assimétrica, processando mais notícias e eventos positivos do que negativos no que diz respeito ao nosso próprio desempenho. Isso nos torna excessivamente autoconfiantes e otimistas; afinal, nossa memória tem a capacidade de recuperar com facilidade todas as situações em que fomos bem-sucedidos, ou em que as coisas saíram como esperávamos.

Vimos no Capítulo 8 como empreendedores podem superestimar as chances de sucesso em negócios novos que abrem e, portanto, assumir mais riscos do que seria prudente. Muitas vezes, pessoas excessivamente otimistas desenvolvem expectativas irreais, não pensam em um "plano B" para o caso de insucesso, e investem tudo o que têm em um projeto arriscado. Além disso, elas superestimam o domínio que têm sobre situações incertas e tendem a ignorar que muitos aspectos da realidade são repletos de incerteza e estão fora de nosso controle. Pessoas excessivamente otimistas são menos precavidas em vários aspectos, da saúde às finanças: não fazem seguro de vida, poupam menos do que deveriam, investem mais em ativos de risco. Em estudos de laboratório, descobriu-se também que elas têm maior tendência a ignorar informações relevantes que deveriam levá-las a alterar seus comportamentos.

A "memória seletiva" também nos leva a exagerar nossa capacidade de prever o futuro. Como a evidência viesada que processamos parece sugerir que acertamos mais do que erramos nas previsões que fizemos no passado, superestimamos nossa capacidade de compreender o mundo e de antecipar os eventos que virão.

Considere, por exemplo, alguns dos grandes eventos políticos que ocorreram no mundo nos últimos anos: o referendo que levou ao Brexit no Reino Unido, a eleição de candidatos fora do *mainstream* político como Donald Trump nos Estados Unidos e Jair Bolsonaro no Brasil, as passeatas que varreram vários países. Pouquíssimos analistas previram eventos como esses; eles estavam absolutamente fora do radar dos especialistas, bem como das pessoas comuns, até surpreenderem a todos. A sensação de surpresa, porém, durou pouco. Em poucos dias os jornais estavam cheios de análises sofisticadas explicando por que o tal evento era "inevitável", fruto de dinâmicas diversas (insatisfação social, desigualdade econômica etc.) que, fatalmente, teriam levado até a situação que presenciamos.

A facilidade com que explicamos o passado nos convence, erroneamente, de que conseguimos, de forma igualmente fácil, prever o futuro. Vítimas do efeito "eu-sempre-soube" e incapazes de recordar no que costumávamos acreditar antes que os eventos nos fizessem mudar de ideia, nos tornamos "profetas do passado".

O poder da manada

A "memória seletiva" não é um comportamento exclusivamente individual; na verdade, ela é muito amplificada quando tratamos de temas ideológicos e de assuntos que, de certa forma, definem nossa identidade dentro de um grupo. Nesses casos, fazemos enormes contorcionismos para negar evidências que contrariam os valores do grupo.

Para temas politicamente polarizados como mudança climática, usinas nucleares ou porte de armas, diversos estudos vêm mostrando que a propensão de uma pessoa a aceitar o consenso científico sobre o assunto é altamente relacionada a seu posicionamento político. Na verdade, medidas de identidade étnica, política ou religiosa de uma pessoa podem ser usadas para prever com bastante acurácia a predisposição de alguém a aceitar certos fatos.

Esse processo de direcionar a atenção de forma seletiva não é consciente e deliberado, mas muito mais sutil e sofisticado. Olhamos no espelho e efetivamente vemos aquilo que estávamos predispostos a apreciar ou aprovar sob uma luz mais favorável. Como escreveu a escritora Anaïs Nin (1903-1977), "não vemos as coisas como elas são, mas como nós somos".*

Explica, mas não justifica

Por que a evolução deixou que mecanismos tão falhos como o viés de confirmação e a "memória seletiva" se perpetuassem? Em tese, um comportamento que persistentemente gera percepções equivo-

* NIN, Anais. *Seduction of the Minotaur*. Athens, Ohio: Swallow Press, 1961. p. 145 (tradução livre).

cadas sobre o mundo deveria ser uma desvantagem evolutiva a ser superada por indivíduos que conseguissem cultivar uma visão mais realista do mundo que lhes permitisse agir mais efetivamente. Por que, então, não fomos substituídos por versões do sr. Spock, personagem da série *Jornada nas estrelas* que enxerga o mundo sempre sob uma perspectiva lógica e desprendida de emoções?

A explicação é que deve haver algum benefício em ver nossas opiniões serem aparentemente sempre "confirmadas" pelas evidências e estarem alinhadas com o pensamento do grupo que, de alguma forma, compense seu custo (ou seja, as decisões erradas que tomamos em função de percepções equivocadas que cultivamos sobre o mundo).

Possíveis benefícios de enxergar o mundo através dos óculos favoráveis da "memória seletiva" podem ser identificados em três frentes. Primeiro, seus efeitos (a autoconfiança, o excesso de otimismo, a sensação de pertencimento ao grupo) podem ser úteis para alguma finalidade prática, por exemplo, fortalecendo nosso papel na sociedade, nos ajudando a convencer os outros das nossas ideias ou aumentando nossa motivação e produtividade.

Vivemos em um contexto social, e precisamos produzir argumentos para justificar nossos pensamentos e atitudes junto aos outros. A razão é, assim, mais do que simplesmente um mecanismo para gerar inferências, uma ferramenta que usamos para tirar conclusões e prever consequências de nossas ações. Ela é, também, um artifício retórico de persuasão. Um debatedor mais autoconfiante, que "acredita nas próprias mentiras", se sairá melhor na tarefa de convencer outros em uma discussão. A confiança em nossas habilidades aumenta nossas chances de liderança. Como afirma o escritor Robert Wright:

*O cérebro é como um bom advogado: dado um conjunto de interesses a defender, ele se põe a convencer o mundo de sua correção lógica e moral, independentemente de ter qualquer uma das duas. Como um advogado, o cérebro humano quer vitória, não verdade; e, como um advogado, ele é muitas vezes mais admirado por sua habilidade do que por sua virtude.**

Muitas vezes, as pessoas buscam vencer argumentos, e não encontrar a verdade. Nesses casos, nem sempre ter uma visão isenta e objetiva do mundo, consciente de todas as nossas limitações e defeitos, é uma boa estratégia.

Além de ajudar na persuasão, a "memória seletiva" por vezes nos torna mais eficazes e motivados. Estudos mostram que a autoconfiança e a crença inabalável no próprio sucesso podem servir como motivadores importantes. Pessoas otimistas são, em geral, mais produtivas e têm mais autocontrole, o que as ajuda a perseverar na perseguição de projetos de longo prazo. Os pesquisadores Manju Puri e David Robinson, por exemplo, descobriram que pessoas mais otimistas trabalham com mais afinco, poupam mais, cultivam a expectativa de se aposentar mais tarde e têm maiores chances de se casar novamente após um divórcio.**

Um segundo benefício que advém da "memoria seletiva" é o conforto psicológico. Reconhecer nossos erros e ver crenças que cultivamos caírem por terra pode ser bastante doloroso. Ao mesmo tempo, viver em um mundo incerto, perigoso, que não compreendemos bem, gera imenso medo e angústia, e nos protegemos criando a ilusão de que as coisas estão sob nosso controle e evitando verdades inconvenientes.

---

* WRIGHT, Robert. *O animal moral.* São Paulo: Campus, 1996. p. 242.

** PURI, Manju; David T. Robinson. Optimism and Economic Choice. *Journal of Financial Economics,* 86(1):71-99, 2007.

A realidade é repleta de inconsistências e escolhas difíceis, *trade-offs* que preferiríamos evitar. Cada opção tem suas vantagens e desvantagens, e vivemos constantemente em uma corda bamba, tentando equilibrar as duas. Para lidar com a angústia permanente que isso traz, tendemos a simplificar excessivamente o mundo, repartindo coisas e pessoas entre "boas" e "más", sem categorias intermediárias. Nosso cérebro gosta de histórias que se assemelham aos contos de fadas que ouvíamos quando crianças, em que o certo e o errado, o herói e o vilão eram perfeitamente apartados e fáceis de reconhecer, e não havia zona cinzenta entre os dois.

Usamos estratégias bastante sofisticadas para enquadrar a realidade complexa em nosso mundo de conto de fadas. O psicólogo Paul Slovic e sua equipe demonstraram isso em uma série de experimentos interessantes. Primeiramente, Slovic coletou a opinião (favorável ou contrária) de um grupo de pessoas sobre uma série de tecnologias, da aviação comercial e da construção de barragens ao uso de vacinas, pesticidas e conservantes em alimentos. Em seguida, pediu que listassem todos os potenciais benefícios daquela tecnologia (quantos empregos cria, quanto lucro gera direta ou indiretamente, se traz prazer ou aumenta a saúde e o bem-estar das pessoas etc.), bem como todos os seus riscos (de acidentes, à saúde, ao meio ambiente, etc.).

Slovic percebeu que, quando as pessoas eram favoravelmente inclinadas a uma determinada tecnologia, classificavam-na como oferecendo muitos benefícios e poucos riscos. Por outro lado, quando se opunham a ela, só conseguiam pensar em suas desvantagens. Mais interessante ainda, quando, a seguir, Slovic deu aos entrevistados pequenos trechos para ler com argumentos ressaltando os *benefícios* das várias tecnologias, sua percepção dos *riscos* envolvidos também mudou; porque agora eles passaram a "gostar" mais de uma determinada tecnologia, já que suas vantagens haviam sido ressaltadas nos textos, ela lhes parecia também mais segura.*

Essa forma assimétrica de pensar é reconfortante porque permite às pessoas evitar, em suas mentes, *trade-offs* difíceis entre as tecnologias que apreciam e os riscos que elas potencialmente trazem. O mundo fica mais simples, e nossas escolhas, mais fáceis.

Se o conhecimento está no grupo...

Além da utilidade prática e do conforto psicológico relacionados ao cultivo de uma autoimagem positiva e de uma visão de mundo otimista, um terceiro benefício do viés de confirmação está ligado à forma como nos relacionamos socialmente. Muitas de nossas crenças mais arraigadas estão conectadas à identidade do grupo ao qual pertencemos. O ser humano é um animal extremamente social, que evoluiu e prosperou a partir do relacionamento em pequenos grupos, onde a cooperação e o pertencimento eram muito importantes para o sucesso reprodutivo. Como coloca o filósofo Adrian Bardon, um viés instintivo em favor do grupo e de suas visões de mundo está profundamente enraizado na psicologia humana, mesmo que estas estejam, por vezes, erradas.**

Esse comportamento faz todo o sentido sob o ponto de vista prático. Como vimos no capítulo 1, nunca pensamos sozinhos. O conhecimento de que necessitamos para agir sobre o mundo (da construção das privadas às mais modernas tecnologias) não

---

* SLOVIC, Paul *et al.* Risk as Analysis and Risk as Feelings: Some Thoughts About Affect, Reason, Risk, and Rationality. *Risk Analysis: An International Journal*, 24.2:311-322, 2004.

** BARDON, Adrian. *The Truth About Denial*: Bias and Self-Deception in Science, Politics, and Religion. Oxford: Oxford University Press, 2019.

está dentro de nossas cabeças, mas "estocado" na mente de outros, nos livros e páginas da internet, nos artigos dos especialistas e nos próprios objetos. Somos como abelhas: nossa inteligência está na "mente coletiva". E essa mente coletiva funciona tão bem em combinar conhecimentos internos e externos que perdemos a percepção do que realmente sabemos e do que está fora de nós.*

Se grande parte do conhecimento de que precisamos para funcionar está no grupo, "pertencer" pode, muitas vezes, ser mais importante do que estar certo. Muitas das falácias de raciocínio que identificamos nos capítulos anteriores decorrem justamente de nosso desejo de seguir emoções sociais (como desejo de dominância, a busca por *status*, o sentimento de solidariedade com a tribo...) em vez da razão.

Os grupos a que pertencemos, por sua vez, têm lógicas próprias de funcionamento e objetivos que vão além da vontade de descobrir a verdade. O historiador Yuval Noah Harari ilustra bem esse ponto quando discute a relação entre "fatos" e "poder". "Como alguns líderes conseguem convencer pessoas de versões e narrativas completamente falsas, sem qualquer embasamento nos fatos?", se pergunta Harari. Ao contrário do senso comum, parece que é, sim, possível enganar muitas pessoas por muito tempo.

Harari argumenta que a ideia de que a verdade transmite poder, e de quem deturpa a verdade irá, eventualmente, ser desmascarado, não passa de um mito. Verdade e poder mantêm um relacionamento muito mais complicado, diz Harari, porque, na sociedade humana, "poder" significa duas coisas muito diferentes. De um lado, "poder" significa a habilidade de manipular a realidade objetiva para fazer coisas práticas como caçar animais, construir pontes, curar doenças ou construir bombas atômicas. Esse tipo de poder está intimamente

---

* Baseado em SLOMAN, Steven; FERNBACH, Philip. *The Knowledge Illusion*: Why We Never Think Alone. New York: Riverhead Books, 2017.

ligado à verdade: se você acredita em uma teoria física falsa, não poderá construir uma bomba atômica.*

"Poder", porém, tem um segundo significado, relacionado com a capacidade de manipular as crenças de outros, fazendo-as cooperar para alcançar um determinado objetivo. A capacidade de cooperar em larga escala, habilidade que permitiu aos humanos superar todas as demais espécies, depende da crença em histórias comuns, histórias essas que podem ser completamente fictícias.

Na verdade, Harari defende que algumas ficções podem ser até mais eficazes do que a verdade se o objetivo for unir um grupo em prol de uma causa comum. Mitos fantasiosos, por exemplo, são melhores para diferenciar os membros de um grupo dos demais (qualquer estrangeiro acredita que "o sol nasce sempre no leste"; já acreditar que "o sol é o olho de um sapo gigante que a cada dia pula no céu" funciona muito melhor como marcador de identidade da tribo). Além disso, fantasias são também mais efetivas como sinais de lealdade: se o critério para determinar a lealdade de um membro da tribo fosse acreditar em uma história verdadeira, qualquer um poderia fazê-lo. Como escreve Harari:

> *Se você acredita no seu líder apenas quando ele ou ela diz a verdade, o que isso prova? Por outro lado, se você acredita no seu líder, mesmo quando ele constrói castelos no ar, isso é lealdade! Líderes perspicazes às vezes podem deliberadamente dizer coisas sem sentido, como uma maneira de distinguir devotos confiáveis e simpatizantes oportunistas.***

---

* Baseado em HARARI, Yuval Noah. Why Fiction Trumps Truth. *The New York Times*, 24 de maio, 2019.

** HARARI, Yuval Noah. Why Fiction Trumps Truth. *The New York Times*, 24 maio 2019 (tradução livre).

Por fim, como vimos, a verdade muitas vezes incomoda. Frequentemente as pessoas preferem o conforto de histórias simplistas que seus líderes contam à dor de reconhecer os verdadeiros *trade-offs* e custos envolvidos. Líderes populistas entregam as narrativas que as pessoas procuram, e, muitas vezes, há mais demanda pelo pensamento utópico (o *wishful thinking*) do que pela dura realidade dos fatos. Isso o torna ainda mais verdadeiro em momentos de crise, quando o mundo parece particularmente incerto e perigoso. Nesses momentos, sentimo-nos tentados a buscar líderes autoconfiantes e seguros, que nos oferecem a pseudocerteza de "saber o que está acontecendo", e nos deixamos enganar pelas histórias simplistas que contam.

Homo teimosus

Mesmo entendendo o que nos motiva a agir dessa forma, preservando crenças que deveriam ser refutadas pelos dados, a forma como nosso cérebro faz isso na prática não é óbvia. Isso porque a tarefa exige que duas visões aparentemente opostas convivam em nossa mente. A verdade inconveniente nos é esfregada no nariz, e, mesmo assim, encontramos uma forma de negá-la ou descartá-la. Como fazemos esse exercício de "ilusionismo mental", em que acreditamos em nossas próprias mentiras?

O autoengano é um fenômeno psicológico curioso porque exige que parte de seu pensamento seja ocultado de você mesmo. É como se algumas de suas ideias fossem encobertas por uma espécie de véu, que as esconde de seu raciocínio consciente. Para funcionar, esse processo de manipular a própria memória não pode ser muito transparente: é preciso oferecer ao nosso sistema intuitivo uma história alternativa razoável para contar a nós mesmos. Como dizia Walt Disney, é perfeitamente possível convencer a plateia de que um personagem que caiu do décimo andar de um prédio sobreviveu; é preciso apenas uma marquise convenientemente posicionada para amortecer sua queda.

Somos muito bons em inventar essas realidades alternativas quando nos convém, e rápidos em nos deixar convencer por elas. Um véu bastante fino parece ser suficiente para fazer o trabalho. Experimentos que oferecem aos participantes algum espaço de manobra moral, por exemplo, demonstram que as pessoas facilmente se convencem com desculpas esfarrapadas que justificam sua própria desonestidade ou omissão. Atravessar a rua para evitar o mendigo parece suficiente para nos eximir da responsabilidade ou culpa por sua triste situação.

A "marquise" que usamos em nosso ilusionismo mental é chamada pelos cientistas sociais de "raciocínio motivado", ou racionalização. Protegidos por ela, disfarçamos os reais motivos que temos para agir de certa maneira, substituindo-os por outros, plausíveis, mas falsos. Por exemplo, alguém que encontra um relógio perdido e decide ficar com ele pode racionalizar o fato com vários "atenuantes": "se eu não pegasse, alguém o faria"; "se eu levasse para a polícia, ninguém viria mesmo atrás dele então seria perda de tempo" etc. A real motivação sempre foi o desejo de ficar com o relógio, e os argumentos são tentativas frágeis de fazer isso parecer mais aceitável socialmente. Frases do tipo "mas todo mundo faz isso" ou "isso nunca fez mal a ninguém" costumam sinalizar nosso raciocínio motivado em ação.*

Um relógio "roubado" é um exemplo bastante óbvio, mas nossas racionalizações podem ser extremamente sofisticadas. Um governo pode justificar seu apoio a um dos lados de uma guerra civil em um

---

* Exemplo adaptado de WARBURTON, Nigel. *Pensamento crítico de A a Z*: uma introdução filosófica. Rio de Janeiro: José Olympio, 2011.

outro país alegando motivos humanitários, quando está, na verdade, defendendo seus interesses econômicos. Uma multinacional pode racionalizar a decisão de produzir suas mercadorias em fábricas na Ásia com condições desumanas de trabalho convencendo-se de que esses trabalhadores estariam em situação ainda pior se não o fizesse.

Mais do que um argumento cinicamente distorcido para convencer os outros daquilo que nos interessa, a racionalização é usada para convencer a nós mesmos. Em geral, ela é uma resposta ao que os psicólogos chamam de "dissonância cognitiva": sentimos desconforto quando nossas ações entram em conflito com a imagem positiva que temos de nós mesmos, e tentamos afastar essa sensação manipulando nossas crenças. Por exemplo, um fumante, ao ser confrontado com inúmeras evidências de que o cigarro faz mal à saúde, pode encontrar-se em uma posição dissonante, questionando: "por que uma pessoa sensata como eu faz algo que prejudica o meu próprio corpo?" Há duas formas de solucionar o conflito: parando de fumar, o que pode ser extremamente difícil, ou manipulando suas crenças, dizendo a si mesmo coisas como "tal conhecido viveu até os 85 mesmo fumando, então não deve fazer tão mal assim".

Da mesma forma, um operador de mercado que vendia títulos hipotecários de qualidade duvidosa logo antes da crise do mercado imobiliário nos Estados Unidos em 2008 poderia se sentir desconfortável com os efeitos de suas posições para a estabilidade do sistema financeiro. Para resolver a dissonância, ele poderia pedir demissão e mudar de ramo, ou parar de inspecionar tão de perto a qualidade dos empréstimos e convencer-se de que não estava fazendo nada diferente de seus colegas no mercado, de que apenas seguia ordens de seu chefe ou de que o produto não era assim tão arriscado, afinal os preços dos imóveis vinham subindo havia anos e as taxas de inadimplência eram baixas.

Estratégias de autoengano

Para um tomador de decisão racional, qualquer nova informação é sempre valiosa, seja ela boa ou má: mais dados ajudam a tomar melhores decisões e, se não, sempre podem ser ignorados. Na prática, porém, não é bem assim. Informações "ruins" trazem medo, culpa ou ansiedade e, portanto, têm um custo. Para lidar com isso, manipulamos estrategicamente a informação que recebemos ou nos "enganamos" sobre seu significado, na tentativa de reduzir a dissonância que experimentamos e de proteger crenças que nos são valiosas.

Os economistas Roland Benabou e Jean Tirole identificaram três estratégias práticas que usamos para fazer isso: "ignorância estratégica", negação da realidade e autossinalização. Vejamos como cada uma dessas estratégias funciona.*

Quando você deixa de ler um jornal ou revista, ou bloqueia nas redes sociais uma pessoa que publica opiniões das quais discorda, está se utilizando da "ignorância estratégica". Frequentemente evitamos fontes de informação que tememos que nos tragam notícias ruins ou que nos desmotivem ou incomodem. Como o avestruz, enfrentamos o medo enfiando a cabeça no buraco. Esse comportamento, tão comum, pode chegar a níveis preocupantes, comprometendo inclusive a própria saúde de quem o faz: um estudo mostrou, por exemplo, que pessoas com risco de ter Huntington, uma doença degenerativa rara que compromete o sistema nervoso

* BÉNABOU, Roland; TIROLE, Jean. Mindful Economics: The Production, Consumption, and Value of Beliefs. *Journal of Economic Perspectives*, 30.3:141-64, 2016.

central, evitam fazer o teste mesmo que este seja gratuito, confiável e anônimo.* Parece que, em alguns casos, preferimos "nem saber".

Uma forma bastante comum de "ignorância estratégica" é nossa tendência a interagir preferencialmente com aqueles que compartilham de nossas opiniões. Esse comportamento foi amplificado com o advento da internet e das redes sociais, que permitem que "cabeças semelhantes" se encontrem e se aproximem com uma facilidade ímpar. Na verdade, algoritmos do Facebook e do YouTube são desenhados especificamente para trazer cada vez mais conteúdos com os quais você concorda, e "esconder" conteúdos que lhe contradigam ou incomodem. A "ignorância estratégica" foi automatizada pela inteligência artificial, nos dando a falsa sensação de que o mundo concorda com todas as nossas visões. Vivemos em "guetos informacionais", que reforçam nossas "certezas" e nos protegem da informação dissonante que poderia ser muito útil para temperá-las. Nesse contexto, temos que ativamente buscar fontes alternativas de informação se quisermos enriquecer nossa visão de mundo e formar uma opinião isenta sobre ele.

A segunda estratégia que usamos para lidar com o desconforto de nos vermos contestados consiste na negação da realidade. Quando sinais preocupantes chegam até nós, mas o que tememos ainda não se materializou de forma incontroversa, nós os processamos de forma distorcida ou amortecida. As "bandeiras vermelhas" que aparecem são racionalizadas para que não precisemos atualizar nossas crenças. Exemplos de negacionismo podem ser encontrados facilmente no polêmico embate político atual, e ocorrem ao longo

---

* OSTER, Emily; SHOULSON, Ira; DORSEY, E. Optimal Expectations and Limited Medical Testing: Evidence from Huntington Disease. *American Economic Review*, 103.2:804-30, 2013.

de todo o espectro, mudando apenas seu alvo: à direita, a negação favorita diz respeito ao aquecimento global; à esquerda, envolve assuntos como a segurança das vacinas, da água fluoretada ou dos alimentos geneticamente modificados.

Por fim, a última estratégia sugerida por Bénanou e Tirole consiste na autossinalização, em que o agente inventa ou produz seus próprios sinais "diagnósticos" no sentido desejado, e depois os interpreta como sendo evidência imparcial a seu favor. Imagine, por exemplo, que nosso fumante saia para uma longa corrida, após a qual se convence de que o cigarro não pode lhe estar fazendo mal — afinal, consegue se exercitar vigorosamente sem problema. Às vezes, quando preocupadas com questões de saúde, as pessoas se forçam a superar os sintomas, praticando uma atividade difícil ou mesmo perigosa para "provar" que tudo está bem. Ao usarmos o artifício da autossinalização, criamos termômetros que nos dão a resposta que queremos, e depois agimos como se eles estivessem medindo a temperatura.

Grupo de risco

O "raciocínio motivado" é, contraintuitivamente, mais comum em pessoas com alto nível educacional e bem informadas. Você, que está lendo este livro se encontra, por assim dizer, no "grupo de risco" para a racionalização. Isso porque, quanto maior o seu repertório, mais hábil você será em convencer aos outros — e a si mesmo — de seu ponto de vista. Em vários estudos, pessoas mais educadas, atentas e analiticamente sofisticadas demonstram maior propensão a racionalizar e repudiar evidências contraditórias, compartimentalizando o conhecimento e iludindo-se.

O professor de direito de Yale, Dan M. Kahan e seus colaboradores, por exemplo, descobriram que pessoas que se saíram melhor em testes de reflexão cognitiva (que medem a capacidade de acionar o pensamento racional, reprimindo a resposta intuitiva) eram, como esperado, menos propensas do que a média a exibir falhas de interpretação quando enfrentavam questões ideologicamente neutras, porém tinham *maior* probabilidade de fazê-lo para questões ideológicas como o controle de armas.*

Em um dos estudos, foi proposta a um grupo de americanos a seguinte situação fictícia:**

> *Algumas cidades, na tentativa de resolver o problema da violência causada por armas de fogo, introduziram políticas de controle de armas. Outras cidades similares não o fizeram. A tabela a seguir mostra o que aconteceu com a criminalidade em cada caso. Esses dados mostram que o controle de armas é efetivo para reduzir a criminalidade?*

	Criminalidade melhorou	Criminalidade piorou
Com controle de armas	223	75
Sem controle de armas	107	21

Repare que a pergunta é engenhosa: apesar de haver mais cidades *com* controle de armas nas quais a criminalidade melhorou do que

* Kahan, Dan M.; Peters, Ellen, Dawson, Erica Cantrell; SLOVIC, Paul. Motivated Numeracy and Enlightened Self-Government. *Cultural Cognition Project Working Paper 116*, Yale Law School, 2014.

** KAHAN, Dan M. Ideology, Motivated Reasoning, and Cognitive Reflection. *Judgment and Decision Making*, 8(4):407-24, 2013.

sem (223 *versus* 107), isso se deve apenas ao fato de haver mais cidades que adotaram a política de começo. Se olharmos apenas as cidades que adotaram o controle, veremos que 223 viram a criminalidade melhorar e 75 não, uma proporção de 3 para 1. Se fizermos o mesmo exercício apenas para as cidades que *não* adotaram o controle de armas, o resultado foi bem melhor: 107 viram a criminalidade melhorar contra 21 que não viram, uma proporção de 5 para 1. A política, portanto, não parece ser efetiva.

Participantes mais propensos a responder com base apenas na intuição caíam facilmente na armadilha, o que era esperado. Já os mais sofisticados, que se saíram melhor nos testes de reflexão cognitiva, tinham maior propensão a evitá-la. O curioso, porém, é que isso acontecia com maior frequência com aqueles que se declaravam "republicanos" do que com os que se identificavam como "democratas". Ou seja, os "democratas", membros do partido tradicionalmente favorável à política de controle de armas, eram mais propensos a se deixar "enganar".

O viés, porém, não é privilégio de um dos lados do espectro político: quando os pesquisadores inverteram os títulos da tabela (como vemos na tabela a seguir), de forma que agora a política de controle de armas parecia realmente eficaz, os "republicanos", membros de um partido para o qual o direito ao porte de armas é tradicionalmente um valor importante, tornaram-se *mais* propensos a cair na armadilha. Ou seja, a propensão ao "erro" estava relacionada aos valores cultivados.

Algumas cidades, na tentativa de resolver o problema da violência causada por armas de fogo, introduziram políticas de controle de armas. Outras cidades similares não o fizeram. A tabela a seguir mostra o que aconteceu com a criminalidade em cada caso. Esses dados mostram que o controle de armas é efetivo para reduzir a criminalidade?

	Criminalidade piorou	Criminalidade melhorou
Com controle de armas	223	75
Sem controle de armas	107	21

O mais interessante é que, quando a mesma análise se dava em um contexto sem qualquer conotação ideológica (como no exemplo a seguir, em que os dados são os mesmos, mas o assunto supostamente analisado é politicamente neutro), "democratas" e "republicanos" tiverem performances similares.

Algumas pessoas que apresentavam reações alérgicas experimentaram um novo tipo de creme para a pele. Outras, com características similares, não o fizeram. A tabela a seguir mostra o que aconteceu com a alergia em cada caso. Esses dados mostram que o creme é efetivo para reduzir a alergia?

	Alergia melhorou	Alergia piorou
Com novo creme	223	75
Sem novo creme	107	21

Destinos compartilhados e a "escalada do autoengano"

Além do grau de instrução e informação e do alinhamento político-ideológico, a propensão a negar a realidade parece ter relação também com o grau de interdependência entre as pessoas em empreendimentos coletivos como empresas e outras organizações, e com a gravidade do que está em jogo. Bénabou e Tirole mostraram, por exemplo, que, em situações em que os resultados são compartilhados e em que se preveem perdas significativas de capital e reputação, ou que podem levar a consequências graves como falência, demissões, processos judiciais ou mesmo o risco de causar um acidente catastrófico, as pessoas parecem *mais* propensas a ignorar eventuais más notícias. Quanto mais sério o problema e mais significativos os prejuízos potenciais, maior o incentivo a persistir nos comportamentos equivocados, fazendo a negação se retroalimentar.*

Essa constatação parece contraintuitiva e bastante perigosa, já que nos tornaria mais propensos a errar justamente nos momentos em que os erros podem ser mais graves. Além disso, a negação da realidade torna-se contagiosa, agravando a situação, o que por sua vez torna mais difícil reconhecer e enfrentar o desastre iminente, criando uma espécie de círculo vicioso que Bénabou e Tirole chamaram de "escalada do autoengano".

Por fim, o grau em que acreditamos poder influenciar no resultado de uma decisão também afeta nossa propensão a seguir cegamente o grupo. Quando as pessoas compartilham um destino comum, com poucas opções de escapar dos danos colaterais infligidos por erros cometidos por terceiros, o "efeito manada" parece ser mais comum — mesmo que a manada esteja se dirigindo para um precipício. Quanto mais impotentes nos sentimos sobre nossa capacidade de mudar uma situação, mais tendemos a simplesmente "ir com a maré" e ignorar sinais preocupantes da realidade. Percepções erradas da alta gerência de uma empresa sobre as perspectivas de um mercado ou as chances de sucesso de um produto, por exemplo, tendem a "transbordar" para os escalões mais baixos da hierarquia,

* BÉNABOU, Roland J. M. Theodore A. Wells... Groupthink: Collective Delusions in Organizations and Markets. *Review of Economic Studies*, 80:429-462, 2013.

eventualmente levando a uma cultura organizacional equivocada, que se torna incapaz de questionar a validade das decisões e de identificar eventuais falhas.

Estourando bolhas

Talvez o exemplo mais claro e dramático do "efeito manada" esteja no aparecimento periódico de bolhas financeiras. Bolhas são situações em que os preços de ativos (como ações ou imóveis) sobem rapidamente, descolando-se da realidade, e, quando o excesso de otimismo dos compradores se frustra, caem abruptamente, levando a grandes prejuízos.

Uma das primeiras bolhas registradas na história — e talvez também a mais excêntrica — é conhecida como "Febre das tulipas", e abateu a Holanda no século XVII (1634-1637). As tulipas, flores recém-trazidas do Império Otomano, eram consideradas muito raras e exóticas na época e caíram no gosto da aristocracia, que as cultivava como símbolo de status. Logo, seus preços começaram a subir, o que atraiu especuladores, que compravam bulbos com a expectativa de revendê-los no futuro a preços mais elevados.

A excitação com a planta elevou seus preços rapidamente. Alguns bulbos chegaram a valer 5.500 florins, o equivalente a mais de R$ 100 mil em moeda de hoje, mais do que uma pequena casa em Amsterdam. Conforme notícias de especuladores que enriqueciam absurdamente se espalhavam, pessoas comuns passaram a entrar no mercado, usando suas economias para compra bulbos.*

---

* MACKAY, Charles. *Memoirs of Extraordinary Popular Delusions.* London: Richard Bentley, 1841.

Não tardou, porém, para que a euforia chegasse ao fim. Em pouco tempo a produção de bulbos superou em muito a demanda de aristocratas enamorados, e os preços desabaram. Para agravar a situação, descobriu-se que a aparência rajada das tulipas mais valorizadas, as *Semper Augustus*, decorria de um vírus, que dificultava sua reprodução. Quando a bolha das tulipas estourou, muitos holandeses perderam todas as suas economias e o país entrou em crise por vários anos.

É fácil hoje, retrospectivamente, rir da mania das tulipas e da ingenuidade e histeria coletiva que levaram pessoas a valorizar flores mais do que imóveis. No momento em que a história estava se desenrolando, porém, as coisas não eram tão óbvias. Afinal, havia realmente uma alta demanda: muitos europeus endinheirados pagavam fortunas pelas desejadas plantas. Os bulbos eram as "fábricas" que produziam as valorizadas flores: um único bulbo podia ser usado para produzir várias outras plantas. Por um momento, muitos acreditaram ter encontrado a versão botânica da "galinha dos ovos de ouro". Os preços caíram apenas quando mais e mais bulbos foram sendo cultivados, e a oferta superou, em muito, a demanda. Curiosamente, *breeds* de flores raras são negociados ainda hoje por centenas de milhares de dólares em mercados especializados.

Apesar de peculiar, a "Febre das tulipas" ilustra bem algumas características de momentos de "exuberância irracional" que parecem periodicamente abater os mercados financeiros até os dias de hoje, com consequências por vezes devastadoras. O *crash* da bolsa de valores americana em 1929, a bolha das ditas empresas "ponto-com" no final dos anos 1990 e a crise do mercado imobiliário americano em 2007-2008, conhecida como crise do *subprime*, são exemplos mais recentes de um processo semelhante.

Quando observamos retrospectivamente os erros cometidos nesses períodos, vemos facilmente a irracionalidade do processo (os preços absurdamente altos, as expectativas irrealistas, os exagerados volumes transacionados...) e nos iludimos com a ideia de que "nunca teríamos caído nessa". O simples fato de que muitas pessoas bem informadas na época tenham sucumbido, porém, devia fazer soar um alerta de que se manter imune à tentação de "surfar a bolha" não é tarefa assim tão simples.

Bolhas nunca se formam no vácuo: por trás da euforia e irracionalidade há sempre uma "narrativa" que parece bastante razoável e tentadora à época — tanto que é capaz de convencer um grande número de pessoas a aplicar seus recursos em coisas exotéricas como bulbos de tulipa ou títulos hipotecários. O preço de uma ação, uma planta ou um imóvel hoje depende de nossa expectativa sobre os potenciais ganhos que esses ativos serão capazes de gerar no futuro. Se uma empresa "ponto-com" desconhecida acabar se transformando na próxima Amazon ou Google, seu valor é potencialmente imenso. Se ela, porém, não passar de um modismo passageiro, como acontece com tantas outras startups que tentam replicar o feito, talvez não sobreviva mais um ano que seja, e qualquer dinheiro investido nela será perdido.

Em momentos de grande inovação — como o advento da internet, dos smartphones ou das criptomoedas —, prever o que acontecerá no futuro pode ser tarefa bastante difícil. Não há dados históricos confiáveis nos quais basear a avaliação — afinal, "as coisas não são mais como eram antes...". Uma "narrativa", uma história razoavelmente coerente que "explica" os eventos, é, então, usada como forma de dar sentido à transformação que está acontecendo no mundo.* Como vimos, nosso sistema intuitivo aprecia uma boa história, portanto estamos sempre propensos ao "pensamento

---

* TEETER, Preston; SANDBERG, Jörgen. Cracking the Enigma of Asset Bubbles with Narratives. *Strategic Organization*, 15.1:91-9, 2017.

narrativo", em especial quando ele parece nos oferecer uma oportunidade única de enriquecimento fácil da qual todos os nossos vizinhos parecem estar tirando vantagem.

Por trás de uma bolha existe sempre uma "verdade", uma história sensata alicerçada em uma questão real, por isso ela é tão tentadora — até que, em certo momento, se descola da realidade. Considere, por exemplo, o *crash* da bolsa americana em 1929. Quando a Primeira Guerra terminou, em 1918, a Europa estava devastada, o que criou uma oportunidade única para empresas americanas, que passaram a suprir o Velho Continente com manufaturas e alimentos, gerando um ciclo de crescimento e prosperidade nos Estados Unidos. As vendas de carros e eletrodomésticos explodiram, estimuladas pela popularização do crédito, e novas tecnologias, como o rádio e o automóvel, ofereciam a promessa de um "admirável mundo novo", alimentando um otimismo sem limites. Uma ação da Radio Corporation of America, startup queridinha dos investidores na época, negociada por US$1,50 em 1921, chegou a valer 57 vezes mais sete anos depois.

Em 1928, porém, a valorização das ações havia superado em muito o crescimento da economia, e o *crash* veio de repente. Em dois anos, a economia americana encolheu incríveis 60% e faliram mais bancos nos Estados Unidos em 1931 do que durante os vinte anos que o precederam. O sofrimento, a fome, os suicídios e a tragédia que se seguiram foram retratados em muitos filmes e livros desde então.

Considere as semelhanças entre o *crash* da bolsa de 1929 e o que aconteceu no final dos anos 1990 com as empresas "ponto-com", nos Estados Unidos. Àquela época, as ações de empresas de tecnologia atingiam níveis estratosféricos, enriquecendo fundadores e investidores, na esteira da chamada "Nova Economia": uma realidade "nova", de incríveis tecnologias e oportunidades, onde ciclos econômicos tradicionais e recessões não mais se aplicariam. Apesar de muitas empresas "ponto-com" não terem ainda qualquer lucro (algumas delas nem mesmo receita tinham; não passavam de ambiciosos projetos ainda no papel), as expectativas irreais de investidores loucos para "surfar a onda" e tornarem-se sócios da "próxima Microsoft" levaram os preços a níveis astronômicos. No início de 2000, a bolha estourou abruptamente: o índice Nasdaq caiu de 5.000 para 1.000 pontos em 2002, e os EUA entraram, mais uma vez, em recessão.

Lições de uma bolha

Estudar o caso das bolhas financeiras é útil mesmo para quem não se interessa pelo mercado financeiro, pois elas oferecem um exemplo muito prático e concreto de uma situação em que um grande número de pessoas altamente qualificadas entra em um processo de "ilusão coletiva" que leva a erros formidáveis, com repercussões gravíssimas para os envolvidos e para a sociedade como um todo.

As bolhas exemplificam bem a "escalada do autoengano", em que as percepções viesadas de investidores e sua relutância em precificar más notícias se reforçam e retroalimentam. Os incentivos se tornam particularmente perversos: como há muito em jogo, agir de forma realista implicaria reconhecer enormes perdas de capital, o que traria consequências psicológicas e práticas gigantescas. Assim, cada participante tem um estímulo ainda maior a evitar enfrentar a verdade, o que perpetua e agrava a bolha.

Nesses momentos, ir contra o consenso do mercado pode ser extremamente difícil, por motivos não só psicológicos, mas também de reputação e mesmo práticos. Gestores de fundos, por exemplo, são recompensados pela performance de suas carteiras em relação à média do mercado. Seus clientes, impacientes, querem ver seus investimentos rendendo bem a cada mês, e os estão sempre comparando com seus concorrentes. Nesse contexto, adotar uma postura contrária ao mercado pode ser bastante arriscado. Se levar tempo para que a bolha estoure, o gestor corajoso o suficiente para apostar contra a narrativa em voga arrisca-se a perder clientes, receitas e o próprio emprego. Como dizia o famoso economista John Maynard Keynes (1883-1946), que era também um hábil investidor em ações, "o senso comum ensina que é melhor para reputação falhar convencionalmente do que ter razão de forma não convencional". Ou seja, às vezes é melhor estar errado com a maioria do que certo contra ela.

Como apostar contra a manada pode ser arriscado, alguns céticos preferem tentar "surfar a bolha", ficando de prontidão para sair de suas posições ao primeiro sinal de que o mercado, enfim, reconhecerá o erro. Porém, quando o processo de reversão de expectativas começa, todos os que estavam com o "dedo no gatilho" procuram desinvestir rapidamente, e começa uma corrida desesperada pela porta de saída.

Quando os insiders acreditam nas narrativas que inventam

A visão de que os especialistas são mais bem informados e sofisticados do que a pessoa comum e, por isso, conseguem sempre perceber o que está acontecendo e tirar vantagem dos "tolos", porém, nem sempre é verdadeira. Às vezes os *insiders* se convencem das próprias narrativas que contam.

Considere, por exemplo, o que aconteceu em 2007 no mercado americano de financiamento imobiliário. Os preços dos imóveis nos EUA haviam subido fortemente até 2006 em função de taxas de juro muito baixas e de políticas públicas no sentido de baratear o crédito imobiliário para clientes de baixa renda. O mercado de financiamento à habitação explodiu com a popularização dos chamados empréstimos *subprime* (ou seja, com maior risco de inadimplência), e bancos de investimentos faturaram alto criando e vendendo produtos sofisticados em que combinavam um grande número desses empréstimos de pior qualidade em cestas diversificadas, supostamente eliminando o risco (a chamada "securitização de hipotecas").

Em julho de 2007, porém, a bolha estourou, levando à falência vários dos supostos *insiders* sofisticados (bancos de investimento tradicionais como a Lehman Brothers, agências de financiamento imensas como Fannie Mae e Fredie Mac, grandes seguradoras como a AIG...) que haviam apostado pesado em seus títulos. Os governos se viram obrigados a salvar instituições financeiras da falência com programas bilionários de resgate para evitar uma crise financeira de grandes proporções, e a economia mundial entrou em recessão.

Durante a bolha, instituições inteiras se deixaram levar pela euforia. Mais ainda, pessoas que trabalhavam dentro do sistema e deviam "saber melhor" o que estava acontecendo tomaram decisões completamente equivocadas. Os professores de finanças Ing-Haw Cheng, Sahil Raina e Wei Xiong examinaram as transações pessoais de 400 *insiders* de Wall Street durante a bolha, listando as compras e vendas de imóveis feitas por gerentes que trabalhavam no setor de securitização de hipotecas para suas carteiras de investimento particulares. Em função de sua atividade profissional, esses *insiders* tinham uma visão privilegiada do mercado e, portanto, maiores chances de perceber que os empréstimos eram tóxicos e que os altos preços do mercado imobiliários eram insustentáveis. Quando compararam, porém, as transações desses *insiders* com aquelas de *outsiders* com um grau de escolaridade semelhante (como advogados e analistas financeiros não especializados no setor imobiliário), perceberam que os *insiders* se deixaram enganar pelo excesso de otimismo com mais frequência. Eles compraram mais casas no auge da bolha e foram mais lentos para se desfazer delas quando os preços começaram a cair, e acabaram tendo retornos piores que a média em seus investimentos.* O fato de os *insiders* comprarem caro e venderem barato vai contra toda a teoria tradicional, segundo a qual quem tem melhores informações consegue maiores retornos, mas pode ser facilmente explicado pelos mecanismos de pensamento de manada que discutimos. Surpreendentemente, parece que somos mais propensos a nos enganarmos em situações para as quais deveríamos saber melhor.

A moral nas escolhas

A crise financeira de 2008 levanta outra questão extremamente relevante sobre decisões, que ainda não mencionamos neste livro: o aspecto ético das escolhas. Como nossas decisões afetam outros cujos interesses, por vezes, estão em conflito com os nossos, dilemas morais frequentemente aparecem. O *trade-off* entre fazer a coisa certa e alcançar algum benefício que almejamos é um complicador presente em muitas das escolhas que enfrentamos.

Um grande debate se seguiu ao estouro da bolha do *subprime* nos Estados Unidos, na tentativa de estabelecer e punir os responsáveis pelos erros cometidos. A culpa recaiu em grande parte sobre os bancos envolvidos, sobre as agências de *rating*, que falharam em

* CHENG, Ing-Haw; RAINA, Sahil; XIONG, Wei. Wall Street and the Housing Bubble. *American Economic Review*, 104.9: 2797-29, 2014.

identificar corretamente o risco dos investimentos e sobre o governo, que teria sido relapso na regulamentação do setor.

Em sua defesa, os bancos e agências de risco argumentaram que o evento fora um "cisne negro", um "ponto fora da curva" cujo desfecho não se podia antecipar, ou, alternativamente, que a crise fora fruto de um "erro honesto": os modelos matemáticos que haviam usado para avaliar os ativos estavam equivocados, sem que houvesse a intenção de manipular os preços ou enganar investidores. Determinar quanto vale um título lastreado em recebíveis imobiliários como os que estiveram no epicentro da crise não é tarefa fácil. Seu preço depende de uma série de pressupostos incertos: qual será a taxa de inadimplência? Quanto valerão no futuro os imóveis que lhes servem de garantia? Ao alimentar seus modelos com pressupostos otimistas demais os analistas teriam inadvertidamente chegado a avaliações equivocadas.

Muitos, porém, não se convencem com a hipótese do "erro honesto", e alegam que os analistas nas mesas dos bancos e nas agências de *rating* sabiam dos riscos envolvidos, mas não se importavam, pois faturavam alto com a bolha. O esquema de remuneração variável no setor premiava os banqueiros e analistas pelo volume de transações que viabilizavam, mas os protegia dos eventuais efeitos do crescente risco que se acumulava, o que teria distorcido incentivos e criado um enorme problema de conflito de interesses.

Nenhuma das duas explicações, por si só, é completamente convincente. Por um lado, parece ingênuo supor que as mesas dos bancos e agências de *rating*, com pessoal qualificado, fossem completamente ignorantes dos riscos crescentes das operações. Por outro lado, será que essas pessoas seriam tão maquiavélicas e egoístas a ponto de conscientemente expor o sistema financeiro e a economia como um todo a riscos enormes apenas para ter um bônus maior no final do ano?

O especialista em finanças comportamentais, Nicholas Barberis, acredita que uma explicação mais realista exige uma combinação das duas versões, temperadas com uma boa dose de racionalização. Os analistas estariam vagamente conscientes de que seu modelo de negócios implicava sérios riscos, diz Barberis, no entanto, ao manipular suas crenças, eles se iludiram a acreditar que ele não era assim tão perigoso.* Situações em que as decisões são compartilhadas por um grande número de pessoas interessadas, cuja remuneração depende diretamente do sucesso da "narrativa", são particularmente perigosas, pois a "escalada do autoengano" pode tomar grandes proporções. Pequenas transgressões aumentam gradualmente por meio de uma série de racionalizações, que ecoam pelo grupo e se retroalimentam.

O processo não é privilégio de banqueiros ambiciosos. Com frequência, pessoas envolvidas em comportamento imprudente ou desonesto encontram maneiras engenhosas de se convencer de que não estão fazendo nada errado. Na verdade, a racionalização é particularmente útil no contexto de escolhas que envolvem algum dilema ético porque permitem às pessoas resolverem o doloroso *trade-off* entre a necessidade psicológica de sentir-se bem consigo mesmo, e o desejo de beneficiar-se da desonestidade.

O professor de psicologia e economia comportamental Dan Ariely estuda a desonestidade em seu laboratório na Universidade de Duke, nos Estados Unidos, por meio de experimentos engenhosos, e tem chegado a conclusões esclarecedoras. Em um estudo, por exemplo, Ariely e seus colegas pediram a trinta mil voluntários que realizassem uma tarefa qualquer pela qual seriam remunerados em dinheiro. O desenho do experimento, porém, deixava uma brecha

* BARBERIS, Nicholas. Psychology and the Financial Crisis of 2007-2008. *In: Financial Innovation*: Too Much or Too Little, 2013. p. 15-28.

para que os participantes "enganassem" os experimentadores sobre sua performance, recebendo mais dinheiro do que tinham direito. Na prática, eles tinham a oportunidade de "roubar" dos experimentadores sem serem pegos.

Dentre os trinta mil participantes no estudo, Ariely identificou doze "grandes trapaceiros", que mentiram descaradamente. Juntos, eles roubaram um total de US$150. Além destes, porém, houve *18 mil* "pequenos trapaceiros", que roubaram, cada um, quantias modestas — alguns centavos ou dólares apenas. Como eram muitos, porém, acabaram causando um prejuízo total muito maior, de US$36 mil. A conclusão de Ariely é que grande parte da desonestidade que vemos na sociedade não é cometida por pessoas intrinsecamente más, mas por pessoas boas que "trapaceiam só um pouco" sem perder a convicção de que são honestas porque dispõem de mecanismos eficientes de racionalização.*

Curiosamente, diferentes situações parecem oferecer espaços maiores ou menores para racionalização. Ariely exemplifica esse ponto com uma anedota: a criança chega em casa da escola com uma advertência da professora por ter roubado um lápis de um colega. O pai, furioso, põe o menino de castigo e lhe dá um grande sermão sobre como roubar é errado, uma atitude vergonhosa, que ele nunca deverá repetir. "E ainda por cima", conclui o pai, "você sabe que, se precisar de um lápis é só me pedir, que eu trago vários para você do escritório."

Por algum motivo obscuro, pegar um lápis da firma não "parece" um roubo; certamente não como tirar um lápis do estojo

---

* MAZAR, Nina; AMIR, On; ARIELY, Dan. "The Dishonesty of Honest People: a Theory of Self-Concept Maintenance". *Journal of Marketing Research*, 45(6), 633-644, 2008.

do colega, ou como pegar um real da "caixinha" da firma e usá-lo para comprar um lápis. Ariely defende que algumas situações se prestam mais à racionalização do que outras porque nos permitem criar uma justificativa plausível para fazermos o que queremos sem que nos sintamos mal ou desonestos, e é justamente nessas situações que a moral se torna "maleável".*

Dificilmente alguém conseguiria racionalizar facilmente o fato de sair de um restaurante sem pagar a conta, por exemplo. Se tentássemos, nos sentiríamos como ladrões. Compare isso, por exemplo, com fazer o download ilegal de uma música, filme ou livro pela internet, propõe Ariely. A sensação não é a mesma. Muitas pseudoexplicações podem ser conjuradas: "os artistas querem que suas músicas sejam ouvidas", "a indústria cinematográfica é má e gananciosa", "eu não compraria mesmo este livro", ou "todo mundo faz isso". Dificilmente conseguiríamos aplicar a mesma estratégia no restaurante para nos convencermos de que "o chef faz a comida para que seja apreciada". Por algum motivo, essa linha de raciocínio é absurda demais para nos convencer.

Ariely fez ainda um experimento informal interessante: na cozinha comum de um dormitório de estudantes, ele deixou à vista algumas latas de refrigerante. Em poucas horas, todas "desapareceram". No dia seguinte, ele deixou, no mesmo lugar, o valor, em dinheiro, correspondente ao preço das bebidas. Passaram-se dias e o dinheiro continuava lá. Pegar o dinheiro nos faz, sem sombra de dúvida, ladrões; é possível, porém, pensar em um milhão de atenuantes para beber o refrigerante ("só fiz isso porque estava com muita sede, mas amanhã eu reponho...").

---

* ARIELY, Dan. *A mais pura verdade sobre a desonestidade*. Rio de Janeiro: Alta Books, 2012.

Parece que, quanto mais nos distanciamos fisicamente do dinheiro em si, mais fácil fica criar uma história convincente para nos isentar de qualquer culpa, o que pode trazer implicações preocupantes para o futuro. Conforme nossas transações se tornam cada vez mais virtuais e complexas com o uso crescente de cartões de crédito, *electronic wallets* e complexos produtos financeiros como títulos securitizados, sugere Ariely, a distância psicológica entre nós e o dinheiro aumenta, o que oferece maiores oportunidades para que sejamos desonestos sem nos sentirmos assim.

Traçando a linha vermelha

A ideia de que nosso caráter não é fixo e imutável como uma rocha, mas está sujeito ao contexto em que nos encontramos, é bastante polêmica e incômoda e, de algum modo, pode trazer a sensação desconfortável de que estaríamos relativizando o que é certo e o que é errado. Porém, a percepção realista de nossas limitações e propensões psicológicas permite que estejamos atentos ao "canto da sereia" da racionalização, e criemos ambientes mais propícios para o comportamento honesto nas empresas, nos bancos ou na administração pública.

Nossa motivação distorce nossa percepção — em especial se a verdade é complexa e cheia de nuances e depende de uma série de premissas, as quais podemos ajustar sem que fique transparente, por trás do véu, que estamos cometendo uma fraude. Imagine que você fosse um banqueiro durante o *boom* do mercado imobiliário americano e sua remuneração dependesse da performance de um conjunto de títulos complexos, cujo valor é muito difícil computar e depende de uma série de parâmetros incertos com os quais você alimenta uma imensa planilha no Excel; imagine que todos os colegas à sua volta tivessem a mesma motivação e reforçassem sua visão excessivamente otimista — será que é razoável esperar que as pessoas sejam objetivas e isentas em situações como essa?, pergunta Ariely.

Se quisermos realmente prevenir situações em que o comportamento desonesto parece disseminar-se por um grupo, precisamos ir além de prender e punir os culpados pelos erros do passado — precisamos, também, mudar os incentivos. Essa conclusão tem implicações importantes em áreas que nada têm a ver com o mercado financeiro; os recorrentes casos de corrupção em grandes obras públicas e contratos governamentais no Brasil, por exemplo, vêm imediatamente à mente.

Compreender que temos uma tendência a ver o mundo de forma viesada quando nossos interesses estão em jogo — genuinamente vê-lo assim, e não apenas atuar cinicamente como em um teatro para ludibriar os demais — nos ajuda a pensar em como desenhar incentivos corretos e ambientes propícios para a decisão ética.

Tendemos a ver as pessoas como intrinsecamente boas ou más, e achamos que, se nos livrarmos das pessoas más, tudo ficará bem. A realidade, porém, como propõe Ariely, é bem mais complicada: o comportamento das pessoas responde às circunstâncias de forma bastante intrincada, e muitos de nós podemos nos tornar "pequenos trapaceiros" sem nos darmos conta disso, com um toque da "mágica da racionalização". Aceitar esse fato é o primeiro passo para evitar que cruzemos, inadvertidamente, a "linha vermelha" da desonestidade.

Muito além da verdade

Nossas crenças não são apenas ferramentas que usamos para a tomada de decisão; elas têm valor por si próprias. Aquilo em que acreditamos muitas vezes define quem somos, portanto novas informações que as desafiem não são bem-vindas. Estamos dispostos a defendê-las com afinco, e usamos diversos "truques" psicológicos para nos protegermos do desconforto, angústia e medo que sentimos quando as vemos ameaçadas.

Esse "ilusionismo mental" nos impede de ver como as coisas realmente são e, por vezes, nos leva a visões equivocadas do mundo, fenômeno que é muito amplificado quando os valores em questão são parte da identidade do grupo ao qual pertencemos. Somos biologicamente programados para imitar as ações do coletivo, o que nos permite absorver informações do grupo eficientemente e reagir com rapidez a perigos, como a manada que escapa do predador. Porém, em certos contextos, nossa propensão a seguir a maioria pode amplificar e retroalimentar erros, levando a uma "escalada de autoengano" com consequências muito graves.

Mais do que reconhecer vieses nos outros, é importante que estejamos conscientes de que somos, nós mesmos, vítimas fáceis para o "ilusionismo mental". Quanto mais informados e sofisticados formos, e quanto mais motivados estivermos, mais recursos e incentivos teremos para racionalizar nossas ações. Concluímos primeiro, depois justificamos. Muitas vezes os argumentos não são a matéria-prima com a qual construímos nossas opiniões, mas sua eulogia: nós os usamos para exaltar sua correção e virtude, após o fato consumado. Como o processo opera por debaixo do véu da consciência ele é, em grande parte, involuntário e, por isso, ainda mais perigoso. Para tomar boas decisões e evitar a armadilha do autoengano é preciso, primeiro, reconhecer que ele existe.

Quando a informação nos afasta

Aceitar que a motivação involuntariamente distorce a forma como percebemos o mundo tem implicações importantes em várias áreas, da ética e moral das escolhas à crescente polarização política. Se os interesses, as visões de mundo e as realidades das pessoas variam, elas podem interpretar os mesmos sinais de maneira muito diferente. Isso explica o aparente paradoxo de por que observamos, no mundo, maior divergência de crenças, ao mesmo tempo que mais e mais informações se tornam disponíveis na mídia e na internet. Se os fatos não passam pelo véu da racionalização, nenhum montante deles será suficiente para convencer alguém a mudar de ideia.

Na verdade, é possível que o aumento do estoque de informações disponíveis agrave o problema ao invés de amenizá-lo. Quando temos mais dados do que conseguimos absorver e processar, precisamos necessariamente escolher o "recorte" da realidade que deixaremos passar pela fresta da consciência. O "raciocínio motivado" garante que grupos de pessoas diferentes escolherão recortes distintos, dentre as múltiplas realidades possíveis que o excesso de informação proporciona.

Nate Silver oferece uma analogia histórica interessante à revolução informacional que vivemos hoje, com o advento da internet e das redes sociais, que ressalta os perigos de momentos em que a informação circula mais rápido do que nossa capacidade de compreendê-la. Quando Johannes Gutenberg (1400-1468) inventou a imprensa, em 1440, os livros, que até então não passavam de artigos de luxo para a nobreza, tornaram-se baratos e abundantes. O conhecimento humano, que antes era perdido conforme os livros apodreciam mais rápido do que podiam ser produzidos, começou, pela primeira vez na história, a se acumular. As consequências foram monumentais: o Iluminismo, o desenvolvimento científico, a Revolução Industrial. Antes disso, porém, a imprensa produziu um efeito muito menos alentador, lembra Silver: centenas de anos de guerras religiosas na Europa, caracterizando o que talvez tenha sido o período mais sangrento da história da humanidade.*

A explicação para isso pode estar na forma como absorvemos novas informações, propõe Silver. O atalho que instintivamente usamos quando temos que lidar com informações abundantes demais é usá-las seletivamente, escolhendo as partes de que gostamos e ignorando o resto. Os que fizeram a mesma escolha que nós se tornam aliados, e, os outros, inimigos, criando facções ao longo de linhas nacionalistas, religiosas ou ideológicas.

Como acontece hoje, a qualidade da informação disponível variava muito, e erros — tal qual todo o resto — eram reproduzidos em massa. A infame *Wicked Bible* (ou "Bíblia malvada"), por exemplo, cometeu um infeliz erro tipográfico ao omitir a palavra "não" de um dos Dez Mandamentos, que passou a ditar: "Cometerás adultério."**

A exposição a tantas novas ideias produziu uma confusão generalizada: o montante de informação crescia mais rápido do que a habilidade de nossos antepassados para lidar com ela, e diferenciar verdades de mentiras tornou-se tarefa complexa. A lista de best-sellers, lembra Silver, era povoada inicialmente não por tratados humanísticos profundos, mas por textos heréticos, pseudocientíficos ou de pregação religiosa. Os maiores usuários da novidade foram evangelistas como Martinho Lutero (1483-1546), cujas ideias não precisavam mais ficar presas nas portas das igrejas, mas podiam ser reproduzidas e circular.

---

* SILVER, Nate. *The Signal and the Noise*. New York: Penguin, 2012. Introduction.

** Exemplo extraído de SILVER, Nate. *The Signal and the Noise*. New York: Penguin, 2012. p. 3.

Aos poucos, as pessoas aprenderam a usar melhor a informação, e a imprensa trouxe incontestável progresso e desenvolvimento; porém, três séculos se passaram (e milhões de europeus morreram) antes que a humanidade conseguisse traduzi-la em conhecimento real.

Temos hoje muito mais recursos para fazer bom uso das novas tecnologias de disseminação da informação — e colher mais rapidamente e com menores custos seus inúmeros benefícios — do que nossos antepassados do século XVI. Para tanto, porém, é imprescindível que reconheçamos nossas predisposições psicológicas e cognitivas, e evitemos as armadilhas que oferecem.

Isso porque algumas características da internet e das redes sociais as tornam particularmente perigosas, já que operam explorando vários vieses e propensões ao erro que discutimos ao longo deste livro. A rapidez com que nos trazem informações e exigem reações de nossa parte é um "prato cheio" para a impulsividade de nosso sistema intuitivo, deixando pouco espaço para que a razão tempere nossas ações com seu bom senso cauteloso. Quando nos damos conta, já curtimos, compartilhamos e comentamos. O apelo a histórias dramáticas contagiantes que "viralizam" alimenta a heurística da disponibilidade, e agrava a visão distorcida e excessivamente pessimista que cultivamos do mundo. Dados, estatísticas e gráficos, assim como notícias e opiniões, podem ser amplamente distorcidos, manipulados ou apresentados de forma seletiva, nos levando a traçar relações causais que, na verdade, não existem, e a acreditar em teorias da conspiração e superstições as mais diversas. Os algoritmos automatizam o viés de confirmação, oferecendo "verdades" ao gosto do cliente, e, como facilmente encontramos mentes que pensam de forma parecida com a nossa e excluímos e bloqueamos ideias divergentes, o debate plural saudável fica interrompido. Mais ainda, o conforto e a segurança de estarmos protegidos por detrás de uma tela parece desativar vários dos filtros que usamos na conversa presencial, o que, combinado com mal-entendidos que, frequentemente, surgem quando o tom de voz, a linguagem corporal e outras sutilezas da conversa face a face são removidos, torna o ambiente dos comentários do Twitter e dos grupos de WhatsApp potencialmente explosivo e conflituoso.

Lembrar que temos "mentes da época das cavernas disfarçadas em crânios modernos", como vimos na Introdução deste livro, e estar atentos às predisposições cognitivas que nossa herança evolutiva nos deixou, é prudente, se quisermos funcionar de maneira inteligente e evitar conflitos e erros desnecessários nesse admirável mundo novo da informação infinita.

Para lembrar na hora da decisão:

✓ Para evitar notícias desagradáveis e proteger nossas crenças, manipulamos estrategicamente a informação que recebemos ou nos "enganamos" sobre seu significado. Fazemos isso racionalizando nossas ações (disfarçando os reais motivos que temos para agir de certa maneira), negando a realidade, evitando fontes de informação que nos incomodam ou produzindo nossas próprias ferramentas pseudodiagnósticas.

✓ Lembre-se: você está no grupo de risco para a racionalização! Ela é mais comum entre pessoas bem informadas e com alto nível educacional, e em situações em que o que está em jogo é relevante, mas nos sentimos impotentes para influenciar no resultado final. Quando os prejuízos potenciais são grandes e as consequências, graves, erros se retroalimentam, levando a uma "escalada do autoengano".

✓ O comportamento das pessoas responde às circunstâncias e ao contexto, e temos grande habilidade para racionalizar atitudes desonestas. Para tornar as decisões mais éticas, é preciso criar ambientes mais propícios e incentivos corretos; não basta nos livrarmos dos "grandes trapaceiros"; é preciso calar o "pequeno trapaceiro" em potencial que vive em cada um de nós.

- ✓ Lembre-se de que você vive em um "gueto informacional", em que a informação que chega até você é distorcida para protegê-lo de ideias dissonantes. Para cultivar uma visão mais realista e plural do mundo, busque ativamente fontes alternativas de informação, e pergunte-se sempre: "o que me convenceria de que eu estou errado?"
- ✓ A internet e as redes sociais operam explorando várias de nossas predisposições psicológicas e cognitivas (a impulsividade do sistema intuitivo, a disponibilidade, o viés de confirmação...) e desativam filtros que usamos na conversa presencial, o que as torna perigosas. Lembre-se que de que há um "homem das cavernas" à espreita, sempre pronto a postar no *feed* de mensagens em seu nome.

Conclusão

Em nossa jornada pelo mundo da decisão, passamos por áreas tão distintas como a filosofia, a psicologia, a estatística, a economia e a ciência da computação. Falamos de sistemas de inteligência artificial e prisioneiros em cavernas, de filmes de Hollywood e teoremas matemáticos. Sem a intenção de esgotar nenhum dos muitos e complexos temas pelos quais passamos, procuramos oferecer uma curadoria de ideias interessantes com o intuito de provocar você a pensar sobre esse intrigante assunto.

Cada decisão é única, por isso não há receita pronta, ou "bala de prata", para a boa escolha. O melhor que se pode fazer é oferecer "mapas", modelos mentais que o ajudem a pensar por si próprio e a encontrar o melhor caminho para chegar ao destino almejado, qualquer que seja este. Abordamos o assunto em duas frentes complementares, procurando alertá-lo sobre as armadilhas a evitar, ao mesmo tempo em que fornecíamos algumas ferramentas úteis para orientá-lo sobre o que fazer.

No capítulo 3 vimos que toda decisão tem três etapas. Primeiro listamos todos os caminhos possíveis, no que chamamos de processo de "busca" por alternativas. Depois, tentamos prever onde cada um deles vai dar, estimando as consequências de cada opção (ou etapa da "análise"). Por fim, falamos da "escolha" propriamente dita, em que comparamos as opções segundo um critério de valor e escolhemos a que melhor atende a nossos objetivos. Retomemos cada uma dessas etapas, à luz do que discutimos ao longo do livro.

Como não temos capacidade cognitiva para processar perfeitamente toda a imensa quantidade de informações de que necessitaríamos para esgotar todas as três etapas (busca-análise-escolha), usamos alguns atalhos para simplificar o processo. Conhecer esses atalhos e algumas das armadilhas que oferecem pode nos ajudar a tomar decisões melhores.

Considere o processo de "busca", por exemplo. Para uma decisão complexa, como a escolha de uma nova carreira profissional, nunca seremos capazes de varrer exaustivamente as opções disponíveis: listar todas as possíveis áreas em que poderíamos trabalhar; procurar na internet todas as vagas disponíveis; falar com todas as pessoas que conhecemos. O levantamento completo é tarefa sem fim. Na prática, consideramos apenas algumas das múltiplas opções disponíveis, aquelas que aparecem com mais facilidade em nosso radar, e, depois de algum tempo fazendo isso, simplesmente paramos de buscar. Enxergamos o mundo através de uma luneta, em que apenas uma pequena parte da realidade chega até nós. As opções que consideramos dependem, portanto, da direção em que miramos nossas lunetas.

Uma consequência importante dessa constatação é que nossas atitudes limitam nossas oportunidades. Se você interage com muitas pessoas em círculos diversos, tem uma grande rede de contatos e se interessa por vários assuntos diferentes, a gama de oportunidades de carreira que vão aparecer no seu radar será muito maior. Para nosso cérebro, o que não está na frente do nosso nariz simplesmente não existe. Assim, uma postura mais proativa pode aumentar a gama de possibilidades à nossa disposição. Passar pela vida abrindo portas, e não as fechando, mesmo que estas não pareçam ter utilidade imediata naquele momento específico, é uma recomendação prudente para enriquecer seu repertório de opções. Aumente o foco de sua luneta, e o mundo lhe parecerá maior.

Após mapeados os caminhos em aberto, precisamos prever até onde cada um deles nos levará, o que nos traz à etapa da "análise". Para estimar as consequências de nossas ações, porém, precisamos compreender bem a realidade à nossa volta, entender o que está acontecendo no mundo. Uma escolha não existe no vácuo; ela está sempre intrinsecamente ligada ao contexto em que se encontra. A decisão e a compreensão do mundo são inseparáveis, e o primeiro passo para decidir bem é conseguir boas informações e dar sentido a elas — tarefa muito difícil. Primeiro, porque exige que processemos a imensa quantidade de informação com a qual somos bombardeados diariamente, separando o sinal (aquilo que é realmente relevante) do ruído todo que o acompanha. É como se estivéssemos tentando sintonizar a música que toca no rádio em meio à estática e a interferências diversas. Além disso, a "análise" exige que imaginemos como será o futuro, que está encoberto pela névoa da incerteza.

Ao longo do livro, vimos diversas estratégias que podem melhorar seu processo de "análise". Quebre o problema em partes menores, separando o que você sabe daquilo que não sabe e, portanto, precisa estimar. Se as consequências forem incertas, faça cenários e atribua probabilidades a cada um deles. Coloque-se no papel do outro e antecipe suas respostas, se a decisão for estratégica e o resultado para você depender das ações de terceiros. Fique atento aos diversos vieses que temos na forma como processamos as informações que recebemos; em especial, lembre-se de que o que chega até você não é um reflexo imparcial do que acontece no mundo, mas uma versão mais dramática e pessimista, em que as coisas parecem mais ordenadas e previsíveis do que na verdade são. Seu sistema intuitivo gosta de "boas histórias" e é rápido em esquecer o que não lhe convém, e justificar suas ações com um pouco de racionalização.

Cultivar uma visão mais realista do mundo é um processo trabalhoso, que deve ser buscado ativamente. Assistir passivamente ao que se passa lá fora do conforto da sua poltrona levará a uma percepção equivocada. As informações que estão mais prontamente disponíveis ou têm mais apelo à nossa intuição não são, necessariamente, representativas da realidade, e as que podem nos dar uma visão mais imparcial do que está acontecendo — dados, números, estatísticas — tendem a nos parecer chatas e desinteressantes. Por vezes a realidade é incômoda, e aceitá-la exige superarmos nossa tendência natural a procurar o conforto psicológico das certezas e boas notícias. Frequentemente vemos o mundo como nós somos, e não como ele é, e o que passa pelo véu de nossa consciência depende do grupo ao qual pertencemos e dos valores que cultivamos. É preciso estar sempre alerta aos riscos do autoengano.

Feita a análise, vem, por fim, a "escolha" propriamente dita. Precisamos ranquear as muitas alternativas que nos são apresentadas para poder escolher a melhor, e, para isso, temos que saber o que realmente queremos. A escolha é difícil porque, normalmente, temos muitos objetivos conflitantes (ganhar dinheiro, conseguir qualidade de vida, status, realização pessoal...). Como dar pesos a cada um desses atributos? Como comparar "alhos com bugalhos", como colocar em uma mesma balança coisas tão distintas como ter mais tempo para passar com a família e uma conta mais polpuda no banco?

Nossos objetivos, por vezes, se alteram ao longo do tempo. Na verdade, temos uma irritante tendência a ficar mudando a "trave do gol" de lugar: largamos um emprego que pagava bem, mas exigia muitas horas no escritório e, no momento em que conseguimos a qualidade de vida pela qual ansiávamos, começamos a sentir falta do salário maior. Parece que existem muitos de nós, "vozinhas" insistentes brigando dentro de nossas cabeças. O "eu-do-futuro" quer ser magro, disciplinado e estar em forma, mas o "eu-de--hoje" é guloso, preguiçoso e sedentário. O confronto entre o que devemos fazer para atingir nossos objetivos de longo prazo e o que queremos fazer para satisfazer nossos desejos momentâneos é um espectro que dificulta muitas decisões. Uma boa dose de autocontrole, reprimindo os instintos de nosso "eu imediatista", é, muitas vezes, o segredo para que não saiamos da trilha do que realmente importa no final das contas para perseguir miragens que logo se esvanecem.

Às vezes nos vemos perseguindo objetivos que não são nossos, mas de nossos ancestrais, forjados por milhões de anos de evolução. Biologicamente somos programados para atender ao objetivo evolucionário de deixar o maior número possível de descendentes, o que nem sempre está de acordo com nossos objetivos individuais. Nossa atração por comidas gordurosas e açucaradas nos permitiu sobreviver ao longo dos milhares de anos em que a comida era artigo escasso, mas parece mal adaptada ao mundo atual de redes de fast food a cada esquina e prateleiras de supermercado cheias de guloseimas. É preciso calar o "homem das cavernas" que vive dentro de cada um de nós.

Escolher os objetivos adequados — e manter a consistência ao persegui-los — é, talvez, a lição número um para decidir de forma mais eficaz e com menor desgaste psicológico. Para quem não sabe o que quer, nenhum caminho serve. Para decidir efetivamente em um mundo de múltiplos objetivos conflitantes, e conseguir conciliá-los e ponderá-los sem se deixar abater pela angústia, é preciso aceitar a "regra de ouro" da decisão: não existe escolha sem perda. Toda escolha é uma troca. Para conseguir algo que deseja, você terá que abrir mão de alguma outra coisa que também valoriza. Se você pudesse ter tudo, não seria realmente uma escolha, não é mesmo?

Por fim, uma decisão só importa se levar a uma ação. Apenas deliberar, ponderando eternamente prós e contras como Elliot, paciente do neurologista Antonio Damasio que encontramos na Introdução deste livro, sem a coragem para agir, é tarefa inócua. Muitas vezes ficamos paralisados pelo medo de errar e postergamos a decisão na esperança vã de que a necessidade de escolher simplesmente desapareça, ou de que alguém (ou o "destino") a tome por nós, livrando-nos da responsabilidade. Nos tornamos, então, reféns da sorte. A parte da decisão que é mais arte do que ciência consiste em saber até onde ir na ponderação racional de todos os elementos importantes, e quando parar de fazê-lo e começar a agir, contentando-se com a informação que se tem no momento. Nunca é possível saber tudo. Fica, então, um último item para a extensa lista de *trade-offs* que encontramos ao longo deste livro: a necessidade de ponderar entre o "pensar" e o "agir", encontrando o equilíbrio razoável entre os dois, dentro do horizonte de tempo que temos disponível.

No mundo complexo e incerto em que vivemos, não há escolha perfeita, apenas a melhor escolha possível. Não é possível acertar sempre; parte da realidade está, inevitavelmente, fora do nosso controle. Existem, porém, erros evitáveis: uma má decisão é muito diferente de uma boa decisão acompanhada de má sorte. A ciência pode contribuir muito para aperfeiçoar o nosso processo decisório, de forma que tenhamos à disposição a melhor ferramenta possível para cada situação, dentre as tantas que existem nesta imensa e poderosa caixa de ferramentas que é nossa mente.

Referências

ARIELY, Dan. *A mais pura verdade sobre a desonestidade*. Rio de Janeiro: Alta Books, 2012.

ARIELY, Dan. *Previsivelmente irracional*. Rio de Janeiro: Alta Books, 2008.

ARIELY, Dan; LOEWENSTEIN, George; PRELEC, Drazen. Coherent Arbitrariness: Stable Demand Curves without Stable Preferences. *The Quarterly Journal of Economics*, 118.1:73-106, 2003.

AXELROD, Robert. *The Evolution of Cooperation*. Basic Books: [1984].

AXELROD, Robert; HAMILTON, William Donald. The Evolution of Cooperation. *Science*, 211.4489:1390-6, 1981.

BARBERIS, Nicholas. Psychology and the Financial Crisis of 2007-2008. *In: Financial Innovation*: Too Much or Too Little, 2013.

BARDON, Adrian. *The Truth About Denial*: Bias and Self-Deception in Science, Politics, and Religion. Oxford: Oxford University Press, 2019.

BÉNABOU, Roland J. M.; WELLS, Theodore A. Groupthink: Collective Delusions in Organizations and Markets. *Review of Economic Studies*, 80:429-462, 2013.

BÉNABOU, Roland; TIROLE, Jean. Mindful Economics: The Production, Consumption, and Value of Beliefs. *Journal of Economic Perspectives*, 30.3:141-64, 2016.

BERNSTEIN, Peter L. *Desafio aos deuses*: a fascinante história do risco. Elsevier, 1997.

BLAUG, Mark. *Economic Theory in Retrospect*. 5th revised edition. Cambridge, 1997.

BORGES, Jorge Luis. Funes, o Memorioso. *In*: *Ficções*. São Paulo: Companhia das Letras, 2007.

CAROLL, Lewis. *Alice no País das Maravilhas*. Darkside, 2019.

CHENG, Ing-Haw; RAINA, Sahil; XIONG, Wei. Wall Street and the Housing Bubble. *American Economic Review*, 104.9: 2797-29, 2014.

COSMIDES, Leda; TOOBY, John. Cognitive Adaptations for Social Exchange. *In: The Adapted Mind*: Evolutionary Psychology and the Generation of Culture, 163:163-228, 1992.

DESCARTES, René. *Meditações metafísicas*. São Paulo: Edipro, 2018.

DONNE, John. *Meditações*. São Paulo: Landmark, 2012.

ESLINGER, Paul J.; DAMASIO, Antonio R. Severe Disturbance of Higher Cognition After Bilateral Frontal Lobe Ablation: Patient EVR. *Neurology*, 35.12:1731, 1985.

EVANS, Jonathan St B. T. *Thinking and Reasoning*: A Very Short Introduction. Oxford: Oxford University Press, 2017.

GLADWELL, Malcolm. *Blink*: a decisão num piscar de olhos. Rio de Janeiro: Sextante, 2016.

HARARI, Yuval Noah. Why Fiction Trumps Truth. *The New York Times*, 24 maio 2019.

HUME, David. *An Enquiry Concerning Human Understanding.* Domínio público.

HUME, David Hume. *Tratado da natureza humana. Editora Unesp, 2009*

KAHAN, Dan M. Ideology, Motivated Reasoning, and Cognitive Reflection. *Judgment and Decision Making,* 8(4):407-24, 2013.

Kahan, Dan M.; Peters, Ellen, Dawson, Erica Cantrell; SLOVIC, Paul. Motivated Numeracy and Enlightened Self-Government. *Cultural Cognition Project Working Paper 116,* Yale Law School, 2014.

KAHNEMAN, D. *Rápido e devagar*: duas formas de pensar. Rio de Janeiro: Objetiva, 2012.

KAHNEMAN, Daniel; KLEIN, Gary. Conditions for Intuitive Expertise: A Failure to Disagree. *American Psychologist* 64, n. 6, p. 515-526, set. 2009.

KANNER, Berneci. *The 100 Best TV Commercials...* and Why They Worked. Crown, 1999.

KNIGHT, Frank H. *Risk, Uncertainty and Profit.* Houghton, 1921.

KURAN, Timur; SUNSTEIN, Cass R. Availability Cascades and Risk Regulation. *Stan. L. Rev.*, v. 51, p. 683, 1998.

MACKAY, Charles. *Memoirs of Extraordinary Popular Delusions.* London: Richard Bentley, 1841.

MAZAR, Nina; AMIR, On; ARIELY, Dan. The Dishonesty of Honest People: a Theory of Self-Concept Maintenance. *Journal of Marketing Research,* 45(6), 633-644, 2008.

MISCHEL, Walter; SHODA, Yuichi; RODRIGUEZ, Monica I. Delay of Gratification in Children. *Science,* 244.4907:933-8, 1989.

MLODINOV, Leonard. *O andar do bêbado*: como o acaso determina nossas vidas. Rio de Janeiro: Zahar, 2008.

NIN, Anais. *Seduction of the Minotaur*. Athens, Ohio: Swallow Press, 1961.

OSTER, Emily; SHOULSON, Ira; DORSEY, E. Optimal Expectations and Limited Medical Testing: Evidence from Huntington Disease. *American Economic Review*, 103.2:804-30, 2013.

PARKER, Elizabeth S.; CAHILL, Larry; MCGAUGH, James L. A Case of Unusual Autobiographical Remembering. *Neurocase*, v. 12, n. 1, p. 35-49, 2006.

PEARL, Judea; MACKENZIE, Dana. *The Book of Why*: The New Science of Cause and Effect. Basic Books, 2018.

PINKER, Steven. *O novo Iluminismo*: em defesa da razão, da ciência e do humanismo. São Paulo: Companhia das Letras, 2018.

PLATÃO. *A República*. Trad. Enrico Corvisieri. São Paulo: Nova Cultural, 1999 (Col. Os Pensadores).

PRIEST, Graham. *Logic*: A Very Short Introduction. Oxford: Oxford University Press, 2017.

PURI, Manju; David T. Robinson. Optimism and Economic Choice. *Journal of Financial Economics*, 86(1):71-99, 2007.

ROSLING, Hans. *Factfulness*: o hábito libertador de só ter opiniões baseadas em fatos. Rio de Janeiro: Record, 2019.

SILVER, Nate. *O sinal e o ruído*: por que tantas previsões falham e outras não. Rio de Janeiro: Intrínseca, 2013.

SILVER, Nate. *The Signal and the Noise*. New York: Penguin, 2012.

SLOMAN, Steven e FERNBACH, Philip. *The Knowledge Illusion*: Why We Never Think Alone. New York: Riverhead Books, 2017.

SLOVIC, Paul *et al*. Risk as Analysis and Risk as Feelings: Some Thoughts About Affect, Reason, Risk, and Rationality. *Risk Analysis: An International Journal*, 24.2:311-322, 2004.

STRACK, Fritz; MUSSWEILER, Thomas. Explaining the Enigmatic Anchoring Effect: Mechanisms of Selective Accessibility. *Journal of Personality and Social Psychology*, 73.3:437, 1997.

TALEB, Nassim Nicholas. *A Lógica do cisne negro*: o impacto do altamente improvável. Gerenciando o desconhecido. Rio de Janeiro: Best Seller, 2008.

TEETER, Preston; SANDBERG, Jörgen. Cracking the Enigma of Asset Bubbles with Narratives. *Strategic Organization*, 15.1:91-9, 2017.

TETLOCK, Philip E. *Expert Political Judgment*: How Good Is It? How Can We know? Princeton, NJ: Princeton University Press, 2005.

TETLOCK, Philip E.; GARDNER, Dan. *Superprevisões*: a arte e a ciência de antecipar o futuro. Rio de Janeiro: Objetiva, 2016.

TVERSKY, Amos; KAHNEMAN, Daniel. Judgment Under Uncertainty: Heuristics and Biases. *Science*, v. 185, n. 4157, p. 1124-31, 1974.

WARBURTON, Nigel. *Pensamento crítico de A a Z*: uma introdução filosófica. Rio de Janeiro: José Olympio, 2011.

WRTIGHT, Robert. *O animal moral*. São Paulo: Campus, 1996.

Este livro foi composto na tipografia Minion Pro
em corpo 13/17,5, e impresso em
papel Pólen Soft 70g/m² no Sistema Cameron da
Divisão Gráfica da Distribuidora Record.